畜禽沼气工程发展实践

——以福建省为例

吴飞龙　方桂友　徐庆贤◇著

电子科技大学出版社
University of Electronic Science and Technology of China Press
·成都·

图书在版编目（CIP）数据

畜禽沼气工程发展实践：以福建省为例 / 吴飞龙，方桂友，徐庆贤著 . —成都：电子科技大学出版社，2023.11

ISBN 978-7-5770-0703-8

Ⅰ. ①畜⋯ Ⅱ. ①吴⋯ ②方⋯ ③徐⋯ Ⅲ. ①畜禽－养殖场－沼气工程－福建 Ⅳ. ① S216.4

中国国家版本馆 CIP 数据核字（2023）第 225254 号

畜禽沼气工程发展实践——以福建省为例

CHUQIN ZHAOQI GONGCHENG FAZHAN SHIJIAN——YI FUJIAN SHENG WEILI

吴飞龙　方桂友　徐庆贤　著

策划编辑　陈　亮
责任编辑　罗国良

出版发行　电子科技大学出版社
　　　　　成都市一环路东一段 159 号电子信息产业大厦九楼　邮编 610051
主　　页　www.uestcp.com.cn
服务电话　028-83203399
邮购电话　028-83201495

印　　刷　三河市九洲财鑫印刷有限公司
成品尺寸　170mm×240mm
印　　张　15.75
字　　数　283 千字
版　　次　2023 年 11 月第 1 版
印　　次　2024 年 4 月第 1 次印刷
书　　号　ISBN 978-7-5770-0703-8
定　　价　78.00 元

前　言

改革开放以来，福建畜牧业实现了连续多年的快速增长，畜禽养殖业向集约化、规模化、现代化迅速发展，大幅度提高了畜牧业生产水平，增加了畜禽产品的数量，同时带来了大量畜禽粪污以及农业废弃物。近年来，伴随着国家农业结构调整以及市场充分竞争下的优胜劣汰，养猪业集约化发展趋势越来越明显，养猪规模也越大。养猪场粪污属于高浓度有机污水，氨氮和 SS（固体悬浮物）的含量都很高，水解酸化快、沉淀性能好，同时具有排水量大、水力冲击负荷强等特点。养猪场粪污中还夹杂有抗生素、重金属、致病菌等污染物，对环境影响比较大。因此，处理养猪场粪污，改善生态环境，实现养猪业可持续发展，已经成为农业环保的当务之急。

规模化沼气技术是可再生能源和环境保护领域关注的重点。利用沼气技术处理规模化养猪场粪污，不但能够有效处理养殖废弃物，避免环境污染，还能够通过沼气生产向周围用户提供清洁能源，对开发可再生能源及发展农业循环经济都具有重要意义，这也促使国家大力发展建设农村沼气。沼气是可再生的清洁能源，可以实现经济、生态、社会等效益。迄今为止，中国的沼气工程建设不仅仅是制取沼气作为生活用能，而且逐渐形成了沼气、沼液和沼肥等综合利用的系统工程。这些年来，畜禽养殖场沼气工程发展迅猛，取得了显著的社会效益和生态效益，但是多数畜禽养殖场沼气工程的经济效益没有充分显现，主要原因可能是工程运行管理不到位，调控不合理，工艺技术没有做到因地制宜。

福建省委、省政府重视畜禽养殖污染治理。2001 年，福建省政府决定限期治理九龙江干流及其支流和水口库区沿岸 1 000 m 以内畜禽养殖污水，制定优惠政策，采取有力措施，为全省畜禽养殖污染沼气综合治理积累了宝贵经验。2016

年，国务院发布《国家生态文明试验区（福建）实施方案》，福建省成为全国首批生态文明试验区省份。为了践行“绿水青山就是金山银山”等绿色发展理念，福建省委、省政府对养殖业进行了规范化与整治，对养殖业粪污治理工程达标排放以及废弃物资源化利用提出了更高的要求。福建省在畜牧粪便污染综合治理的系统工程、利用畜牧场畜禽粪便厌氧发酵主要环节及废弃物高效综合利用形成物质良性循环等方面，取得了一些进展，建立了许多应用技术和模式，基本解决了畜牧场污染问题，而且处理后污水可以用于灌溉，达到节水的目的，沼渣可生产有机复合肥，沼液可浇灌无公害瓜果蔬菜茶叶等，变废为宝。

本书介绍了福建省规模化畜禽养殖场沼气工程系统工艺技术，并对沼气工程不同应用实例进行分析。内容主要包括国内外沼气工程发展现状，畜禽污染防治与沼气相关法规、政策，福建省规模化畜禽养殖场沼气工程，沼气的净化、贮存和应用，沼液沼渣的综合利用，以及典型模式与实例剖析，充分反映了福建省沼气工艺与技术在生态农业中应用的研究成果与实践经验。

本书的出版，得到了福建省科技厅省属科研院所基本科研专项（2022R1032003、2023R1024007）以及企业横向资金资助。本书作者均为多年从事沼气工程技术研究和推广的专业人员。本书在编写过程中，参考了国内外已经发表的相关资料，总结和引用了作者多年的沼气工程工艺技术相关科研成果和工程实践经验。本书的成稿还得益于福建省农业科学院、福建省农业农村厅等有关专家的指导和帮助，在此一并表示崇高的敬意和衷心的感谢。

本书主要作者及编写工作分配如下：吴飞龙（11 万字）、方桂友（10 万字）和徐庆贤（4 万字）。由于作者学术水平和实践经验有限，书中有许多不足与疏漏之处，敬请读者谅解并提出宝贵意见。

目录

第一章

沼气工程发展现状

第一节　沼气工程概述

一、沼气工程的定义

沼气工程是指采用厌氧消化技术处理各类有机废弃物（水）制取沼气的系统工程。

畜禽沼气工程是指以规模化畜禽养殖场的粪便污水的减量化、无害化、资源化为主要目的，以厌氧发酵为主，将粪污处理、沼气生产以及资源化利用融为一体，将养殖业与种植业有机组合在生态有机农业的良性循环体系之中的系统工程。

根据《沼气工程规模分类》（NY/T 667—2011），沼气工程规模按厌氧消化装置的容积、配套系统以及沼气工程的日产沼气量等进行划分。沼气工程的规模主要有：特大型、大型、中型和小型。其中，厌氧消化装置总体容积与日产沼气量为必要指标，厌氧消化装置单体容积和配套系统为选用指标。沼气工程规模分类时，必须同时采用二项必要指标和二项选用指标中的任意一项指标加以界定，日产沼气量和厌氧消化装置总体容积中的其中一项指标超过上一规模的指标时，取其中的低值作为规模分类依据。

二、畜禽沼气工程工艺流程

沼气工程工艺流程主要应包括：发酵原料的收集，前（预）处理，厌氧发酵，沼气净化、储存、输配与利用，沼渣、沼液的综合利用（或进一步深度处理达标）等部分。

畜禽沼气工程技术路线中，应该实行前端减量控制，主要包括实行雨污分流、畜禽粪便干清粪以及节约畜禽饮水等。中端实行过程控制，选择相应的厌氧发酵、沼液后处理技术工艺等。末端实行沼气、沼渣、沼液等资源化利用以及种养结合。根据畜禽养殖场位置和周边地理条件的不同以及沼气工程达到的目标不同，大中型畜禽沼气工程可分为能源生态模式和能源环保模式。

（一）能源生态模式沼气工程

能源生态模式沼气工程是指畜禽沼气工程为枢纽，周边的农田、果园、菜地等可以完全消纳畜禽粪污经厌氧发酵后产生的沼液和沼渣，形成种养渔等结合的生态农业。该模式适用于一些周边有足够的农田、果园、树林等沼液消纳场地的畜禽养殖场。该模式将养殖业与种植业相结合，不仅可以使粪污得到多层次的资源化利用，而且还可以实现粪污“零排放”。该模式处理费用较低，可以实现农业可持续发展，是一种较为理想的粪污处理模式。

（二）能源环保模式沼气工程

能源环保型沼气工程，是指畜禽沼气工程没有适合的场所去消纳厌氧发酵后产生的沼渣和沼液，需要将沼液经深度处理达标排放。该模式适用于一些周边没有充足可以消纳沼液的农田、果园、林地等的畜禽养殖场。该模式粪污厌氧发酵后还需经过进一步深度处理，如好氧曝气等，对工艺要求高，工程运行费用较高。

（三）各工艺单元介绍

下面对畜禽沼气工程工艺流程各单元分别进行简单介绍。

1．原料收集和预处理

在整体布局中，应当根据畜禽养殖场的地理位置和粪污处理技术流程合理安排各个工艺单元。畜禽沼气工程的发酵原料就是畜禽粪便和污水，一般经过沉砂池简单处理后进入调节池储存，调节池的水力滞留期一般为 24 小时。在南方地区，调节池还可以兼做酸化池来用。畜禽粪便常混杂有畜禽毛发等各种杂物，为便于用泵输送及防止发酵过程中出现故障，或为了减少原料中的悬浮固体含量，有的在进入消化器前要进行升温或降温等，因而要对原料进行预处理。在预处理时，首先应该去除畜禽粪污中的毛发和杂草，以免输送管道堵塞。养牛场中可以利用除草机去除牛粪中的长草，利用收割泵进一步切短较长杂草和纤维，可以有效防范输送管道堵塞。养鸡场中，利用沉淀去除鸡粪中的砂砾和贝壳粉等，以免堵塞管道和在厌氧消化池中沉积。目前采用的固液分离方式有格栅机、卧螺式离心机、水力筛、板柜压力机带式压滤机和螺旋挤压式固液分离机等。其中，螺旋挤压式固液分离机主要用于SS含量高，且易分离的污水，如新鲜猪粪污水；板柜压力机和带式压滤机主要用于加凝絮剂后凝絮效果较好的污水；水力筛一般均采用不锈钢制成，用于杂物较多、纤维长中等的污水，如猪粪污水、鸡粪污水等，且其分离效果好，安装方便，易于管理。在南方畜禽养殖场中，固液分离设施应用较为广泛。

2. 厌氧消化器

厌氧消化器是大中型沼气工程的核心设备，微生物的繁殖、有机物的分解转化、沼气的生成都是在消化器里进行的，因此，消化器的结构和运行情况是一个沼气工程设计的重点。首先要根据发酵原料或处理污水的性质以及发酵条件选择适宜的工艺类型和消化器结构。

目前，应用较多的工艺类型及消化器的结构有常规型消化器，比如推流式沼气池和隧道式沼气池。第二类为污泥滞留型消化器，使用较多的有使用于处理可溶性污水的UASB及使用于处理高悬浮固体的USR，另外，内循环厌氧消化器（IC）是目前效率较高的工艺类型，主要用于处理中低浓度、SS含量低、pH值偏中性的污水。第三类为附着膜型消化器，目前使用的主要是填料过滤器，使用于可溶性有机污水处理，有启动快、运行容易的优点。

3. 沼液后处理

沼液后处理方式根据不同模式有不同的处理方式。采用能源生态模式，最简便的方式就是沼液经过沉淀处理后进入贮液池，直接用作肥料施入农田、果园、林地等。农田回用和种养结合存在季节性，应注意设置适当规模的贮液池，以便存放用肥淡季沼液。采用能源环保模式，沼液可经曝气池、氧化塘、人工湿地等处理设备设施进行进一步深度处理，经处理后的出水，可用于灌溉或达标后排入水体。

4. 沼气的净化、储存和输配

沼气发酵时会有水分蒸发进入沼气，由于微生物对蛋白质的分解或硫酸盐的还原作用也会有一定量硫化氢（H_2S）气体生成并进入沼气。畜禽沼气工程，沼气中的H_2S含量通常在1～12g/m^3，蛋白质或硫酸盐含量越高的原料，发酵时沼气中的H_2S含量通常就越高。在沼气输送管道中，水冷凝后会聚集在管道低洼处，可能引起管道堵塞。同理，在气体流量计中也可能积水导致气体流量计失效。H_2S是一种腐蚀性很强的气体，它可引起管道及仪表的快速腐蚀。H_2S本身及燃烧时生成的SO_2、H_2SO_3、H_2SO_4，对人和动物都有毒害作用。

因此，沼气工程，特别是大中型沼气工程，沼气利用必须设法先去除沼气中的水和H_2S。脱水通常采用脱水装置进行。去除硫化氢通常采用脱硫塔进行，脱硫塔中装有脱硫剂。脱硫剂在使用一定时间后需要进行再生或者更换，因此，脱硫塔一般需要两个以上，可以轮流使用。

沼气的输配是指将沼气输送分配至各用户（点），输送距离可达数千米。输送管道通常采用金属管，近年来工程也采用高压聚乙烯塑料管、PE管、PPR管等作为输气干管，避免了使用金属输送管道的锈蚀问题。气体输送所需的压力通常依靠沼气产生池或储气柜所提供的压力即可满足，远距离输送可采用增压措施。

第二节　国外沼气工程

1776年，意大利物理学家沃尔塔在沼泽地发现沼气。1860年，法国人穆拉将简易沉淀池改进而成世界上第一个沼气发生器（又称自动净化器）。1916年，俄国人奥梅良斯基分离出了第一株甲烷菌。目前，世界上已分离出的甲烷菌种近20株。德国和美国分别于1925年和1926年各自建造了具备加热设施及集气装置的厌氧消化池，这是现代大中型沼气发生装置的原型。

第二次世界大战后，西欧国家开始推动厌氧发酵技术的发展。后面又因为价格低廉的石油开始大量涌入市场，从而限制了厌氧发酵技术进步。随着世界性能源危机的出现，沼气能源又重新回到了人们的视野。1955年，高速率厌氧消化工艺产生，突破了传统的厌氧发酵工艺技术，在中温条件下，单位池容积产气量由每天1m^3容积产生0.7～1.5 m^3沼气，提高到4～8m^3沼气，水力滞留时间由15天或更长的时间缩短到几天甚至几个小时。目前，欧洲沼气工程技术发展成熟，走在了世界前列，尤其是丹麦和德国，不管是沼气工程技术、相关配套政策或者是沼气工程经济效益、环境效益和能源效益转化方面，都是当前世界上沼气工程技术最成熟、政策配套比较完善的地区。欧美国家沼气工程产业化已经形成多种成熟的商业模式。例如，德国、英国、丹麦和美国等国家采用的热电联产模式（CHP）；瑞典和瑞士等国家采用的车用燃气模式，以及管道天然气模式等。瑞典率先开发车用生物燃气，并将生物燃气广泛地用于交通燃气。作为全球最大的能源消费国，美国沼气工程规模居于欧美前列，但总体发展速度较为缓慢。根据美国国家环境保护局（USEPA）2010 年的数据，美国约有 7 万个奶牛养殖场，10 万个养猪场，其中建有沼气工程的养殖场约有 140 个，每个养殖场的平均养殖量为 1.7 万头奶牛（100 头猪相当于 15 头奶牛）。

欧洲农场沼气工程工艺技术，主要为完全混合式厌氧反应器、推流式反应器等，根据发酵原料和发酵温度不同，其容积产气率通常在 0.8 ～ 15.0$m^3 \cdot m^{-3} \cdot d^{-1}$之间。沼气经热电联产系统转化，产生的电能可以并网销售，产生的热能通过回收利用于周边农场、村镇供热或者补偿沼气工程本身所需的热消耗。欧洲的沼气工程投资、运行和管理都有专业化的公司进行运作，包括沼气站一般也是独立的经营机构经营。沼气工程产生的沼液沼渣，一般不经固液分离直接用于农田施肥。在德国，采用热电联产系统的沼气工程约占 97%。据不完全统计，截至 2016 年，德国已建成沼气工程 9 004 处，总装机容量达到 4 018MW。2011 年开始，德国的沼气利用方式逐步向制备生物天然气转变，目前主要应用于制备管道天然气和车用压缩天然气。德国对沼气发电实行终端补贴是重要的配套措施。根据德国 2000 年出台的《可再生能源法》，可再生能源上网电价 20 年不变，同时强制电网企业采购可再生能源并优先上网。

到 2010 年，日本有 70 多个沼气工程投入运行处理畜禽粪便的沼气工程，主要采用膨胀颗粒污泥床（EGSB）和上流式厌氧污泥床（UASB）工艺。

第三节　国内沼气工程

20世纪20年代初，罗国瑞在中国广东省建立了第一个沼气池，并成立中华国瑞瓦斯总行以便推广沼气发酵技术。我国农村沼气建设经历了“两落三起”的发展历程。为解决农村生活用能问题，农村沼气发展于20世纪60年代末到70年代初经历了第一次飞跃。第二次飞跃发展是在20世纪70年代末80年代初，政府以“一池三改”把能源与经济发展和环境保护相结合起来，发展生态循环农业。1980年，中国首次分离甲烷八叠球菌成功。北京留民营于1991年建起了第一座沼气工程。该工程是中国第一批投入运行的大中型沼气工程之一，也是目前国内使用时间最长、管理维护最好的沼气工程之一，对我国沼气工程技术的发展起到了良好的示范作用。进入20世纪90年代，“绿色环境”呼声日益高涨，农业发展对环保的要求越来越高，但目前畜牧场多数采用常温沼气厌氧发酵处理，沼气池占地面积大，处理粪便效益低，周期长，而且达不到环保排放标准；加上沼气池的发酵温度随气温的变化大，在冬季，有的沼气池消化慢甚至不产气，仍存在着二次污染，同时增加污水后处理的成本和难度。为此，迫切需要提出新的沼气发酵处理装置和现代化家用的工艺流程以及污水高效综合利用的研究。第三次飞跃在世纪之交，融合了农村沼气多功能特点，把农村沼气作为农村公益性基础设施建设。

党中央、国务院始终高度重视发展农村沼气事业。在“十一五”，我国农村沼气发展实现跨越式发展，大中型沼气工程建设数量位居世界前列。“十二五”期间，国家发展改革委同农业部，在农村沼气建设上累计安排中央预算内投资142亿元，并不断优化投资结构。“十二五”提出并将沼气产业化，高效利用了农业废弃物资源，有效缓解了日益突出的农业环境问题与农业副产物利用问题。

截至2015年年底，由中央和地方投资支持建成各类型沼气工程达到11.10万处。按照沼气工程规模划分：特大型沼气工程34处，大型沼气工程0.67万处，中小型沼气工程 10.39 万处。按照发酵原料划分：秸秆沼气工程 458 处，畜禽沼气工程 11.05 万处。全国农村沼气工程总池容达到 1 892.58 万 m^3，年产沼气 22.25 亿 m^3，供气户数达到 209.18 万户。从事沼气相关企业数量达到 2 000 多个、从业人员 2 万多人、总产值 70 多亿元。

根据农村沼气发展面临的新形势，农村沼气迈出了转型升级的新步伐。2015 年中央调整投资方向，重点用于支持规模化大型沼气工程和生物天然气工程试点项目建设，国家发展改革委和农业部联合印发了《2015 年农村沼气工程转型升级工作方案》。首次提出对规模化生物天然气试点工程予以投资补助，即生物天然气生产能力补助 2 500 元 /m^3，单个项目的补助额度不超过 5 000 万元。此外，继续给予符合条件的规模化大型沼气工程投资补助，即对 1m^3 沼气生产能力投资补助 1 500 元。农村户用沼气等项目改由地方资金支持。

截至 2016 年年底，全国规模化沼气工程已有 11.34 万处。其中，日产气量超过 500m^3 的特大型沼气工程 51 处，大型沼气工程 0.72 万处，中型沼气工程 1.07 万处，小型沼气工程 9.52 万处。从以上数据可以看出，我国沼气工程以中小型沼气工程为主，且多以小规模集中供气等非营利模式运行。特大型和大型沼气工程在沼气工程中所占比例较小，其中单项池容在 1 000m^3 以上的畜禽养殖场沼气工程仅占全国规模化沼气工程总量的 5% 左右。一批由社会资本建设的规模超过 1 万 m^3 的特大型沼气工程，开展集中供气、发电并网及制取生物天然气，使沼气利用从低值化向高值化、从公益供给向有偿使用转变。

2015—2017 年，中央财政共支持建设生物天然气示范项目 64 个。2018 年，国家能源局首次将生物天然气纳入能源发展战略及天然气产供储销体系，并提出将建立优先利用生物天然气的发展机制。2019 年年底，《关于促进生物天然气产业化发展的指导意见》出台，这是我国首个促进生物天然气产业发展的指导性文件，生物天然气进入快速发展时期。

“十三五”对沼气工程进行战略升级调整，推动农村沼气与生态建设、产业发展、经济建设融为一体，向规模发展、综合利用、强化管理、提高效益的方向转型升级。

我国沼气产业快速发展，但在沼气生产原料的种类广泛性、针对不同物料的沼气发酵工艺技术、微生物菌剂开发研究、规模化沼气工程的设备和装备技术、沼气发酵产品和固液残余物综合利用等方面均存在较大差距，尤其是多年来技术进步缓慢，技术支撑能力弱，已严重制约了规模化沼气工程的建设和有效运行。

第四节 福建省沼气工程

随着世界各国环保意识的增强，可持续发展已成为经济发展的首要课题和任务。在农业方面，生态农业和立体循环农业有利于农业可持续发展，是农业发展到一定阶段的必然选择。沼气的建设和发展，丰富了农村生活用能方式，有效改善了农村生态环境，有利于和谐美丽乡村建设，促进提升了农村经济效益、社会效益和生态效益。

福建省委、省政府对农村沼气建设工作高度重视。20 世纪 80 年代，福建开始建设规模化畜禽养殖场沼气工程，采用全混合反应器（CSTR）工艺，多为圆筒型和隧道式水压式沼气池。1982 年福建省农科院课题“沼气长距离输送研究”获福建省科技成果四等奖。1983 年由省农科院以沼气工程为纽带，建立生态牧场。在省农科院畜牧兽医研究所试验牧场建立沼气池 27 口，总容积 1 205m³，对全场猪、牛、羊、鸡粪便进行处理，年产沼气 7.3 万 m³，输送到 1 公里外的院食堂作燃料使用，每年节约标准煤 200t；同时，进行沼气发电、作汽车燃料、沼渣养蚯蚓种蘑菇、沼液放养胡子鲶等试验，均获得成功并在省内 15 个点和南京市乳牛场、深圳光明乳牛场进行示范推广，1989 年获农业部农村能源及环保优秀成果三等奖。1985 年，福州郊区泉头村建万头猪场沼气池 1 250 m³，沼气供全村 106 户作生活燃料、沼渣种果、沼液养鱼，做到良性循环。1986 年 7 月完工，泉头村成为福建省第一个生态能源村。

进入20世纪90年代，引进国内先进厌氧发酵工艺，先后采用上流式厌氧污泥床（UASB）、升流式厌氧复合床（UBF）工艺，建成试点工程。1995年年底，全省累计建成大中型沼气工程50处，容积2.8万m^3。早期建设的工程基本以获取能源、肥料为主。福建省农科院在泉头万头猪场建成我省第一个生态能源村的基础上，1991年第二期建成二座350m^3的上流式厌氧发酵塔（UASB）和300m^3贮气柜，沼气用于发电（45kW和75kW，二台沼气发电机），产生电用于猪场饲料加工、照明，沼渣用于种果、栽培食用菌，沼液用于养萍、养鱼，达到物质、能量良性循环，1994年被国家环保局评为一等农业生态技术。

随着规模化畜禽养殖业的发展，粪便污水治理日益迫切。一批提供大中型沼气工程设计、施工和服务的企业得到发展，引进了上流式厌氧反应器（UASB）、升流式固体反应器（USR）、上流式厌氧滤池（UBF）等厌氧发酵工艺。相关高校、科研院所及相关企业开始重视和研究沼气工程新工艺、新技术。1999年，福建省举办首届大中型沼气工程培训班，明确提出，沼气工程应采用厌氧＋好氧工艺，以治理达标排放为主。截至2000年年底，福建全省累计建设大中型沼气工程133处，容积5.08万m^3。

2001年，福建省政府决定采取“企业自筹，政府补贴”的政策，限期治理九龙江流域干流及其支流、水口库区沿岸1公里以内畜禽养殖粪便污水。除省内投入大量资金扶持外，2001—2005年年底，中央支持农村沼气工程建设，共投入了353 270.2万元，我省争取到了中央补助经费2 925.0万元，占0.83%。全国共补助建设大中型沼气工程120处，我省占7处，约占5.8%。

“十五”期间，全省相关科研单位、设计施工企业在实践中摸索、改进和创新，国内先进的工艺技术，如UASB、USR、ABR+AF、SBR等，均有比较成功的试点应用。首创斜流隧道式厌氧污泥床（IATS）工艺，引进的台湾三段式红泥塑料沼气工程（TRPD）工艺，得到了同行的肯定。福州科真自动化工程技术有限公司于2010年成立了课题攻关小组，研制出了高效厌氧净化塔，改进了纯沼气发电机，并用沼气发电余热对厌氧净化塔进行加温，解决了低温季节不能正常产生沼气的难题。

截至 2004 年年底，福建省累计建成大中型沼气工程 579 处，总容积 22.32 万立方米，年处理粪便污水 1 375.1 万吨。到 2007 年年底，全省累计建成养殖场沼气工程 988 处。到 2008 年，据不完全统计，福建省累计建成养殖场沼气工程 1 056 处，容积 34 万立方米，年产沼气约 4 400 万立方米，年处理约 1 100 万吨畜禽养殖粪污。全省共有规模养殖场 7 724 个，建池比例为 12.8%。据不完全统计，截至 2014 年，全省已推广“猪—沼—果（菜、茶等）”等种养平衡污染治理模式 1.3 万户，建设大中型沼气工程 995 处，年可产沼气约 3.04 亿立方米，生产沼肥约 540 万吨，相当于年替代 21.7 万吨标准煤，有效保护流域生态环境，保障水安全。

福建省大部分大中型沼气池采用常温（10 ～ 25℃）、半连续发酵工艺。池型大多数采用水压式地下池。大中型畜牧场污水治理新工艺、新设备，如低温发酵技术与工艺、干发酵技术、高浓度发酵技术，建池新材料、沼气装置标准化生产和商品化等有待进一步研究和发展。沼气的工业化应用，包括沼气集中供气、沼气发电等还处在示范阶段。

闽江学院地理科学系阎波杰采用 J2EE 技术、WebGIS 技术和现代通信技术等构建了畜禽废弃物沼气潜能估算与决策系统，可以快速、实时、动态地获取区域内畜禽废弃物沼气资源量。实现了畜禽养殖相关信息查询与分析、畜禽废弃物产生量的计算、畜禽废弃物沼气潜能估算与决策及结果可视化输出等，并以福州市大学城区域为例，实现了系统的初步应用。

第五节　畜禽沼气工程设计相关标准

国家和地方陆续制定和出台了一些关于沼气工程设计的国家、行业和地方相关标准和规范，这里只罗列部分畜禽沼气工程设计、建造、运行管理、验收等相关的标准与规范，以及畜禽养殖业污染物排放标准、养殖业废弃物减量化、无害化和资源化的相关标准与规范。

一、畜禽养殖业污染物排放与利用标准

畜禽养殖业污染物排放有许多国家和行业标准以及技术规范。其中，GB 18596—2001《畜禽养殖业污染物排放标准》属于生态环境部（原环境保护总局）制定颁布的强制标准。

（一）国家标准

1. 《畜禽养殖业污染物排放标准》（GB 18596—2001）

该标准主要针对集约化畜禽养殖场和养殖区。该标准提出逐步实现全国养殖业的合理布局，主要是依据养殖规模，分阶段逐步控制，鼓励种养结合以及生态养殖。根据畜禽养殖业污染物排放的特点，该标准规定的污染物控制项目包括生化指标、卫生学指标和感观指标等。为推动畜禽养殖业污染物的减量化、无害化和资源化，该标准规定了污水、恶臭排放标准和废渣无害化环境标准。该标准按集约化畜禽养殖业的不同规模分别规定了水污染物、恶臭气体的最高允许日均排放浓度、最高允许排水量，畜禽养殖业废渣无害化环境标准。

2.《畜禽粪便无害化处理技术规范》（GB/T 36195—2018）

为确保畜禽粪污处理后作为粪肥安全利用，要求液体粪肥的蛔虫卵、钩虫卵、粪大肠菌群数、蚊子苍蝇四项卫生学指标应符合《畜禽粪便无害化处理技术规范》规定的液体畜禽粪便厌氧处理卫生学要求。

该标准规定了畜禽粪便无害化处理的基本要求，粪便处理场选址及布局、粪便收集、贮存和运输、粪便处理及粪便处理后利用等内容。

3. 《畜禽粪便还田技术规范》（GB/T 25246—2010）

该标准适用于经无害化处理后的畜禽粪便、堆肥以及以畜禽粪便为主要原料制成的各种肥料在农田中的使用。畜禽粪污经过无害化处理后，可以还田施用，具体方法可以参考《畜禽粪便还田技术规范》的施用方法，选择适宜的施用时间。畜禽粪污无害化处理和还田施用过程中，必须采取必要措施，一方面尽量减少养分损失，另一方面尽量减轻环境影响。该标准对畜禽粪便还田术语和定义、要求、限量、采样及分析方法进行了规定。

（二）行业标准

1．《畜禽养殖业污染治理工程技术规范》（HJ 497—2009）

该标准基于我国当前的污染物排放标准和污染控制技术，对畜禽养殖业污染治理工程设计、施工、验收和运行维护的技术要求进行了规定。

2．《畜禽养殖业污染防治技术规范》（HJ/T 81—2001）

该技术规范对畜禽养殖的养殖场选址和布局、养殖管理、饲料、粪污贮存、污水处理、固体粪便的处理利用以及病死畜禽尸体处理与处置、污染物监测等污染防治的基本要求进行了规定。其基本原则主要有三个方面：①坚持畜禽养殖场的建设以农牧结合、种养平衡为原则，根据本畜禽养殖场可以消纳畜禽粪便的土地消纳能力，以土地确定新建畜禽养殖场的养殖规模；②对于无相应消纳土地的养殖场，必须配套相应处理能力的粪污处理设施或处理（置）机制；③畜禽养殖场的设置应符合区域污染物排放总量的控制要求。

3．《畜禽粪污处理场建设标准》（NY/T 3023—2016）

该标准适用于存栏不少于50头猪单位畜禽养殖场（含养殖小区）的粪污处理场新建、扩建或改建。

该标准对畜禽养殖场（含养殖小区）粪污处理场建设的基本要求进行了规定，包括：建设规模与项目构成；选址与建设条件；工艺与设备；建设用地与规划布局；建筑工程及附属设施；节能节水与环境保护；安全与卫生；投资估算与劳动定员等。

二、沼气工程与技术相关行业标准

沼气工程技术相关标准与规范罗列出了沼气工程规模分类、沼气工程设计、沼气工程技术以及部分沼气池建造技术等方面行业最新相关标准与规范，如果是由新的标准代替旧的标准，会在说明中列出旧的标准，同时会比较新标准修订部分与旧标准的不同部分。

（一）《沼气工程技术规范》（NY/T 1220）系列标准

《沼气工程技术规范》（NY/T 1220）为系列标准，目前主要分为工程设计、输配系统设计、施工与验收、运行管理、质量评价以及安全使用6个部分。

1. 《沼气工程技术规范第1部分：工程设计》（NY/T 1220.1—2019）

该标准针对新建、扩建与改建的沼气工程。该标准对沼气工程的设计原则、设计内容及主要设计参数进行了规定。

该标准对《沼气工程技术规范第1部分：工艺设计》（NY/T 1220.1—2006）进行了修订，主要修订了以下部分：修改规范的名称“工艺设计”为“工程设计”；修改了规范性引用文件；增加了沼气工程、竖向推流式厌氧反应器的定义；增加了总体设计，包括发酵原料特性表中原料的种类和特性参数等；设计依据增加了沼气工程可获得原料的种类与数量或要求达到的沼气产量或发酵产品利用规模；细化了沉砂池的设计；增加了混合调配池的设计；修改厌氧消化器为沼气发酵装置；将沼气发酵装置容积按容积负荷确定修改为按容积产气率确定；增加了容积产气率的温度影响公式及温度影响系数；增加了沼气净化和沼气储存的设计；增加了沼液沼渣分离工艺的设计；增加了沼气工程检测和过程控制设计，细化了泵、搅拌装置等设施的控制方式；增加了主要辅助工程，如电气、防腐、抗震、防火、防雷等设计内容；增加了劳动安全与职业卫生的设计。

2. 《沼气工程技术规范第2部分：输配系统设计》（NY/T 1220.2—2019）

该标准规定了沼气工程中的沼气输配和利用的技术要求。适用于新建、扩建与改建的沼气工程，不适用于农村户用沼气池。

该标准对《沼气工程技术规范第2部分：供气设计》（NY/T 1220.2—2006）进行了修订，主要修订了以下部分：修改规范的名称“供气设计”为“输配系统设计”；修改了规范性引用文件；修改了术语和定义；修改了室内沼气管道推荐采用的材料；修改了沼气管道与电气设备、相邻管道之间的最小净距要求；修改了钢质沼气管道外防腐的规定；修改了用户室内沼气管道最高压力的规定；修改了管道上宜设沼气泄漏报警器、自动切断阀和自动送排风设备的规定；修改了沼气锅灶和生产用气设备的炉膛和烟道处必须设置防爆设施的规定；修改了沼气用气设备的防爆设施的规定；修改了用气设备烟囱伸出室外的相关要求；修改了水平烟道坡向用气设备的坡度要求；删除了总则中不实用的内容；删除了沼气净化和沼气储存的内容；删除了居民住宅厨房内宜设置排气扇和可燃气体报警器的规定；删除了民用沼气用户宜采用集中显示计量装置的规定；删除了安全用气的内容；增加了当沼气管道穿越一般道路时，应设置套管的规定；增加了管道外表面应涂以黄色防腐识别漆的规定；增加了采用涂层保护埋地敷设的钢质沼气干管宜同时采用阴极保护的规定；增加了沼气发电利用应符合相关标准的规定；增加了沼气管道的输出端应设置流量计进行计量的规定；增加了沼气锅炉烟囱不应低于 8m，且应按批复的环境影响评价文件确定的规定；附录中增加了居民生活用燃具的同时工作系数表、几种常用原料生产的沼气中硫化氢含量表。

3. 《沼气工程技术规范第 3 部分：施工与验收》（NY/T 1220.3—2019）

该标准针对新建、扩建与改建的沼气工程。该标准对沼气工程施工及验收的内容、要求和方法进行了规定。该标准对《沼气工程技术规范第 3 部分：施工及验收》（NY/T 1220.3—2006）进行修订，主要修订了以下部分：修改了范围；修改了规范性引用文件；修改了术语和定义；修改“基坑施工”为“土石方与地基基础”，并对相关内容进行了修改；删除了“水池”相关内容，增加了预处理构筑物、湿式储气柜钢筋混凝土水封池、沼渣沼液储存设施等相关规定；增加了关于施工单位的要求；增加锅炉房、发电机房、沼气净化设备房的施工及验收要求；增加了沼气发酵装置基础沉降与观察的相关规定；增加了格栅安装；增加了全钢湿式储气柜及钢制钟罩安装的要求；增加了膜式气柜安装；增加了一体化膜式气柜安装要求；增加了安全设施的相关规定。

4. 《沼气工程技术规范第 4 部分：运行管理》（NY/T 1220.4—2019）

该标准规定了沼气工程运行管理、维护保养、安全操作的一般原则以及各个建（构）筑物、仪器设备运行管理、维护保养、安全操作的专门要求。适用于已建成并通过竣工验收的沼气工程。该标准对《沼气工程技术规范第 4 部分：运行管理》（NY/T 1220.4—2006）进行了修订，主要修订了以下部分：修改了范围；修改了规范性引用文件；修改了术语和定义；修改了制定本部分的原因；修改了栅渣清除的相关规定；修改了泵轴承温升超过环境温度的数值范围；修改了与其他标准规定不一致的数据和规定；修改了与实际情况不相符合的操作方法；增加了严禁随便进入具有有毒、有害气体的对象范围；增加了厌氧消化装置进料与出料同时进行的规定；增加了检修气柜时不得动用明火的规定与例外；增加了监测数据信息安全的相关规定；增加了沼气输配系统的运行管理内容。

5. 《沼气工程技术规范第5部分：质量评价》（NY/T 1220.5—2019）

该标准针对新建、扩建与改建的沼气工程。该标准规定了沼气工程质量的划分，制定了沼气工程质量的基本评价指标和评分要求，并给出了沼气工程质量评价的方法。该标准对《沼气工程技术规范第5部分：质量评价》（NY/T 1220.5—2006）进行了修订，主要修订了以下部分：修改了术语和定义；修改了沼气工程质量评价基本原则；修改了质量结构的论述形式；修改了质量评价体系与方法的论述形式；修改了沼气工程质量评价方式的相关规定；修改了沼气工程质量评价对于工程连续运转时间的规定；修改了评议专家组成员的人数要求；修改了组织评议专家组实施质量评价的程序要求；修改了附录的有关规定；增加了对沼气工程监理单位的资质要求。

6. 《沼气工程技术规范第6部分：安全使用》（NYT 1220.6—2014）

该标准规定了沼气工程安全使用的基本要求，控制沼气生产及利用过程安全影响因素的一般要求、安全防护技术措施、安全管理措施。适用于已建成并竣工验收投入使用的沼气工程。

（二）沼气工程规模分类标准

《沼气工程规模分类》（NY/T 667—2011）对沼气工程规模的分类方法和分类指标进行了规定。该标准针对各种类型新建、扩建与改建的农村沼气工程。其他类型沼气工程可以参照该标准执行。该标准不适用于户用沼气池和生活污水净化沼气池。该标准对《沼气工程规模分类》（NY/T 667—2003）进行了修订，修订了沼气工程规模分类方法和分类指标：修改了规模分类方法；分类指标中以日产沼气量与厌氧消化装置总体容积为必要指标，厌氧消化装置单体容积和配套系统为选用指标；增加了特大型沼气工程规模；提高了各种规模的技术指标；附录中增加了日产沼气量、厌氧消化装置总体容积与日原料处理量的对应关系表。

（三）沼气工程运行管理及主体设施行业标准

1.《沼气工程安全管理规范》（NY/T 3437—2019）

该标准针对新建、扩建、改建和已建的沼气工程。该标准规定了沼气工程安全管理的基本要求，引导沼气工程安全管理相关主体在沼气工程项目全生命周期内明确安全管理责任、履行安全管理义务。

2.《沼气工程远程监测技术规范》（NY/T 3239—2018）

该标准针对新建、扩建与改建的特大型、大型、中小型沼气工程，不适用于户用沼气池和生活污水净化沼气池。该标准规定了沼气工程远程监测的适用范围、监测参数、设备和数据传输要求。该标准对系统扩展其他的信息内容不限制，但在扩展内容时，不应与该标准中所使用或保留的控制命令相冲突。

3.《沼气生产用原料收贮运技术规范》（NY/T 2853—2015）

该标准规定了沼气生产用原料收集、贮存、运输过程的技术要求。适用于户用沼气和沼气工程运行过程中所使用原料的收集、贮存和运输活动，不适用于《危险废物经营许可证管理办法》中界定的危险废物收集、贮存和运输。

4.《沼气工程发酵装置》（NY/T 2854—2015）

该标准规定了沼气发酵装置的分类与型号标记、技术要求、检验规则以及标识、包装、运输与储运等要求。适用于以液体或固体有机废弃物为原料，经过厌氧消化生产沼气的发酵装置，包括钢筋混凝土发酵装置、拼装或焊接钢板发酵装置。

5.《沼气工程钢制焊接发酵罐技术条件》（NY/T 3439—2019）

该标准规定了沼气工程钢制焊接发酵罐的设计、制造与检验标准等方面的通用技术要求。适用于沼气工程的沼气发酵罐。

6.《序批式厌氧干发酵沼气工程设计规范》（NY/T 3612—2020）

该标准规定了序批式厌氧干发酵沼气工程选址、总体布置、工艺、建筑、给排水、消防与安全等设计内容。适用于以农作物秸秆、畜禽粪便等农业废弃物为原料的序批式厌氧干发酵沼气工程设计；以农业有机废弃物或有机垃圾等为原料的沼气工程可以参考。

（四）规模化畜禽养殖场沼气工程相关标准

1. 《规模化畜禽养殖场沼气工程设计规范》（NY/T 1222—2006）

该标准针对新建、改建和扩建的规模化畜禽养殖场沼气工程（参见 NY/T 667—2003）的设计。畜禽养殖区沼气工程的设计可以参照该标准执行。该标准对规模化畜禽养殖场沼气工程的设计范围、原则以及主要参数选取等进行了规定。

2. 《规模化畜禽养殖场沼气工程运行、维护及其安全技术规程》（NY/T 122—2006）

该标准针对规模化畜禽养殖场和规模化饲养小区的沼气工程。该标准对规模化畜禽养殖场沼气工程运行、维护及其安全技术要求进行了规定。

3. 《规模化畜禽养殖场沼气工程设备选型技术规范》（NY/T 2600—2014）

该标准针对新建、改建和扩建的规模化畜禽养殖场沼气工程，对不同工艺类型、不同规模的沼气工程进行工艺装置及设备选择指导。该标准规定了规模化畜禽养殖场沼气工程的设备分类及主要参数选取等。

4. 《规模化畜禽养殖场沼气工程验收规范》（NY/T 2599—2014）

该标准针对新建、改建和扩建的规模化畜禽养殖场沼气工程。该标准对规模化畜禽养殖场沼气工程验收的内容和要求进行了规定。

三、沼气贮存及利用相关标准

以下罗列出了沼气贮存和利用最新相关行业标准与技术规范，可以为沼气工程沼气贮存技术和利用工艺设计提供参考。沼气供气设计可以参考《沼气工程技术规范第 2 部分：输配系统设计》（NY/T 1220.2—2019）。

（一）沼气贮存技术工艺相关标准

《沼气工程储气装置技术条件》（NY/T 2598—2014）规定了设计压力 $P \leqslant 0.6\text{MPa}$，有效容积 V 为 50m^3 ～ $3\ 000\text{m}^3$，用于沼气工程的储气装置分类选择及技术条件。该标准适用于新建、改建和扩建的沼气工程作为沼气储存、缓冲、稳压等的储气装置。

（二）沼气利用相关标准

1．《沼气电站技术规范》（NY/T 1704—2009）

该标准规定了沼气发电站的总体布置、基本建设内容、安全运行等要求。适用于装机容量 10kW ～ 10 000kW 的沼气发电站。

2．《沼气发电机组》（NY/T 1223—2006）

该标准规定了沼气发电机组的术语和定义、分类和标记、要求、试验方法、检验规则、标志、标签、使用说明书、包装、运输和贮存。适用于以沼气为燃料或者以沼气和柴油为混合燃料的发电机组。

3．《沼气工程干法脱硫塔》（NY/T 4064—2021）

该标准规定了沼气工程干法脱硫塔的术语和定义、型号及参数、技术要求、试验方法、安装使用、检验规则、标志包装、运输、储存等内容。适用于以氧化铁为主要脱硫剂的干法脱硫塔。

四、沼肥贮存与利用相关标准

沼肥是由畜禽粪便等有机废弃物在厌氧条件下经微生物发酵制取沼气后用作肥料的残留物，主要由沼渣和沼液两部分组成。沼液是由畜禽粪便等有机废弃物经沼气发酵后形成的液体，沼渣是由畜禽粪便等有机废弃物经沼气发酵后形成的固形物。

畜禽养殖场产生的沼渣沼液含有丰富的氮、磷、钾等作物生长需要的营养物质，其还田利用是沼肥资源化利用最为经济也最为常见的方式，是国家大力提倡的种养循环模式。但由于沼肥成分复杂、营养丰富，过量施用可能导致农作物生长异常和造成环境二次污染，因此需要编制合理的沼肥种植作物技术规范，引导沼肥在种植中的安全利用。

以下罗列出了沼肥贮存和利用最新相关行业标准与规范，其中，《农田灌溉水质标准》（GB 5084—2021）属于生态环境部（原环境保护总局）制定颁布的强制标准。由于沼肥利用存在气候、地域、地理条件、季节等诸多影响因素，因而制定出的国家和行业相关标准比较少。在此，也摘选出部分地方沼肥利用相关标准与规范，以供参考。

（一）沼肥利用相关国家标准

1. 《农田灌溉水质标准》（GB 5084—2021）

沼气工程沼液回田施用，可以参考该标准。

该标准规定了农田灌溉水质要求、监测与分析方法和监督管理要求。适用于地表水、地下水作为农田灌溉水源的水质监督管理。城镇污水（工业废水和医疗污水除外）以及未综合利用的畜禽养殖废水、农产品加工废水和农村生活污水进入农田灌溉渠道，其下游最近的灌溉取水点的水质按该标准进行监督管理。

该标准于1985年首次发布，1992年、2005年和2021年分别进行了修订。GB 5084—2021修订的主要内容：修改了标准适用范围；修改了对农田灌溉水质的监测要求；更新了规范性引用文件；增加了农田灌溉用水、水田作物和旱地作物等术语与定义；增加了总镍、氯苯、1,2-二氯苯、1,4-二氯苯、硝基苯、甲苯、二甲苯、异丙苯、苯胺等9项农田灌溉水质选择控制项目限制；增加了标准的实施与监督规定。

2. 《沼肥肥效评估方法》（GB/T 41193—2021）

该标准描述了沼肥肥效评估的试验设计、试验地选择、田间管理、肥效评估、报告撰写等内容。适用于以畜禽粪便、秸秆等有机废弃物为原料，经充分厌氧发酵产生的沼肥，农用沼液可参照使用。

（二）沼肥利用相关行业标准与规范

1. 《沼气工程沼液沼渣后处理技术规范》（NY/T 2374—2013）

该标准针对以畜禽粪便、农作物秸秆等农业有机废弃物为主要发酵原料的沼气工程，以其他有机质为发酵原料的沼气工程可以参照该标准执行。该标准规定了从沼气工程厌氧消化器排出的沼液沼渣实现达标处理或资源化利用的技术要求。

2. 《沼肥》（NY/T 2596—2014）

该标准针对以农业有机物为原料经厌氧消化产生的沼渣沼液经加工制成的肥料。该标准对沼肥的术语、定义、要求、试验方法和检验规则进行了规定。

3．《沼肥施用技术规范》（NY/T 2065—2011）

该标准针对以畜禽粪便为主要发酵原料的户用沼气发酵装置所产生的沼肥用于粮油、果树、蔬菜、食用菌等的施用。该标准对沼气池制取沼肥的工艺条件、理化性状，以及主要污染物允许含量、综合利用技术与方法进行了规定。

4．《沼肥加工设备》（NY/T 2139—2012）

该标准规定了沼肥加工设备的技术要求、试验方法和检验规则。适用于以有机废弃物经厌氧消化产生的沼渣沼液加工成肥料的成套设备。

5．《农用沼渣沼液车技术条件》（JB/T 11475—2013）

该标准针对农用沼渣沼液车。该标准对农用沼渣沼液车的术语和定义、技术要求、试验方法、检验规则、交付、标志、运输和贮存进行了规定。

6．《自走式沼渣沼液抽排设备技术条件》（NY/T 1917—2010）

自走式沼渣沼液抽排设备是指以柴油机或汽油机为行走动力装置，有封闭罐体，通过泵用于沼气池内的沼渣沼液抽排，并能利用自带动力行走的机械设备。

该标准针对海拔高度在 3 500m 以下，采用定型汽车或农用车底盘，配装定型的柴油机或汽油机，最高时速不超过 60km/h 的自走式沼渣沼液抽排设备。该标准对自走式沼渣沼液抽排设备的术语和定义、型号、主要参数与基本要求、检验规则、标志、运输和贮存进行了规定。

7．《非自走式沼渣沼液抽排设备技术条件》（NY/T 1916—2010）

非自走式沼渣沼液抽排设备是指以电、柴油机或汽油机为动力源，用于沼渣沼液抽排，没有罐体和行走功能的机械设备。

该标准针对海拔高度在 3 500m 以下，不能自行移动的沼渣沼液抽排设备。该标准对非自走式沼渣沼液抽排设备的术语和定义、型号、主要参数与基本要求、标志、运输和贮存进行了规定。

8．《非自走式沼渣沼液抽排设备试验方法》（NY/T 2856—2015）

该标准针对海拔高度在 3 500m 以下，不能自行移动的沼渣沼液抽排设备。该标准规定了非自走式沼渣沼液抽排设备性能试验方法。

第二章

畜禽污染防治与沼气相关法规、政策

党的十九大提出的“实施乡村振兴战略”，是对“三农”工作的重大决策部署。沼气资源是一种具有应用前景的新能源，同时，沼气工程也是中央财政支持的具有基础性设施性质的农村系统工程，在美丽乡村建设和促进乡村振兴战略实施方面具有重要的意义。

我国政府一直非常重视农村沼气建设，近十来年，中央一号文件都对农村沼气的发展提出明确要求。2003—2005 年中央每年安排 10 亿元用于支持农村沼气建设，2006—2007 年支持力度增加到 25 亿元，2008 年中央投入高达 60 亿元。从 2009 年起，国家进一步鼓励大中型沼气工程发展，并根据发酵装置容积大小和上限控制相结合的原则确定中央补助数额。“十二五”期间，中央累计安排 142 亿元用于农村沼气建设，并不断优化投资结构。近几年，根据我国畜禽养殖方式向着集约化养殖方向转变，国家沼气政策导向发生了重大转变，对农业产业结构形势作出了调整。国家政策和资金投资打破了以往农村沼气多元化发展模式建设格局，转向重点支持建设大型沼气工程和发展生物天然气工程。

第一节　畜禽污染防治相关法规、政策

按照党中央、国务院决策部署，在国家畜禽养殖污染防治上，坚持“源头减量、过程控制、末端利用”的治理路径，全面推进畜禽养殖废弃物资源化利用，加快构建种养结合、农牧循环的可持续发展新格局，为促进乡村全面振兴提供有力支撑。

国务院发布的从 2014 年 1 月 1 日开始实施的《畜禽规模养殖污染防治条例》第二十条规定：向环境排放经过处理的畜禽养殖废弃物，应当符合国家和地方规定的污染物排放标准和总量控制指标。畜禽养殖废弃物未经处理，不得直接向环境排放。

第十二届全国人民代表大会常务委员会第八次会议修订通过的《中华人民共和国环境保护法》已于 2015 年 1 月 1 日开始实施。该法第六条规定：一切

单位和个人都有保护环境的义务。认真贯彻和执行《中华人民共和国环境保护法》等法律法规，加强环境保护法的宣传、教育、监督和检查工作，健全和完善环境保护管理监督体制，采用行政的、法律的和经济的措施，确保畜禽养殖企业在生产过程中不对环境产生污染。

养殖场规划时，应充分考虑粪污排放和综合利用问题，尽量选择靠近有田地和山地的地方，容易实现种养结合，提高养殖场的经济效益；加强养殖场源头和过程控制，尽量减少污染物的排放。在粪污的最终处理方面，因地制宜地选择能耗低的处理工艺。

一、畜禽污染防治相关法律法规

《中华人民共和国环境保护法》是在 1989 年 12 月 26 日第七届全国人民代表大会常务委员会第十一次会议通过，在 2014 年 4 月 24 日第十二届全国人民代表大会常务委员会第八次会议修订通过并从 2015 年 1 月 1 日开始施行。该法规定畜禽养殖场、养殖小区、定点屠宰企业等的选址、建设和管理应当符合有关法律法规。同时规定从事畜禽养殖和屠宰的单位和个人对畜禽粪便、尸体和污水等废弃物应当采取措施，进行科学处置，防止污染环境。

《畜禽规模养殖污染防治条例》（国务院令第 643 号）全文共 6 章 44 条，由国务院于 2013 年 11 月 11 日发布，自 2014 年 1 月 1 日起施行。《畜禽规模养殖污染防治条例》是我国在国家层面制定实施的第一部农业农村环境保护行政法规，其颁布实施是我国农业农村环保领域法制建设和生态文明制度建设的一件大事，是农业农村环保事业发展的一个里程碑。

二、畜禽污染防治相关政策

为贯彻落实《畜禽规模养殖污染防治条例》（国务院令第 643 号）和《水污染防治行动计划》（国发〔2015〕17 号），指导各地科学划定畜禽养殖禁养区，环境保护部、农业部制定了《畜禽养殖禁养区划定技术指南》（环办水体〔2016〕99 号），该指南适用于主要畜禽禁养区的划定。

在农村环境治理中，畜禽养殖中产生的大量废弃物没有得到有效处理和利用，成为畜禽污染防治的一大难题。对畜禽养殖废弃物有效资源化利用，关系到畜禽产品的有效供给，关系到农村居民生产生活环境的改善，是重大的民生工程。为加快推进畜禽养殖废弃物资源化利用，促进农业可持续发展，经国务院同意，出台《国务院办公厅关于加快推进畜禽养殖废弃物资源化利用的意见》（国办发〔2017〕48号）。为贯彻实施《国务院办公厅关于加快推进畜禽养殖废弃物资源化利用的意见》，经国务院批准，农业部会同财政部下发《关于做好畜禽粪污资源化利用项目实施工作的通知》（农牧发〔2017〕10号），2017年中央财政安排资金支持开展畜禽粪污资源化利用工作。按照《国务院办公厅关于加快推进畜禽养殖废弃物资源化利用的意见》要求，农业部会同环境保护部制定了《畜禽养殖废弃物资源化利用工作考核办法（试行）》（农牧发〔2018〕4号）。按照《国务院办公厅关于加快推进畜禽养殖废弃物资源化利用的意见》和《畜禽养殖废弃物资源化利用工作考核办法（试行）》（农牧发〔2018〕4号），农业农村部办公厅下发《关于做好畜禽粪污资源化利用跟踪监测工作的通知》（农办牧〔2018〕28号），拟依托规模养殖场直联直报信息系统，加强全国畜禽粪污资源化利用情况跟踪监测，动态反映各地畜禽粪污资源化利用基本情况，为绩效考核、政策实施、日常监管等工作提供基础支撑。

为贯彻落实《国务院办公厅关于加快推进畜禽养殖废弃物资源化利用的意见》（国办发〔2017〕48号）和《农业部关于实施农业绿色发展五大行动的通知》（农办发〔2017〕6号）精神，加快推进畜禽粪污资源化利用机具试验鉴定，促进先进适用畜禽粪污资源化利用机具推广应用，农业农村部办公厅下发《农业农村部办公厅关于加快推进畜禽粪污资源化利用机具试验鉴定有关工作的通知》（农办机〔2018〕29号）。

为贯彻落实党的十九大精神，按照中央农村工作会议、中央一号文件、中央财经领导小组第14次会议和《国务院办公厅关于加快推进畜禽养殖废弃物资源化利用的意见》（国办发〔2017〕48号）有关部署要求，2018年中央财政继续支持畜禽粪污资源化利用工作。为确保政策落实，提高资金使用效益，农业农村部和财政部联合下发《关于做好2018年畜禽粪污资源化利用项目实施工作的通知》（农牧发〔2018〕6号）。

养殖场户应根据畜禽粪污所施农田的土壤状况、农林作物类型、种植制度等适时适量进行粪肥施用，合理确定畜禽粪肥施用量，不能过量施用畜禽粪肥。为了指导各地加快推进畜禽粪污资源化利用，优化调整畜牧业区域布局，促进农牧结合、种养循环农业发展，农业部制定了《畜禽粪污土地承载力测算技术指南》（农办牧〔2018〕1号）。该指南适用于区域畜禽粪污土地承载力和畜禽规模养殖场粪污消纳配套土地面积的测算。

为贯彻党中央、国务院关于坚决打好污染防治攻坚战和改善农村人居环境的决策部署，落实《国务院办公厅关于加快推进畜禽养殖废弃物资源化利用的意见》（国办发〔2017〕48号），2019年中央财政继续支持畜禽粪污资源化利用工作。为确保政策落实，提高资金使用效益，农业农村部和财政部联合下发《关于做好2019年畜禽粪污资源化利用项目实施工作的通知》（农牧发〔2019〕14号）。

2020年2月5日，新华社受权发布《中共中央、国务院关于抓好“三农”领域重点工作确保如期实现全面小康的意见》。这是21世纪以来第17个指导“三农”工作的中央一号文件。提出大力推进畜禽粪污资源化利用，基本完成大规模养殖场粪污治理设施建设。

农业农村部办公厅、生态环境部办公厅联合印发《关于进一步明确畜禽粪污还田利用要求强化养殖污染监管的通知》（农办牧〔2020〕23号）。明确畜禽粪污还田利用标准，要求加强事中事后监管，完善粪肥管理制度，加快构建种养结合、农牧循环的可持续发展新格局。

农业农村部办公厅、财政部办公厅联合印发《关于做好2020年畜禽粪污资源化利用工作的通知》（农办牧〔2020〕32号）。为贯彻党中央、国务院关于坚决打好污染防治攻坚战和改善农村人居环境的决策部署，落实《国务院办公厅关于加快推进畜禽养殖废弃物资源化利用的意见》（国办发〔2017〕48号），2020年中央财政继续支持畜牧大县整县推进畜禽粪污资源化利用（以下简称“整县推进项目”），同时，支持符合条件的非畜牧大县规模养殖场粪污治理（以下简称“规模养殖场粪污治理项目”）。整县推进项目要全面提升养殖场户粪污处理设施装备水平，兼顾畜禽粪肥田间贮存和利用设施建设，畅通粪肥还田利用渠道，畜禽粪污综合利用率达到90%以上，规模养殖场粪污处理设施装备配套率达到100%，构建起种养结合、农牧循环的可持续发展机制。规模养殖场粪污治理项目要突出重点区域和主要畜种，重点支持规模养殖场建设适应粪污肥料化利用要求的设施装备，进一步扩大处理规模，提升处理水平，确保年底前全省畜禽粪污综合利用率达到75%以上，规模养殖场粪污处理设施装备配套率达到95%以上。

解决畜禽养殖污染问题的根本出路是畜禽粪污资源化利用，只有畜禽粪污资源化利用才能有效促进种养结合的发展并有益于改善土壤地力。为了积极推动畜禽粪便肥料的还田利用，并让畜禽粪污的资源化利用更加规范化和标准化，农业农村部办公厅和生态环境部办公厅联合下发《农业农村部办公厅生态环境部办公厅关于加强畜禽粪污资源化利用计划和台账管理的通知》（农办牧〔2021〕46号）。

《“十四五”节能减排综合工作方案》（国发〔2021〕33号）中提出，深入推进规模养殖场污染治理，整县推进畜禽粪污资源化利用。到2025年，畜禽粪污综合利用率达到80%以上，京津冀及周边地区大型规模化养殖场氨排放总量削减5%。

《推进生态农场建设的指导意见》中指出，推广一批生态农业技术模式。鼓励以生态农场为主体，推广应用有机肥替代技术，农作物秸秆、畜禽粪污等农业废弃物资源化利用技术，健全完善生态农场技术规范，形成一批生态循环农业发展技术模式。

第二节　沼气相关法规、政策

沼气相关政策法规应该要支持沼气工程建设，强化其在处理和处置农业废弃物方面发挥的基础性作用，同时还应重视沼气又是农村重要的补充能源的民生作用。一个行业要想可持续发展，必须有源源不断的资金投入，因此，沼气相关政策法规的制定必须要兼顾企业经营活动中的利益需求，鼓励建立沼气市场需求为导向的盈利模式。沼气法规政策通过鼓励科技创新提升沼气行业的市场核心竞争力，通过沼气和沼肥的高值化研究和利用，比如提升沼气发电水平、沼气作为汽车动力、沼气提纯生物天然气、沼液开发功能性浓缩肥等，提升沼气产业链水平。

一、沼气相关法律法规

《退耕还林条例》已经于2002年12月6日国务院第66次常务会议通过，自2003年1月20日起施行。条例强调根据实际情况，地方各级人民政府应当加强沼气等农村能源建设，解决退耕还林者对能源的需求。

《中华人民共和国可再生能源法》已经于2005年2月28日第十届全国人民代表大会常务委员会第十四次会议通过，自2006年1月1日起施行。其指出，国家鼓励和支持农村地区的可再生能源开发利用。县级以上地方人民政府管理能源工作的部门会同有关部门，根据当地实际情况，制定农村地区可再生能源发展规划，因地制宜地推广应用沼气等生物质资源转化等技术，并提供财政支持。

《中华人民共和国农业法》中指出，发展农业和农村经济必须合理利用和保护土地、水、森林、草原、野生动植物等自然资源，合理开发和利用水能、沼气、太阳能、风能等可再生能源和清洁能源，发展生态农业，保护和改善生态环境。从事畜禽等动物规模养殖的单位和个人应当对粪便、污水及其他废弃物进行无害化处理或者综合利用，从事水产养殖的单位和个人应当合理投饵、施肥、使用药物，防止造成环境污染和生态破坏。

《中华人民共和国节约能源法》中指出，国家鼓励、支持在农村大力发展沼气，推广生物质能、太阳能和风能等可再生能源利用技术，按照科学规划、有序开发的原则发展小型水力发电，推广节能型的农村住宅和炉灶等，鼓励利用非耕地种植能源植物，大力发展薪炭林等能源林。

二、沼气相关政策

《可再生能源发电价格和费用分摊管理试行办法》（发改价格〔2006〕7号）中规定，生物质发电项目上网电价由政府定价，补贴电价标准为每千瓦时0.25元。发电项目自投产之日起，15年内享受补贴电价；运行满15年后，取消补贴电价。自2010年起，每年新批准和核准建设的发电项目的补贴电价比上一年新批准和核准建设项目的补贴电价递减2%。发电消耗热量中常规能源超过20%的混燃发电项目，视同常规能源发电项目，执行当地燃煤电厂的标杆电价，不享受补贴电价。

《关于完善农林生物质发电价格政策的通知》（发改价格〔2010〕1579号）中指出，农林生物质发电项目实行标杆上网电价政策。未采用招标确定投资人的新建农林生物质发电项目，统一执行标杆上网电价每千瓦时0.75元（含税，下同）。通过招标确定投资人的，上网电价按中标确定的价格执行，但不得高于全国农林生物质发电标杆上网电价。已核准的农林生物质发电项目（招标项目除外），上网电价低于上述标准的，上调至每千瓦时0.75元；高于上述标准的国家核准的生物质发电项目仍执行原电价标准。

《分布式发电管理暂行办法》（发改能源〔2013〕1381号）中指出，发展分布式发电的领域包括农村地区村庄和乡镇；目前适用于分布式发电的技术包括以农林剩余物、畜禽养殖废弃物、有机废水和生活垃圾等为原料的气化、直燃和沼气发电及多联供技术。

《可再生能源发电全额保障性收购管理办法》适用于风力发电、太阳能发电、生物质能发电、地热能发电、海洋能发电等非水可再生能源。水力发电参照执行。生物质能、地热能、海洋能发电以及分布式光伏发电项目暂时不参与市场竞争，上网电量由电网企业全额收购；各类特许权项目、示范项目按特许权协议或技术方案明确的利用小时数确定保障性收购年利用小时数。

《中共中央、国务院关于深入推进农业供给侧结构性改革加快培育农业农村发展新动能的若干意见》提出大力推行高效生态循环的种养模式，加快畜禽粪便集中处理，推动规模化大型沼气健康发展。

为深入贯彻落实党中央、国务院关于碳达峰、碳中和的重大战略决策，扎实推进碳达峰行动，制定《2030年前碳达峰行动方案》（国发〔2021〕23号），提出因地制宜发展生物质发电、生物质能清洁供暖和生物天然气，进一步完善可再生能源电力消纳保障机制。

第三节 畜禽污染防治与沼气相关规划

《农业农村污染治理攻坚战行动方案（2021—2025年）》《全国农村沼气发展“十三五”规划》（发改农经〔2017〕178号）等畜禽养殖业污染防治和农村沼气发展规划，赋予了农村沼气在农村生态文明建设和农业绿色发展方面新的使命。2015年国家提出农村沼气工程转型升级，因此，要正确面对农村沼气在发展中出现的新问题、新矛盾，正确把握沼气的功能定位，要依据客观环境的变化而改革，突出抓好规模化畜禽养殖污染防治。

一、畜禽污染物防治相关规划

《农业农村污染治理攻坚战行动方案（2021—2025年）》提出加强养殖业污染防治。推行畜禽粪污资源化利用。完善畜禽粪污资源化利用管理制度，依法合理施用畜禽粪肥。推动畜禽规模养殖场粪污处理设施装备提档升级，规范畜禽养殖户粪污处理设施装备配套，开展设施装备配套情况核查。整县推进畜禽粪污资源化利用，改造提升粪污处理设施，建设粪肥还田利用示范基地，推进种养结合，畅通粪肥还田渠道。建立畜禽规模养殖场碳排放核算、报告、核查等标准，探索制定重点畜产品全生命周期碳足迹标准，引导畜禽养殖环节温室气体减排。完善畜禽粪肥限量标准，指导各地安全合理施用粪肥。到2025年，畜禽规模养殖场建立粪污资源化利用计划和台账，粪污处理设施装备配套率稳定在97%以上，畜禽养殖户粪污处理设施装备配套水平明显提升。

《国务院关于印发“十四五”推进农业农村现代化规划的通知》（国发〔2021〕25号）对“十四五”时期推进农业农村现代化的战略导向、主要目标、重点任务和政策措施等作出全面安排，增强农业农村对经济社会发展的支撑保障能力和“压舱石”的稳定作用，持续提高农民生活水平。支持种养结合绿色发展，推进畜禽粪污资源化利用，加强规模养殖场粪污治理设施建设，持续开展粪肥还田利用。

《“十四五”全国农业绿色发展规划》（农规发〔2021〕8号）指出，持续开展养殖废弃物资源化利用，建立和完善畜禽养殖废弃物资源化利用制度，构建畜禽粪污资源化利用市场机制，推进种养结合，加强畜禽粪污处理设施建设和可持续运行。加强畜禽粪污资源化利用能力建设。建立畜禽粪污收集、处理、利用信息化管理系统，持续开展畜禽粪污资源化利用整县推进，建设粪肥还田利用种养结合基地，培育发展畜禽粪污能源化利用产业。

二、沼气相关规划

《全国农村沼气发展“十三五”规划》（发改农经〔2017〕178号）中指出，以沼气和生物天然气为主要处理方向，以就地就近用于农村能源和农用有机肥为主要使用方向，力争在“十三五”时期，基本解决大规模畜禽养殖场粪污处理和资源化问题。国家发展改革委和农业部会同有关部门、地方主管部门，在大量调查研究和反复论证的基础上，编制了《全国农村沼气发展“十三五”规划》。总结了农村沼气发展的成就，分析了存在的问题和挑战，在资源潜力基础上，提出了“十三五”农村沼气发展目标、任务，规划了发展布局和重大工程，并对政策措施和组织实施做了进一步要求。

《全国农村沼气工程建设规划（2006—2010年）》（发改农经〔2007〕66号）中指出，党的十六届五中全会明确提出“大力普及农村沼气，发展适合农村特点的清洁能源”。突出养殖场沼气工程在农村建设项目中的公益性，通过沼气工程为纽带，积极推广沼气池建设、集中供气和综合利用的建设模式，实现污染防治、能源利用和绿色农业多位一体综合发展，最终实现经济效益、社会效益和生态效益。明确重点支持建设规模化畜禽养殖场和养殖小区大中型沼气工程（年出栏量3 000头猪单位以上的养殖场）。对一些周边没有可以完全消纳沼液的农田、果园和林地等消纳土地的畜禽养殖场，粪污经厌氧发酵后，需经过进一步深度处理，以实现达标排放。

《全国农业现代化规划（2016—2020年）》中指出，重点建设规模化养殖场大型沼气工程，发展生物质燃气提纯利用设备设施以及有机肥生产加工设备设施，实现以沼气为纽带发展绿色循环农业。

《可再生能源发展“十三五”规划》中指出，建立生物天然气生产示范县，加快生物天然气产业化发展，促进技术进步和工程建设现代化。建立生物天然气输配体系，形成车载用气、发电用气、并入天然气管道等多元化用气模式。建立沼气生产原料收集保障，以及建立沼液沼渣的有机肥利用体系。

《生物质能发展“十三五”规划》（国能新能〔2016〕291号）大力推动生物天然气规模化发展结合农村规模化沼气工程建设，新建或改造沼气发电项目。积极推动沼气发电无障碍接入城乡配电网和并网运行。到2020年，沼气发电装机容量达到50万kW。

《农业生物质能产业发展规划（2007—2015年）》中指出，规模化养殖场、养殖小区沼气工程按照发展循环农业的理念，将养殖业、沼气工程和周边的农田、鱼塘等统一筹划，在为畜禽场或周围居民提供清洁燃料的同时，开展沼液、沼渣综合利用，发展生态农业，带动无公害农产品生产，实现畜禽粪便的资源化利用和环境治理双重目标。对一些周边既无一定规模的农田，又无闲暇空地可供建造鱼塘和水生植物塘的畜禽养殖场，畜禽污水在经厌氧消化处理后，再经过适当的好氧处理，如曝气、生化处理等，实现达标排放。以“一池三建”为基本建设单元，建设沼气发酵池、原料预处理、沼气利用和沼肥利用设施。到2010年，新建大中型沼气工程4000处，使全国规模化养殖场、养殖小区大中型沼气工程总数达到4 700处。

《可再生能源中长期发展规划》（发改能源〔2007〕2174号）中指出，在城市污水处理厂、工业有机污水处理厂和规模化畜禽养殖场建设大中型沼气工程，并根据沼气产量安装沼气发电装置。

第四节　福建省畜禽污染防治与沼气相关政策规定

福建省畜禽污染物防治与综合利用大体上可以分为三个阶段。第一阶段：2001 年之前，畜禽粪便主要的用途是作为户用沼气工程原料，生产沼气作为农户生活用能。第二阶段：2001—2015 年，畜禽污染物开始以防治为主，逐渐形成“源头减量—过程控制—后端利用”的治理模式。2016 年至今，畜禽污染物以畜禽养殖废弃物资源化利用为主，因地制宜进行污染物治理控制。

2016 年，福建省成为全国首批生态文明试验区的三个省份之一，中央第一个批准了《国家生态文明试验区（福建）实施方案》。福建省委、省政府认真贯彻党的十九大精神，牢固树立和践行“绿水青山就是金山银山”等绿色发展理念，对养殖业进行了规范化与整治，对养殖业粪污治理工程达标排放以及废弃物资源化利用提出了更高要求。近年，在国家“碳达峰，碳中和”等绿色发展理念推动下，省政府以及各级地方政府大力推进畜禽健康养殖，在倡导养殖污染有效治理前提下，实施种植业和养殖业的有机结合，发展牧沼果、牧菌菜等多位一体的生态养殖模式，促进人、畜禽和自然的和谐，实现畜牧业可持续发展。

对于已颁布的福建省畜禽养殖污染治理与沼气工程相关的条例、办法、标准、规范和规程，必须坚决贯彻、执行。

一、福建省畜禽污染物防治相关地方法规

从 2001 年开始，福建省委、省政府高度重视闽江、九龙江、敖江等流域水环境治理，陆续制定和修订了系列生态环境、水污染、固体废弃物污染防治等相关法规。这些法规都包含了部分有关福建省畜禽污染物防治的内容。

《福建省固体废物污染环境防治若干规定》自 2010 年 1 月 1 日起施行。规定指出，常年存栏量达到本省规定规模的畜禽养殖场，养殖过程产生的畜禽

粪便，应当按照国家相关规定进行收集、贮存和利用，或者经处理和处置后达标排放，防止污染环境；对环境造成污染的，应当采取措施整治，恢复环境原状。常年存栏量未达到本省规定规模的畜禽养殖场，应当采取与其养殖规模相适应的污染防治措施，防止污染环境。

《福建省水土保持条例》自 2014 年 7 月 1 日起施行。条例指出，县级以上地方人民政府应当制定发展沼气等鼓励政策，在容易发生水土流失的区域，有利于水土保持。

《福建省土壤污染防治办法》自 2016 年 2 月 1 日起施行。防治办法指出，从事畜禽养殖的单位和个人，应当对养殖产生的粪便和污水以及其他养殖废弃物、病死畜禽等进行无害化处理和综合利用。《福建省农业生态环境保护条例》指出，专业从事畜禽养殖的单位和个人，应当对养殖过程产生的粪便和污水以及其他养殖废弃物进行综合利用和无害化处理，达到国家或者地方规定标准后，方可排放。县级以上地方人民政府农业行政主管部门应当推广沼气综合利用技术，完善服务体系，鼓励单位和个人开发、利用沼气。《福建省生态文明建设促进条例》自 2018 年 11 月 1 日起施行。条例指出，县级以上地方人民政府农业主管部门应当组织推广畜禽养殖废弃物资源化利用，推行生态循环种养模式。

《福建省水污染防治条例》自 2021 年 11 月 1 日起施行。条例指出，县级以上地方人民政府应当根据水环境质量改善和水污染防治等要求，依法划定和调整畜禽养殖禁养区，合理优化畜禽养殖布局，科学确定畜禽养殖品种、规模和总量。畜禽养殖场、养殖小区、养殖户应当按照国家和本省有关规定将畜禽养殖废弃物进行综合利用。规模化畜禽养殖场、养殖小区应当配套建设畜禽养殖废弃物贮存、处理、利用设施，推进其资源化利用。

《福建省乡村振兴促进条例》自 2021 年 12 月 1 日起施行。条例指出，地方各级人民政府应当优先发展生态循环农业。推动种养结合，加强畜禽粪污废弃物资源化利用。

《福建省生态环境保护条例》自 2022 年 5 月 1 日起施行。条例指出，推广生态循环农业发展模式，推进农业废弃物资源化利用和无害化处理。县级以上地方人民政府应当根据当地环境承载能力、污染防治要求和市场需求，对生猪养殖进行科学布局。

二、福建省畜禽污染物防治与沼气相关政策与规划

（一）水环境综合治理，加快畜禽养殖污染整治

2001年，福建省政府决定采取“企业自筹，政府补贴”的政策，限期治理九龙江流域干流及其支流、水口库区沿岸1千米以内畜禽养殖粪便污水，开展畜禽粪污资源化利用整省推进专项行动。2022年年底前，畜禽粪污综合利用率达到93%以上，规模养殖场粪污处理设施装备配套率保持100%。

近二十年，相继出台了《2005年九龙江流域水污染与生态破坏综合整治计划》《2006年闽江流域水环境综合整治工作计划》《2008年度闽江、九龙江流域水环境综合整治工作计划》《2010年度闽江、九龙江流域水环境综合整治工作计划》《福建省人民政府关于印发福建省“十二五”节能减排综合性工作方案的通知》（闽政〔2011〕95号）、《2011年度闽江、九龙江、敖江流域水环境综合整治计划》《福建省人民政府办公厅关于进一步加强敖江流域水环境综合整治的意见》（闽政办〔2013〕10号）、《福建省人民政府办公厅关于印发敖江流域水环境综合整治工作实施方案的通知》（闽政办〔2014〕168号）、《福建省人民政府关于印发福建省小流域及农村水环境整治计划（2016—2020年）的通知》（闽政〔2016〕29号）、《福建省人民政府办公厅关于印发九龙江－厦门湾污染物排海总量控制试点工作方案的通知》（闽政办〔2017〕105号）、《福建省人民政府办公厅关于印发深入推进闽江流域生态环境综合治理工作方案的通知》（闽政办〔2021〕10号）等闽江、九龙江、敖江流域等水环境综合治理相关政策文件。据不完全统计，“十五”期间九龙江、闽江、敖江流域畜禽养殖业污染治理项目，投资近20 000万元，其中，政府投资约4 500万元，其余投资都来自规模化畜禽养殖场业主自筹。

为了严格控制农业污染，特别是控制养殖业污染，实施了农业面源污染整治攻坚战。在“三江流域”（以下指闽江、九龙江、敖江流域）水环境综合治理中，加大了畜禽养殖整治力度。根据当地流域环境容量，以流域水质达标为目标，设置禁养区，调整和优化整个养殖业布局。主要采取了以下几种措施：

①为了防止畜禽养殖污染“三江流域”，建立网格化动态巡查机制，各地禁养区划定细化到村，依法关闭未改造和改造后不能达标排放的养殖场；②积极推进生猪标准化养殖场建设和改造，鼓励生猪养殖污染防治重点县（市、区）建立智能化监控平台；③鼓励畜禽养殖场污染第三方治理市场运营新模式；④推广种养结合、循环利用模式，推进畜禽养殖废弃物综合利用。

1. 闽江流域治理畜禽污染物防治相关政策

《福建省人民政府办公厅关于印发深入推进闽江流域生态环境综合治理工作方案的通知》（闽政办〔2021〕10号）中提出，实施农业面源污染整治攻坚战。开展畜禽粪污资源化利用整省推进专项行动。2021年底前畜禽粪污综合利用率达到92%以上，2022年底前畜禽粪污综合利用率达到93%以上，规模养殖场粪污处理设施装备配套率保持100%。《2006年闽江流域水环境综合整治工作计划》中提出，推进畜禽养殖污染整治工程。落实畜禽养殖业禁建区要求，2006年6月底前流域各市、县（区）要完成辖区禁建区内养殖场搬迁、治理。治理禁建区外规模化畜禽养殖场，2006年底前流域各市、县（区）政府要制定实施辖区禁建区外养殖场限期治理计划，于2007年底前完成全流域规模化畜禽养殖场治理。计划投入约1亿元，重点实施福州仓山区、沙县畔溪洛溪流域，及三明、南平市畜禽养殖场污染整治等8项工程。

《福建省人民政府办公厅关于转发2008年度闽江、九龙江流域水环境综合整治工作计划的通知》（闽政办〔2008〕84号）中提出加快畜禽养殖污染整治。取缔禁建区划定后建设的养殖场和禁建区划定前建设但于2006年底前仍未治理达标的养殖场，防止出现污染反弹。加强先进技术推广，因地制宜推广猪—沼—草（果、菜、鱼）等立体生态种养殖模式，试点推广生物发酵舍“零排放”养殖技术，重点实施南平市、闽清县、三明市、连城县畜禽养殖业污染整治等5项工程。《福建省人民政府办公厅转发省重点流域水环境综合整治工作领导小组办公室关于2010年闽江、九龙江流域水环境综合整治工作计划的通知》（闽政办〔2010〕125号）中提出养殖污染整治。严格落实畜禽养殖“两禁区”规定，全面完成禁养区内养殖场拆除搬迁工作，加快禁养区外规模化养殖场粪污治理，加强先进技术推广，防止出现污染反弹。闽江流域计划投入4.48亿元，重点推进延平区杜溪流域畜禽污染综合整治、光泽县凯圣生物质发电项目、连城县生猪养殖业污染综合整治等21项工程。《福建省人民政府办公厅转发省重点流域水环境综合整治工作领导小组办公室关于2011年度闽江、九龙江、敖江流域水环境综合整治计划的通知》（闽政办〔2011〕89号）中提出养殖污染整治。严格落实畜禽养殖“禁养区”和“禁建区”规定，未完成禁养区内养殖场搬迁拆除任务的闽侯县、延平区等地，要加大工作力度；已完成禁养区养殖场搬迁拆除的市、县要巩固成果，防止出现污染反弹。各地要加快禁养区外规模养殖场的污染治理，大力推广生态种养、生物发酵床、垫草垫料等先进养殖，开展畜禽养殖全过程综合治理。闽江流域计划投入910万元，重点推进光泽县天瑞生态农庄畜禽养殖污染治理、延平区病死畜禽集中处理场等7项工程。

2．九龙江流域治理畜禽污染物防治相关政策

《福建省人民政府办公厅关于印发九龙江－厦门湾污染物排海总量控制试点工作方案的通知》（闽政办〔2017〕105号）中提出防治畜禽养殖污染。坚持生态先行，疏堵结合，控制养殖总量，严格准入门槛。科学划定畜禽养殖场（小区）和养殖专业户，关闭拆除可养区内存栏250头以下未提出改造方案或改造后仍不能达标排放的生猪养殖户。新建、改建、扩建规模化畜禽养殖场（小区）要实施雨污分流、粪便污水资源化利用。现有规模化畜禽养殖场（小区）要根据污染防治需要，配套建设粪便污水贮存、处理、利用设施。散养密集区要实行畜禽粪便污水分户收集、集中处理利用。加快推进生猪养殖场标准化改造，积极推广漏缝地面免冲洗养猪、微生物异位发酵床等新技术。2018年年底前，全面完成可养区内生猪规模养殖场（存栏250头以上）标准化改造，基本实现达标排放或零排放。持续推进新罗、永定、南靖等重点区域的生猪养殖污染专项整治。《2005年九龙江流域水污染与生态破坏综合整治计划》提出养殖业污染整治。新建、改建、扩建畜禽养殖场，必须严格执行环境影响评价和环保“三同时”制度。禁建区划定后新建的畜禽养殖场必须限期予以拆除。对位于禁建区外符合规划、有条件治理、能够实现零排放或达标排放的，抓紧制定分期分批治理计划，并落实到具体乡镇（村）、具体养殖场。对于不符合规划或无法治理达标的，限期搬迁关闭。畜禽养殖场必须建到养殖业发展规划区，并配套治理设施，同时，要加强跟踪管理，防止出现二次污染。流域

内规模化畜禽养殖场必须于2005年年底前全部治理达标，未按期达标的一律搬迁或关闭。要积极推广“猪—沼—果”（草、菜）等生态养殖模式，鼓励粪便污水经处理后上山、下田、入塘，变废为宝，做到零排放。

《福建省人民政府办公厅关于转发2008年度闽江、九龙江流域水环境综合整治工作计划的通知》（闽政办〔2008〕84号）中提出畜禽养殖污染治理工程。进一步落实畜禽养殖业禁建区要求，加快完成禁建区范围养殖场整治工作；因地制宜推广先进实用的畜禽养殖污染治理技术，建设畜禽养殖污染治理示范点；同时，加快猪粪综合利用项目建设，削减畜禽养殖业污染物的排放。重点实施龙岩市、漳州市养殖业洛东式“发酵舍”零排放示范工程、漳州市40家生猪养殖污水治理工程、厦门市无公害畜禽养殖基地建设等8个项目。《福建省人民政府办公厅转发省重点流域水环境综合整治工作领导小组办公室关于2010年闽江、九龙江流域水环境综合整治工作计划的通知》（闽政办〔2010〕125号）提出九龙江流域计划投入1.06亿元，重点推进新罗区生猪养殖污染进一步深化治理、漳州市12家养殖户“零排放”养猪技术推广、厦门市畜禽养殖基地建设等7项工程。《福建省人民政府办公厅转发省重点流域水环境综合整治工作领导小组办公室关于2011年度闽江、九龙江、敖江流域水环境综合整治计划的通知》（闽政办〔2011〕89号）提出九龙江流域计划投入5 705万元，重点推进新罗区和漳州市养殖业粪污综合治理等5项工程。

3．敖江流域治理畜禽污染物防治相关政策

《福建省人民政府办公厅关于进一步加强敖江流域水环境综合整治的意见》（闽政办〔2013〕10号）提出严格控制流域面源污染，加大畜禽养殖综合治理力度，防止畜禽养殖污染反弹。关闭、拆除敖江流域禁养区内的畜禽养殖场。《福建省人民政府办公厅关于印发敖江流域水环境综合整治工作实施方案的通知》（闽政办〔2014〕168号）提出进一步落实《福建省人民政府关于进一步加强生猪养殖面源污染防治工作六条措施的通知》（闽政〔2014〕44号）和《福建省人民政府办公厅关于贯彻落实生猪养殖面源污染防治工作六条措施的实施意见》（闽政办〔2014〕158号），2015年上半年全面完成禁养区内生猪养殖场关闭拆除任务；2015年年底前，基本关闭拆除可养区内存栏250头以下、未提出改造方案或改造后仍不能达标排放的生猪养殖户；加快完成可养区规模化生猪养殖场标准化改造。

《福建省人民政府办公厅转发省重点流域水环境综合整治工作领导小组办公室关于2011年度闽江、九龙江、敖江流域水环境综合整治计划的通知》（闽政办〔2011〕89号）提出养殖污染整治。敖江流域计划投入100万元，推进杉洋镇畜禽养殖业污染治理工程。

（二）严格养殖门槛，完成养猪场改造升级，实现畜禽养殖污染防治

科学划定畜禽养殖禁养区，严格养殖门槛，积极推进可养区生猪养殖场标准化建设，逐渐实现畜禽养殖转型升级。畜禽养殖污染整治，坚持疏堵结合，生态优先，推进养殖废弃物综合利用。从源头治理开始，按期依法关闭或搬迁禁养区内的畜禽养殖场。重视农业污染排放治理，加快推进以污染治理为主要内容的生猪规模养殖场标准化改造，加强水污染防治，使得农村生态环境持续改善，群众切实得到实惠。

2010—2018年，福建省人民政府陆续出台《福建省农村环境连片整治示范工作方案》《水污染防治行动计划工作方案》《福建省“十三五”生态省建设专项规划》《福建省农村污水垃圾整治行动实施方案（2016—2020年）》《福建省“十三五”节能减排综合工作方案》《推进城市污水管网建设改造和黑臭水体整治工作方案》《关于全面加强生态环境保护坚决打好污染防治攻坚战的实施意见》等畜禽污染物防治相关政策。

《福建省人民政府办公厅关于印发福建省农村环境连片整治示范工作方案的通知》（闽政办〔2010〕250号）中指出，通过实施“田园清洁”示范工程，使得示范片区村庄畜禽养殖布局符合当地政府划定的畜禽养殖“两禁”区要求，做到人畜分离、畜禽集中养殖、集中治理，畜禽养殖废弃物无害化处理和资源化利用，畜禽养殖污染治理和废弃物综合利用率达到90%以上。在畜禽养殖污染治理，减少COD、NH_3-N等主要污染物总量控制方面，福建省人民政府办公厅关于2011—2014年度主要污染物减排工作的意见（见闽政办〔2014〕57号、闽政办〔2013〕50号、闽政办〔2012〕87号、闽政〔2011〕32号）中指出，严格控制畜禽养殖总量，全面治理畜禽养殖污染。依据环境承载

能力合理控制养殖总量，推进集约化、规模化、生态化养殖，禁养区内畜禽养殖场关闭、拆除到位。所有不属于拆迁关闭的规模化畜禽养殖场和养殖小区，必须实施雨（清）污分离、干清粪、废弃物综合利用（粪便生产有机肥）、污水综合治理达标排放（综合利用）的全过程污染综合治理，或者采取生物发酵床、垫草垫料等养殖方式和生态种养模式等。《福建省人民政府办公厅关于2015年度主要污染物总量减排工作的意见》（闽政办〔2015〕65号）中再次强调落实省政府《关于进一步加强生猪养殖面源污染防治工作六条措施的通知》（闽政〔2014〕44号），依据环境承载能力控制养殖总量，推进集约化、规模化、生态化养殖，关闭、拆除禁养区内畜禽养殖场，基本完成规模化养殖场全过程综合治理。《福建省人民政府办公厅关于贯彻落实生猪养殖面源污染防治工作六条措施的实施意见》（闽政办〔2014〕158号）中提出，2015年上半年全面完成禁养区内生猪养殖场关闭拆除任务；2015年年底前，基本关闭拆除可养区内存栏250头以下、未提出改造方案或改造后仍不能达标排放的生猪养殖户。2016年年底前，全面完成存栏5 000头以上生猪规模养殖场标准化改造。2018年年底前，全面完成可养区内生猪规模养殖场（存栏250头以上）标准化改造，全省规模养猪场基本实现达标排放或零排放。《福建省人民政府关于印发水污染防治行动计划工作方案的通知》（闽政〔2015〕26号）中指出，2015年年底前，基本关闭拆除可养区内存栏250头以下、未提出改造方案或改造后仍不能达标排放的生猪养殖户。自2016年起，新建、改建、扩建规模化畜禽养殖场（小区）要实施雨污分流、粪便污水资源化利用。现有规模化畜禽养殖场（小区）要根据污染防治需要，配套建设粪便污水贮存、处理、利用设施。散养密集区要实行畜禽粪便污水分户收集、集中处理利用。2016年年底前，全面完成存栏5 000头以上生猪规模养殖场标准化改造；2018年年底前，全面完成可养区内生猪规模养殖场（存栏250头以上）标准化改造。持续推进延平、尤溪、新罗、永定、武平、南靖、闽侯、福清等8个重点区域的生猪养殖污染专项整治。《福建省人民政府办公厅关于印发福建省“十三五”生态省建设专项规划的通知》（闽政办〔2016〕44号）中指出，加强畜禽养殖污染防治，推进畜禽养殖标准化改造，严格按照省政府下达的生猪出栏总量控制指标，在可养区内建设生态养殖场、养殖小区，关闭拆除未达标排放的养殖场（户）。《福建省人民政府办公厅关于印发福建省农村污水垃圾整治行动实施方案（2016—2020年）的通知》（闽政办〔2016〕122号）中指出，支持规模养殖场配套建设粪污处理设施，推进粪污无害化、资源化利用，从源头上减少粪污排放量。《福建省人民政府关于印发福建省“十三五”节能减排综合工作方案的通知》（闽政〔2017〕29号）中指出，促进畜禽养殖场粪便收集处理和资源化利用，建设粪便等有机废弃物处理设施，加强分区分类管理，依法关闭拆除禁养区内的生猪养殖场（小区）和养殖专业户。加快推进以污染治理为主要内容的生猪规模养殖场标准化改造，确保2018年年底前全面完成可养区生猪规模养殖场改造升级，基本实现达标排放或零排放。《福建省人民政府关于印发推进城市污水管网建设改造和黑臭水体整治工作方案的通知》（闽政〔2017〕34号）中指出，推动生猪养殖污染防治，到2017年年底前，全面关闭拆除禁养区生猪养殖场（户）、可养区未改造或改造后仍不能达标的生猪养殖场，全面完成可养区规模养猪场标准化改造升级。《关于全面加强生态环境保护坚决打好污染防治攻坚战的实施意见》中指出，坚持种植和养殖相结合，就地就近消纳利用畜禽养殖废弃物。合理布局水产养殖空间，深入推进水产健康养殖，开展重点江河湖库及重点近岸海域破坏生态环境的养殖方式综合整治。到2020年，全省畜禽粪污综合利用率达到90%以上，规模养殖场粪污处理设施装备配套率达到95%以上。

（三）实施减排固碳，实现畜禽养殖废弃物资源化利用

福建省委和省政府贯彻落实中央农村工作会议和中央一号文件精神，制定出台《关于做好2022年全面推进乡村振兴重点工作的实施意见》，即2022年福建省委一号文件。文件提出推进农业农村减排固碳，实施畜禽粪污资源化利用提升工程。

2018年，福建省政府成立了福建省畜禽养殖废弃物资源化利用工作领导小组，领导小组负责统筹协调推进全省畜禽养殖废弃物资源化利用工作中的重大事项。领导小组各成员单位按照国家关于畜禽养殖废弃物资源化利用的相关要求认真履职。

《福建省人民政府办公厅关于印发福建省加快推进畜禽养殖废弃物资源化

利用实施方案的通知》（闽政办〔2017〕108 号）中指出，提升沼液资源化利用水平。鼓励沼液和经无害化处理的畜禽养殖污水作为肥料科学还田利用。建设完善沼液储存运输配套设施，在消纳地设立储液池（罐），铺设喷灌管网，配置沼液运输车辆，解决沼液还田“最后一公里”问题。制定推广沼液利用技术规范和检测标准，并通过技术培训、上门服务等方式加强指导推广。积极培育沼液配送服务组织，解决沼液异地消纳问题。支持沼液服务组织开办有机肥、液态肥加工、统一施肥施药、储运设施建设管护等业务，为农业生产提供全方位、专业化服务。拓展畜禽粪污多元化利用。推动以畜禽粪污为主要原料的能源化、规模化、专业化沼气工程建设，支持发展规模化大中型沼气工程、生物天然气工程，促进沼气沼肥的高值高效综合利用。支持规模养殖场和专业化企业生产沼气、生物天然气，优化沼气工程设施、技术和工艺，引导大规模养殖场在生产、生活用能中加大沼气或沼气发电利用比例，提高沼气和生物天然气利用效率。支持利用家禽粪便无污染燃烧发电，利用畜禽粪污堆制发酵后栽培食用菌，采用畜禽粪污经微生物发酵处理后用于牛床垫料或有机肥原料。《福建省人民政府办公厅关于印发福建省加快培育发展农业面源污染治理市场主体方案的通知》（闽政办〔2017〕39 号）中指出，推进畜禽养殖废弃物资源化利用模式。突出生猪养殖污染治理，严格实行生猪养殖总量控制，超过总量控制指标一律禁批；加大执法监管力度，全面完成关闭拆除任务，建立网格化监管体系，严防反弹回潮；加快推进生猪规模养殖场标准化改造，实现达标排放或零排放；推进覆盖饲养、屠宰、经营、运输整个链条的无害化处理体系建设。推动畜禽养殖废弃物第三方治理，鼓励规模化畜禽养殖企业将周边养殖小区或散养户畜禽养殖废弃物一体化集中处置。加强对畜禽养殖污染第三方治理企业和病死畜禽无害化处理企业的执法检查，对违法排放污染物的，依法从严查处。转变政府投入方式，探索建立按量与按质兼顾的补贴机制，合理确定补贴标准，对运输环节或资源化利用环节实施补贴，完善养殖户付费机制，保障市场主体获取合理投资回报。鼓励种养结合，支持畜禽养殖废弃物生产有机肥、食用菌等，发展规模化沼气工程，探索“以地定养、以养肥地、种养对接、异地循环”的循环农业制度，推进畜牧业绿色发展示范县创建，积极构建生态农业循环模式。《关于全面推进乡村振兴加快农业农村现代化的实施意见》中指出，整省推进畜禽粪污资源化利用，畜禽粪污资源化利用率提高到92%，保持全国领先水平。

（四）低碳循环，推进畜牧业绿色发展

福建省政府近年积极推进农业绿色发展，逐渐建立以地定养、以养肥地的种养紧密对接机制。随着畜禽粪污资源化利用提升工程的进一步实施，逐步建立了农业废弃物资源化利用方式和标准，推广畜禽粪肥还田利用、沼液施用等技术模式。

《福建省人民政府办公厅关于印发福建省“十四五”特色现代农业发展专项规划的通知》（闽政办〔2021〕32号）中指出，按照“补短板、强弱项”的要求，组织实施畜禽粪污资源化利用提升工程，推进畜禽粪污高水平综合利用。突出粪肥还田，分批制定出台畜禽粪污土地承载力测算技术指南和粪肥还田利用操作规程，明确不同作物土地消纳能力和粪肥施用技术要点，以龙岩、漳州、南平等地为重点，建立种养结合、农牧循环示范点100个，促进粪肥科学规范精准施用，形成种养循环发展机制。建立畜禽粪污社会化服务标准体系，积极推行受益者付费、专业化处理、社会化运营机制，培育壮大一批装备精良、技术先进、管理规范、从业人员素质高的第三方服务组织，促进畜禽粪污转化增值。到2025年，全省畜禽粪污综合利用率达到93%以上。《福建省人民政府办公厅关于印发福建省加快建立健全绿色低碳循环发展经济体系实施方案的通知》（闽政〔2021〕21号）中指出，鼓励发展生态种植和养殖，积极推进以种养结合为主要特征的“美丽牧场”建设。发展生态循环农业，实施畜禽粪污资源化利用提升工程。《福建省人民政府办公厅关于印发促进畜牧业高质量发展实施方案的通知》（闽政办〔2021〕3号）中指出，对畜禽粪污全部还田利用的养殖场实行登记管理，不需申领排污许可证。推动符合入网标准的生物天然气接入城市燃气管网，落实沼气和生物天然气资源综合利用增值税即征即退政策；依法对畜禽养殖废弃物进行综合化利用和无害化处理的，不缴纳环境保护税。积极开展以种养结合为主要特征的“美丽牧场”创建活动，到2025年，创建“美丽牧场”200个。《福建省人民政府办公厅关于印发福建省打赢蓝天保卫战三年行动计划实施方案的通知》（闽政〔2018〕25号）中指出，强化畜禽粪污资源化利用，改善养殖场通风环境，提高畜禽粪污综合利用率，减少氨挥发排放。《关于实施乡村振兴战略的实施意见》中指出，探索农业废弃物资源化利用的有效治理模式，加快培育农业面源污染治理市场主体，支持连城创建国家农业废弃物资源化利用示范县。

（五）福建省沼气工程相关政策

大力发展沼气工程，建立沼气全产业链支持保障政策体系，推动福建省农村沼气高质量发展，助力乡村振兴。“十一五”期间是福建省户用沼气工程高速发展时期，2006—2010 年，每年户用沼气池分别新建设 4 万、5 万、6 万、7 万、8 万口，至 2010 年全省户用沼气池总量达到 45 万户。《中共福建省委福建省人民政府关于认真做好 2006 年农业和农村工作扎实推进社会主义新农村建设的意见》（闽委发〔2006〕1 号）中明确提出要建设农村户用沼气池 4 万口，同时实施“一池三改”（即改厕、改圈、改厨）。农村户用沼气工程被列入 2006 年省委、省政府为民办实事项目。《福建省“十一五”环境保护与生态建设专项规划》（闽政〔2006〕42 号）中指出，大力推广以农村沼气应用为重点的生态农业，在山区大力开展户用沼气池建设，每年新增 3 ～ 5 万口户用沼气池。《福建省人民政府办公厅转发省农业厅等部门关于 2006 年福建省农村户用沼气建设实施方案的通知》（闽政办〔2006〕89 号）、《福建省人民政府办公厅关于加快农村户用沼气工程建设的通知》（闽政办〔2006〕186 号）。《福建省人民政府办公厅转发省住房和城乡建设厅、省农办关于进一步推进全省农村家园清洁行动意见的通知》（闽政办〔2009〕190 号）、《福建省人民政府办公厅关于认真做好 2008 年农村沼气建设工作的通知》（闽政办〔2008〕17 号）、《福建省人民政府办公厅关于做好 2009 年第二批农村沼气建设工作的通知》（闽政办〔2009〕77 号）、《福建省人民政府办公厅关于做好 2010 年第一批农村沼气建设工作的通知》（闽政办〔2010〕84 号）、《福建省人民政府关于加快循环经济发展的意见》（闽政〔2010〕16 号）等文件均对农村户用沼气池建设提出了具体的指导性意见。福建省人民政府 2008 年开始把联户建设或沼气工程集中供气的用气农户均纳入农村户用沼气池补助。户用沼气池从 2006 年省级以上财政给予补助 800 元，到 2010 年省级以上财政给予补助 1 400 元。建池及改厨、改厕、改圈所需投入的不足部分由项目所在的县（市、区）、乡（镇）和农户自筹解决。《福建省人民政府关于加快循环经济发展的意见》（闽政〔2010〕16 号）中提出，到 2012 年，农村户用沼气要达到 60 万户。《福建省人民政府关于印发福建省“十二五”节能和循环经济发展专项规划的通知》（闽政〔2011〕54 号）和《福建省人民政府关于印发福建省“十二五”节能减排综合性工作方案的通知》（闽政〔2011〕95 号）中指出，充分发挥农村可再生能源优势，发展户用沼气，推广畜禽养殖场沼气工程，到 2015 年实现农村户用沼气池建设数量 80 万户（折合）。

2001 年开始，福建省畜禽沼气工程迅速发展。除省内投入大量资金扶持外，2001—2005 年年底，中央支持农村沼气工程建设，共投入了 353 270.2 万元，我省争取得到中央补助经费 2 925.0 万元，占 0.83%。全国共补助建设大中型沼气工程 120 处，我省占了 7 处，约占 5.8%。《福建省“十一五”环境保护与生态建设专项规划》（闽政〔2006〕42 号）中指出，走集约化治理道路，全面整治流域规模化养殖场，减少畜禽污水直接排放。大力推广“猪—沼—果（菜、树、电、菌、鱼）”生态立体循环种养模式，实现废物资源化。《福建省人民政府办公厅转发省环保局等部门关于扎实做好农村环境保护工作实施意见的通知》（闽政办〔2008〕87 号）中指出，农业（畜牧）部门要研究畜禽粪便的综合利用技术，探讨畜禽养殖污染集中治理途径，以绿色生产为重点，以沼气为纽带，推广养殖场和种植业紧密结合，推行“猪—沼—果（草、渔）”等立体生态种养、物质多层次循环利用，推广生物发酵舍等“零排放”养殖技术。《福建省人民政府关于加快循环经济发展的意见》（闽政〔2010〕16 号）中指出，推动畜牧集约化、规模化、标准化经营，形成现代畜牧生产格局，引导传统畜牧业向“资源—畜产品—再资源化”的生产过程转变。大力推广“粮—经—饲”“牧—沼—果”和“稻—萍—鱼”立体种养模式，实现种植业与畜禽养殖业系统内的物质循环利用。积极支持畜禽粪便资源化利用、沼气发电等。《福建省人民政府关于印发福建省“十二五”节能和循环经济发展专项规划的通知》（闽政〔2011〕54 号）中指出，推广畜禽养殖场沼气工程，鼓励利用畜禽粪便生产有机肥、沼气，利用餐厨垃圾、沼渣、沼液生产高效有机肥等。《福建省人民政府关于印发福建省“十二五”节能减排综合性工作方案的通知》（闽政〔2011〕95号）中指出，所有规模化养殖场和养殖小区完成全过程综合治理或实现生态种养，鼓励污染物统一收集、集中处理。《福建省人民政府关于印发福建生态省建设“十二五”规划的通知》（闽政〔2011〕84号）中指出，积极推广“牧—沼—果（茶、菜、草、鱼）”等立体生态种养模式。加强规模化畜禽养殖业的综合治理，促进畜禽粪便、污水资源化。《福建省人民政府办公厅关于印发福建省“十三五”战略性新兴产业发展专项规划的通知》（闽政办〔2016〕61号）中指出，统筹生物质能源发展，积极推进沼气等分布式生物质能的应用。因地制宜建设垃圾焚烧发电、生物质发电和大型沼气发电厂等规模化生物质发电项目。《福建省人民政府办公厅关于印发福建省畜禽粪污资源化利用整省推进实施方案（2019—2020年）的通知》（闽政办〔2019〕9号）中指出，推进沼气和生物天然气工程建设。以沼气和生物天然气为主要处理方向，继续推进以畜禽粪污为主要原料的能源化、规模化、专业化沼气工程和生物天然气工程建设，促进畜禽粪污集中处理和资源化利用。支持畜禽规模养殖场和专业企业生产沼气、生物天然气，优化沼气工程设施、技术和工艺，落实沼气脱硫净化、储存输配、安全利用等措施，引导畜禽养殖场在生产、生活用能中加大沼气或沼气发电利用比例，提高沼气和生物天然气利用效率，确保以畜禽粪污为主要原料的沼气基本实现综合利用。支持以畜禽粪污为主要原料的大中型沼气工程生产的沼气用于发电并网、集中供气和提纯制作生物天然气，促进沼气高值高效综合利用。落实沼气发电上网标杆电价政策，简化沼气发电项目审批程序。在满足电网安全运行的前提下，保障沼气发电量全额优先上网消纳。生物天然气符合城市管网入网技术标准的，经营燃气管网的企业应接收其入网。落实沼气和生物天然气增值税即征即退政策，支持沼气和生物天然气工程开展碳交易项目。

第三章
福建省规模化畜禽养殖场沼气工程

福建省地处亚热带，常年气候温和，气候地理条件对沼气发展十分有利，是我国沼气发展的重点省份。沼气资源丰富，全省沼气年资源总量 26.3 亿 m^3，折标准煤 187.8 万 t。2015 年，福建省规模化养猪场排泄物干物质总量为 163.29 万 t，其产沼气潜力为 6.86 亿 m^3。

畜牧场污水污染物中的氮、磷对环境危害最大。因此，治理污染，保护和改善生态环境，促进畜禽养殖业可持续发展，已成为新世纪农业环保的当务之急。而畜禽业市场风险大，利润空间小，不可能投入很多资金用于处理污水，也难以承受过高的污水处理运行费用。因此，进行污水处理时，应科学地选用投资少、运行成本低、处理效果稳定、管理方便的技术方案，并能有效回收利用污水中的能源，做到变废为宝。沼气是重要的清洁能源，可以解决农村缺乏生活用能而大量燃烧农作物秸秆等导致的环境污染问题。将畜禽粪便通过厌氧发酵生产沼气，也是大中型畜禽养殖场处置养殖废弃物的重要方式。

畜禽沼气工程系统设计是针对畜禽养殖场粪污处理，通过微生物发酵的方法，将畜禽粪污中的有机物质转化、分解，从而使得粪污净化达标排放或者回田利用的过程。为了减少进入沼气工程系统中粪污和有机物含量，一般采用“干清粪”工艺。在采用先进生产工艺减少粪污排放量的前提下，采用科学的技术和方法处理污水，可以使其达到净化。

处理畜禽场污水常用的技术按其处理性质来分，可分为物理法、生物法和化学法三大类。在畜禽沼气工程工艺系统设计中，一般应遵循源头减量、过程控制和因地制宜的原则。根据不同区域、不同处理要求的畜禽场及其周边环境，采用系统综合的指导思想，充分考虑各个环节与因素，强调总体效益，因地制宜采用多项技术，通过多种途径全方位地解决环境污染问题，运用以防为主、防治结合的战略战术进行技术工艺集成应用。

第一节　沼气工程预处理系统

畜禽养殖污水含有泥沙、畜禽毛发、杂草等大量固形物，未经处理直接流入沼气池中，势必会增加沼气池负荷和处理成本。因此，增加沼气工程预处理系统，实行人工清扫固态物，日产日清，猪场实现雨污分流，剩余猪栏猪粪和尿液用水一起冲入下水道变成污水，污水通过沟管自然流入沉砂池，去除污水中的砂石。

对于整个沼气工程处理工艺系统来说，预处理系统工艺技术的设计方案是比较重要的环节，它直接关系厌氧发酵等后续处理效果，而且也影响后续处理各单元的工程投入。例如，规模化养猪场沼气工程的原料以猪粪尿为主，预处理的主要目的是清除粗、大、长的杂物以及泥沙，原料经除杂后，不得含有直径或长度大于 40mm 的固体物质。原料中的长草、塑料袋以及猪毛等杂物一般用格栅去除。对原料中的泥沙一般采用沉沙池进行处理。规模化养猪场沼气工程预处理系统一般包括人工清扫固态物、格栅分离、沉沙池、固液分离和酸化调节池等。本节主要介绍格栅、沉沙池和酸化调节池，固液分离技术环节下一节单独介绍。

一、格栅

畜禽沼气工程中格栅（图 3-1）是由一组平行的金属栅条制成的金属框架，斜置于粪污流经的沟渠上，或泵站集水池的进口处，用以阻截大块的固形物，如畜禽毛发、杂草等，以避免堵塞水泵和造成沼气池泥沙堆积。栅条的间距按污水的类型而定。被截留的物质成为栅渣，栅渣的含水率为 70% ～ 80%，密度约为 $750kg \cdot m^{-3}$。按清渣方式，可分为人工清渣和机械清渣两种。当栅渣量大于 $0.2m^3 \cdot d^{-1}$ 时，为改善劳动与卫生条件，都应采用机械清渣格栅。

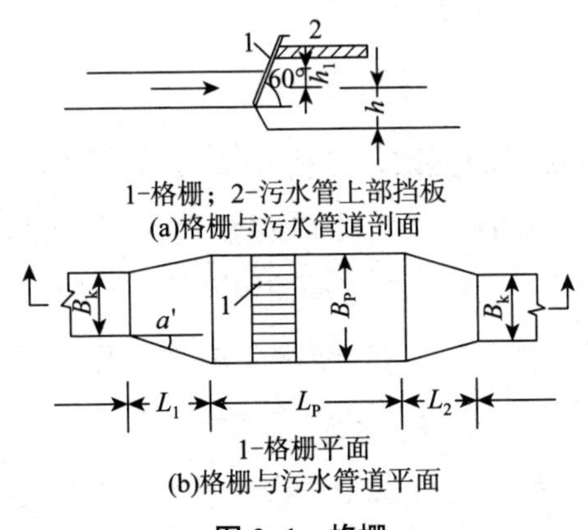

图 3-1 格栅

按格栅形状，可分为平面格栅和曲面格栅。在畜禽场沼气工程中应用较多的是平面格栅。按格栅栅条的净间隙，可分为粗格栅（50 ～ 100mm）、中格栅（10 ～ 40mm）、细格栅（3 ～ 10mm）三种。在畜禽沼气工程中，由于格栅是物理处理的重要构筑物，沼气工程在设计中通常设为两道，其中一道是中格栅，主要是用来除去大型的杂物，其间的间隙约为 20mm ～ 40mm；另一道是细格栅，用于清除中小型的杂物，其间的间隙为 5mm ～ 10mm。

二、沉沙池

规模化养猪场在养殖过程中需要用水冲洗猪舍以及部分生活用水，因此，粪污中含有一些沙粒，如果不去除这些杂物，会影响后续发酵系统的稳定运行。养猪场沉砂池的水力停留时间设计一般在 12 ～ 14h，其作用一般是为了去除相对密度较大的泥沙（一般相对密度为 2.65、粒径大于 0.2mm）等，一般设置在细格栅后，保证后续处理构筑物及设备能够正常运行。沉沙池的设计一般考虑两个方面的问题，一方面是考虑采取有效的方式方法尽可能将附着在沙粒上的有机物质分离出来，另一方面考虑通过合理的水力设计使得更多的沙粒能够沉降，从而与粪污分离。根据沉砂池内不同的水流方向可以将沉沙池分为平流式、曝气式、竖流式等不同类型。在这些类型中，以平流式沉沙池对沙粒等密度较大的无机颗粒截留效果最好，应用最多。下面主要介绍平流式沉沙池和曝气沉沙池。

（一）平流式沉砂池

平流式沉沙池是常用的型式，如图 3-2 所示。污水在池内沿水平方向流动。平流式沉沙池由入流渠、出流渠、闸板、水流部分及沉沙斗组成。它具有截留泥沙颗粒效果好、运行稳定、结构简单和排泥方便等优点。平流式沉沙池是平面为长方形的沉沙池，采用重力排沙。在重力作用下，污水中比重大于 1 的悬浮物下沉并使悬浮物从污水中去除，达到净水目的，沉淀猪粪污水中较大颗粒沙粒定期清理。沉沙池的流水部分是一个沟渠结构，两端设有闸板以控制水流速度，沉沙池的底部设有两个贮沙斗，下接排沙管。当贮沙斗沉满泥沙时，打开贮沙斗的阀门将泥沙排出。

平流式沉沙池采用分散性颗粒的沉淀理论设计，只有当污水在沉沙池中的运行时间等于或大于设计的沙粒沉降时间，才能够实现沙粒的截留。因此，沉沙池的池长按照水平流速和污水中的停留时间来确定。通常其设计参数：①最大流速为 0.3m · s^{-1}，最小流速为 0.15m · s^{-1}；②最大流量时停留时间不小于 30s，一般采用 30 ～ 60m · s^{-1}；③有效水深应不大于 1.2m，一般采用 0.25 ～ 1m，每格宽度不宜小于 0.6m；④池底坡度一般为 0.01 ～ 0.02，当设置除沙设备时，可根据除沙设备的要求，考虑池底形状。

通常在畜禽养殖场实际运行中粪污是间歇排放，导致沉沙池粪污进水量和含沙量不断变化，甚至变化幅度很大。因此当粪污进水波动较大时，平流式沉沙池的去除效果很难保证。

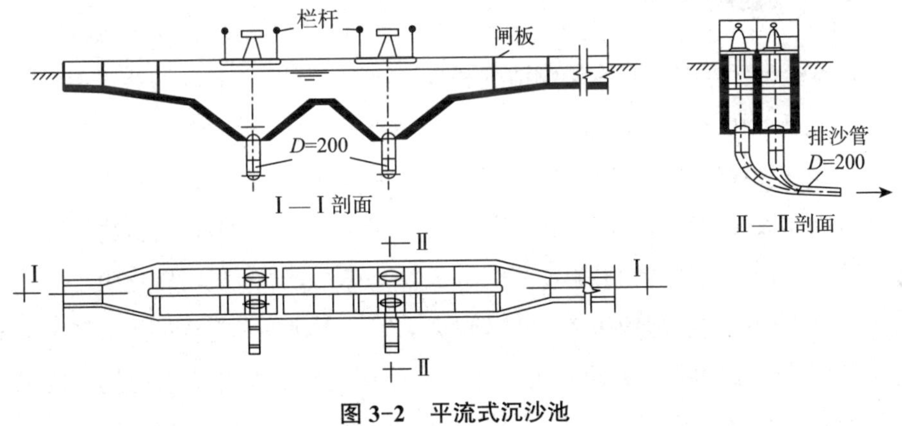

图 3-2　平流式沉沙池

（二）曝气沉沙池

曝气沉沙池是一个长形渠道，沿渠道壁一侧的整个长度上，距池底约 20 ～ 80cm 处设置曝气装置；曝气的作用可以有效剥离粪污中附着在沙粒上的有机物质，从而使得沙粒具有更好的沉降性能。在池底设置沉沙斗，池底有 i=0.1 ～ 0.5 的坡度，以保证沙粒滑入沙槽。曝气沉沙池剖面如图 3-3 所示。

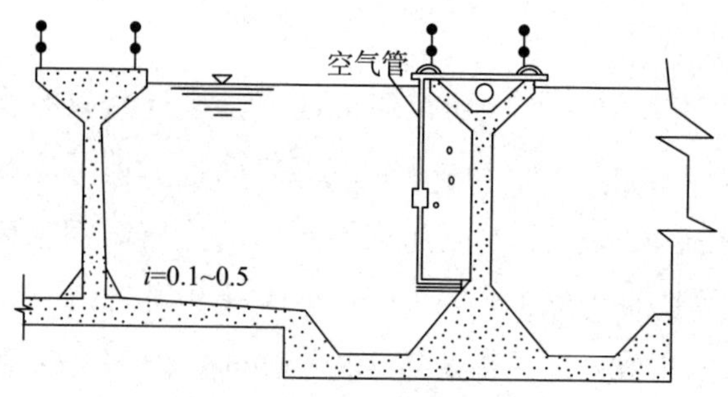

图 3-3　曝气沉沙池剖面

曝气池中的曝气装备，具有预曝气、脱臭、防止污水厌氧分解、除泡以及加速污水中油类的分离等作用；沉沙中含有机物的量低于 5%，便于沉沙的处置。曝气沉沙池进出口布置尽可能不产生偏流和死角，防止水流产生短路，可以考虑在沙槽上方安装纵向挡板。

三、水解酸化池

畜禽粪便污水是一种有机物浓度和悬浮物固体浓度均较高的有机污水，在其进入厌氧发酵池前，通常需要进行水解酸化。水解酸化法是一种介于厌氧处理法和好氧处理之间的有机物降解方法。水解过程实际上是畜禽粪污中不溶性有机物在大量水解细菌、酸化细菌的作用下，水解为可溶性有机物，即将难生物降解有机物质降解为易生物降解有机物，将大分子有机物转化为小分子有机物，可以取代初沉池的作用。水解酸化池的作用就是对需要进入厌氧发酵池的粪便污水，起到初步酸化水解作用，从而满足厌氧发酵工艺的技术要求。水解酸化池最基本作用：①将大分子有机物转化为小分子，提高污水可生化性；②降解污水中的 COD，部分有机物降解合成自身细胞。水解酸化池从严格意义上来说是一种兼性氧化池，其工艺参数：池深 4 ～ 6m；水力停留时间 12 ～ 24h；污泥浓度 MLSS=10 ～ 20g · L^{-1}；溶解氧 0.2 ～ 0.3mg · L^{-1}；pH 值 5.5 ～ 6.5；进入反应区的配水孔流速 v 在 0.15 ～ 0.30m · s^{-1} 为宜；出水管孔最小直径不宜小于 15mm。

第二节　固液分离及配套技术

固液分离是从水或污水中除去悬浮固体的过程。固液分离常用的方法有絮凝分离法、沉降法以及机械固液分离等方法，具体到畜禽粪便污水处理可分为物理法、生物法和化学法三类，分离出来的固态物质用于堆肥，液体部分则进入后续生化处理。通过固液分离，可以有效分离出粪污中的固形物质，从而减少后续粪污贮存和处理设施设备的建设和运行成本，是实现畜禽粪污无害化减量处理和资源化利用的重要环节。

在畜禽养殖场沼气工程中应用的固液分离机，主要是通过离心甩干、筛分、振动、挤压等工作原理，将畜禽粪污中固体和液体进行干湿分离的机械设备。从 20 世纪 70 年代开始，国外已经开始应用物理和机械分离的固液分离设备，我国从 20 世纪末逐渐从国外引进。在我国南方地区，应用固液分离机进行畜禽养殖粪污前处理已经成为一种共识。特别是对于需要污水达标排放的粪污处理系统，应用固液分离机作为粪污前处理，不仅可以有效降低粪污浓度，还能减少后续粪污处理工程投资。固液分离机可以有效去除粪污中大量粗纤维、粪渣等固形物，可以有效降低厌氧发酵池中沉渣堵塞，避免阶段性清池的麻烦，提高整个工艺系统运行的稳定性和可靠性，而且分离出的固形物质还可以用来生产有机肥料。目前，规模化养殖场常用的畜禽粪便固液分离设备主要分为三类：筛网式分离机、离心式分离机和压滤式分离机。猪场粪便污水分离处理常用的固液分离机有以下四种：板框压滤机、离心式分离机、格栅式斜板筛分离机、振动式固液分离机。不同养殖规模的养猪场应根据自身特点选择适宜的猪粪污水分离工艺。

为满足不同规模猪场的固液分离需求，下面介绍适用于小型猪场的固液分离池和适用于大型规模猪场的固液分离机。

一、小型无动力固液分离池

（一）池体结构

无动力固液分离池属于福建省农业科学院的发明专利技术，适合猪场存栏少于 3 000 头的养猪场。为保证进入的发酵原料能够充分用于发酵产生沼气，并去除其中的杂质，采用固液分离技术。无动力固液分离池根据发酵物料的粒度分布状况进行固液分离，固液分离池中间安装有固定式筛网，筛网分离出大于筛网孔径的固形物，而液体部分和直径小于筛网孔径的固形物则通过筛网后流入下一个处理单元。本系统固液分离池共 2 个，上游污水从沉沙池通过两个入水管分别流入两个固液分离池，通过筛网实现固液分离。固液分离池筛网下部连通，分离后污水通过两个无堵塞立式阀（管路为 PVC160 管）分别控制污水流入酸化池 1 和酸化池 2。固液分离池侧端设粗格栅，防止污泥堵塞出水阀，固态粪渣通过人工定期清理进行粪渣处理，如图 3-4 所示。

图 3-4　无动力固液分离池

酸化调节池对固液分离池分离后的污水进行混合、储存和调节，起到初步酸化水解作用，以满足厌氧发酵工艺的技术要求。调节污水水量、水质（温度、浓度、酸碱度），使集中、间歇性进水变成均衡、连续性进水。酸化调节池的结构采用钢筋混凝土结构，设计容积为 100m^3，可以较好地调节水力停留时间（设计 0.5 ～ 1d），避免产甲烷菌在酸化池内将乙酸转化为甲烷。

（二）无动力固液分离池应用效果

根据 2007 年 9 月 15 日到 2007 年 12 月 15 日期间对建瓯市健华猪业有限公司青州养殖场污水设施固液分离机进出口等监测点 4 次测量、每个监测点平行取 8 个样后混合，检测结果平均值见表 3–1，SS 去除率达 73.0%；在 2014 年 1 月到 2014 年 12 月期间对新星种猪养猪场固液分离池进出口监测点多次采样检测，主要污水指标参数检测结果平均值见表 3–2。粪便污水经过固液分离池后，悬浮物指标 SS 去除率达到 55.9%。总体上固液分离池对 SS、COD_{Cr}、BOD_5 和 NH_3–N 的去除率均大于 50%，固液分离处理效果好。

表 3–1　青州养殖场污水水质监测结果　　单位 /mg · L^{-1}

项目	COD_{Cr}	BOD_5	SS	NH_3–N	TP	pH
污水进水水质	19710	14580	4761	1675	131.3	6.8
固液分离池出口	7971	6046	1286	835	67.9	8.71
去除率 /%	59.6	58.6	73.0	50.2	48.2	—

表 3–2　新星养猪场污水处理水质的监测结果　　单位 /mg · L^{-1}

项目	COD_{Cr}	BOD_5	SS	NH_3–N
污水进水水质	18803.3	13081.2	9504.7	1420
固液分离池出口	7901.6	5891.2	4196.1	847.15
去除率 /%	58.0	55.0	55.9	40.3

二、振动筛挤压固液分离机

本节介绍振动筛挤压固液分离机，以福建省农业科学院农业工程技术研究所林代炎研究员研制的 FZ–12 固液分离机为例，构造设计如图 3–5 所示。该固液分离机主要由振动分离系统、送料挤压系统和自动清洗系统等 3 个部分组成。

（1）振动分离系统，包括振动筛支架、振动筛接水盘、振动电机和振动筛网等 4 个部分。当畜禽粪污由无堵塞污泥泵抽到振动筛上时，筛网通过振动，直径大于筛网孔径的粪渣留在筛网上，液体部分和直径小于筛网孔径的固形物经过筛网进入下一个处理单元。

（2）送料挤压系统，包括螺旋输送电机、螺旋输送机、出渣口、挤压出水口等4个部分。振动分离系统分离出来的粪渣，通过螺旋送料机输送到机体外，在输送过程边输送边挤压，进一步去除粪渣水分，降低粪渣含水率，使粪渣能够直接堆肥利用或直接装袋出售。

（3）自动清洗系统，包括冲洗喷枪、潜水泵、清水水箱等3个部分。当固液分离机完成固液分离工作后，设备会开启自动冲洗系统，对振动筛网进行冲洗，防止筛网空隙堵塞而影响下一轮正常工作。

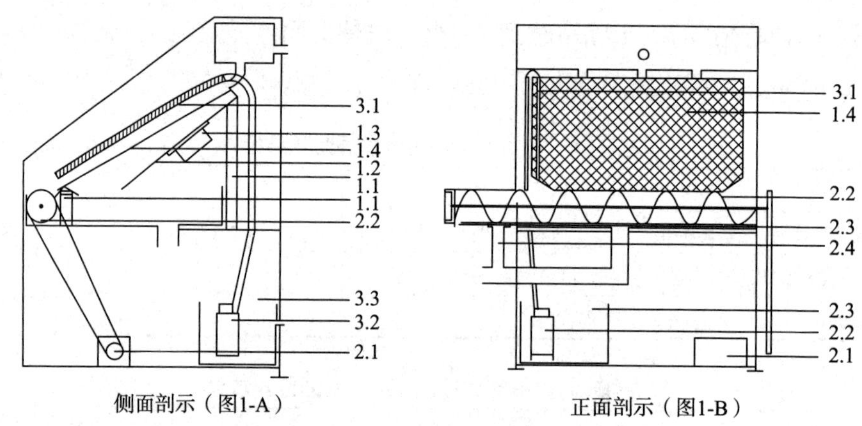

图 3-5 FZ-12 固液分离机结构

1.1 振动筛支架；1.2 振动筛接水盘；1.3 振动电机；1.4 振动筛网；
2.1 螺旋输送电机；2.2 螺旋输送机；2.3 出渣口；2.4 挤压出水口；
3.1 冲洗喷枪；3.2 潜水泵；3.3 清水水箱

（一）设计原则

根据《铸造铝合金锭》（GB/T 8733—2000）、《短节距传动用精密滚子链和链轮》（GB/T 1243—1997）、《不锈钢冷轧钢板》（GB 3280—92）及《机械安全　机械电气设备第1部分：通用技术条件》（GB 5226.1—2002）等国家相关标准规定要求，参考了斜板筛固液分离机、挤压固液分离机、离心固液分离机及板框压滤固液分离机等不同类型的固液分离机性能技术参数，通过借鉴这些分离机的优点，避免其不足，对FZ-12固液分离机进行设计。其整体结构设计的基本原则如下。①对处理能力的要求：具备解决存栏万头养猪场粪污前处理能力。②对去除率的要求：经过固液分离后，流入下一个处理单元的养猪场粪污 COD 浓度低于 5000 mg · L^{-1}。③对分离出的粪渣的要求：含水率低，以不产生渗漏液为宜，在粪渣集中利用和运输过程中不产生新的环境污染问题。④对人工的要求：处理过程基本实现全自动化程度，对操作工人技术要求低。⑤对机体材料要求：抗腐蚀性，适应高湿度。⑥对整机结构要求：结构紧凑、外观整洁。⑦对零部件配套要求：装配要满足整机的设计要求。⑧对生产成本的要求：在产品质量保证的情况下，由质量成本界定的价位适合客户需求。

（二）主要性能指标

FZ–12 固液分离机样机主要技术指标见表 3–3。对固液分离机整机主要技术性能参数要求如下：①通过技术原理和设计原则，确定机型款式，并对产品设计图样论证，完成生产工艺技术规范编制；②其他性能特点要求满足 Q/HXJJ 001—2004 振动式固液分离机企业产品标准中第 4 条要求。FZ–12 固液分离机实物如图 3–6 所示，分离出的猪粪渣如图 3–7 所示。

表 3–3 FZ–12 固液分离机样机主要技术指标

参数名称	参数值	实测数据
污水处理能力 /m^3 · h^{-1}	≥ 12	14.8
渣含水率 /%	≤ 60	53.9
去渣率 /%	≥ 70	82.5
装机总容量 /kW	3.5	—
使用电源	交流三相四线制，380V	—
外形尺寸 /mm	1200×960×1700	—

图 3–6 FZ–12 固液分离机

图 3–7 FZ–12 固液分离机分离的粪渣

三、直接振动式分离机

（一）网筛振动式固液分离机创制

网筛振动式固液分离机以福州北环环保技术开发有限公司自主专利技术产品为例。目前根据专利技术设计生产了4种处理量在15～45 t·h^{-1}的固液分离机，制定了企业生产标准，标准编号为Q/FBHB 004—2013，其中的FL-X20和FL-X40于2012年起进入福建省农机购置补贴产品目录。

该类固液分离机可分离流体中较细颗粒固体杂物质，对鲜粪水、水泡粪、沼气池底泥等黏性污水具有良好的效果；该设备筛网张紧均衡，设有停机时延时振动清网功能，保证筛网表面清洁，不会发生堵塞现象；该设备占地小，处理能力大，出料干，运行成本低；可实现提升、过滤、挤压、清网自动控制，操作、管理方便。

（二）固液分离机结构特征

网筛直接振动式固液分离机整机为不锈钢结构，包括一机架，以及设于该机架上的一筛网单元、一振动单元、一进料单元、出料口，筛网单元与所述振动单元连接，进料单元位于筛网单元的上方，出料口设于下端，结构设计如图3-8所示。

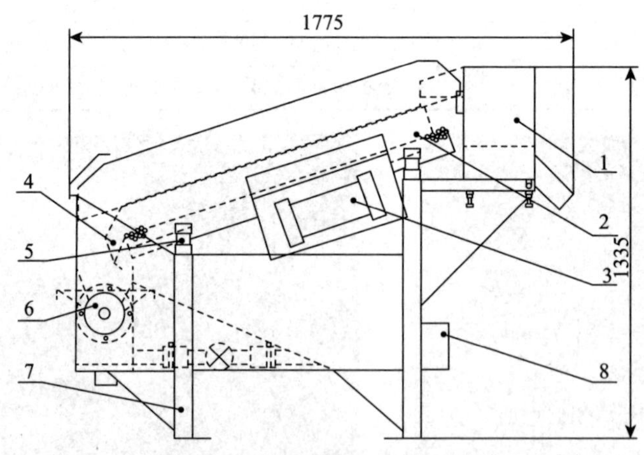

图3-8　直接振动式分离机结构

1-布水水箱；2-筛网；3-振动电机；4-出料口

5-振动弹簧；6-分离装置；7-机架；8-排水口

该分离机集过滤分离、延时自清及螺旋挤压装置四机一体，处理量为10 ～ 20t/h，分离出来的粪渣进入粪渣堆场进行堆肥场处理，污水直接进入厌氧发酵设施。分离机安装在电气控制房屋顶上，同时设置了自制的避雷装置，以保护电器设备。

（三）固液分离机工作原理

首先由潜污泵将污水提升至布水水箱，通过布水水箱使污水形成均匀厚度的水层，均匀分布在筛网的有效工作面上，筛网在振动电动机直线振动力的作用下，将污水分离；分离出的固状物进入挤压分离装置，进行挤压、榨干、排出。污水停止进料时，设备振动系统和螺旋挤压分离装置仍然延时工作，达到延时自清的目的。

（四）固液分离机机械性能

在常温常压下，分离前污液固形物含量不超过 6kg · m^{-3}，分离机采用本标准规定的滤网进行分离时，污液固形物残留量用 40 目筛网过滤时，整机性能见表 3–4。

表 3–4　各款固液分离机的整机性能

项目名称	单位	指标			
		FL–XSJ40	FL–ZXSJ40	FL–XSJ20	FL–ZXSJ20
处理量	$m^3 \cdot h^{-1}$	35 ～ 45		15 ～ 25	
污液固形物残留量	$kg \cdot m^{-3}$	≤ 1.5			
分离后固形物含水率	—	≤ 70%			
单位处理量耗电量	（kW · h） · m^{-3}	≤ 0.3			

（五）固液分离机企业生产标准

根据固液分离机的设计图纸，项目于 2013 年 1 月 5 日对直接振动式固液分离机发布制定了企业生产标准（Q/FBHB 004—2013），并于 2013 年 1 月 6 日正式实施，标准基本参数见表 3–5。

表 3-5　各款直接振动式分离机的基本参数

序号	项目		单位	参数值			
				FL-XSJ40	FL-ZXSJ40	FL-XSJ20	FL-ZXSJ20
1	外形尺寸（长 × 宽 × 高）		mm	1520×1970×1750	1700×1960×1400	1520×1350×1750	1300×1100×1400
2	污水泵	型号	—	3HP 台制潜水泵		1HP 台制潜水泵	
		功率	kW	2.2		0.75	
		转速	$r \cdot min^{-1}$	2980			
		额定电压	V	380			
		流量	$m^3 \cdot h^{-1}$	35 ～ 45		15 ～ 25	
		扬程	m	6			
序号	项目		单位	参数值			
				FL-XSJ40	FL-ZXSJ40	FL-XSJ20	FL-ZXSJ20
3	挤压电机	型号	—	SWY3-11-1.5	SWY3-11-2.2	SWY3-11-1.5	SWY3-11-2.2
		功率	kW	1.5	2.2	1.5	2.2
		转速	$r \cdot min^{-1}$	1400			
		额定电压	V	380			
4	洗网电机	型号	—	1ZDB65/GP386	—	1ZDB15/GP386	—
		功率	W	750	—	500	—
		转速	$r \cdot min^{-1}$	2900	—	2900	—
		额定电压	V	220	—	220	—
5	振动电机	型号	—	—	XVAM2.5-4	—	XVAM2.5-4
		功率	W	—	100	—	100
		转速	$r \cdot min^{-1}$	—	1450	—	1450
		额定电压	V	—	380	—	380
6	滤网间隙		mm	0.4	0.1 ～ 0.3	0.4	0.1 ～ 0.3
7	滤网与水平面夹角		（°）	48 ～ 55	18 ～ 23	48 ～ 55	18 ～ 23
8	滤网尺寸（长 × 宽）		mm	1140×1200	1100×900	1140×600	1100×900

（六）固液分离机的技术特征参数

以 FL-ZXSJ40 直接振动式分离机为例，实物如图 3-9 所示。整机采用

SUS304 不锈钢材质，结构坚固耐用，可露天作业；机器实现自动控制，运转性能稳定，操作管理简单；机器能耗低，振动能耗仅为 0.2kW，运行费用低；滤网设有自动张紧装置，保证滤网平直；机器进水口为 Φ76mm，出水口 Φ160mm。机器处理能力为 20 ～ 50t · h^{-1}。

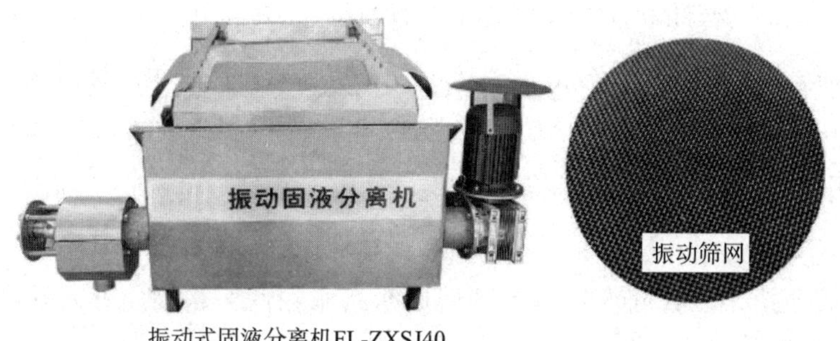

图 3-9 FL-ZXSJ40 振动固液分离机

（七）运行效果分析

现以 FL-ZXSJ40 固液分离机在福建省华峰农牧科技发展有限公司沼气工程应用为例，进行固液分离机设计及应用效果分析。固液分离物料前处理中设置了格栅槽和集污池。

格栅槽：猪粪污水中长草、较长纤维、毛等杂物等不仅不能发酵降解，还会堵塞后期处理设备，不利于清理，因此设计了格栅槽，并人工定时清理格栅表面杂物。

集污池：为降低因水质、水量变化而对后续处理产生的水力负荷和有机负荷冲击，设计有效容积为 252.0m^3 的半地下式钢砼结构集污池，用于贮存猪舍排出的粪污水，调节水质、水量。池内同时安装微孔搅拌管、污水提升泵和液位时控装置。

项目于 2018 年 9 月在福建省华峰农牧科技发展有限公司进行固液分离机运行效果检测分析，经过检测，粪污经固液分离机后，污水的 COD 可去除 39%，BOD 去除 31%，SS 可去除 42%，大大减轻了后期污水处理负荷。具体去除效果见表 3-6。该款固液分离机对猪粪进行了挤压处理，获得的干清粪水分含量显著降低，非常适合后期堆肥发酵生产有机肥。

表 3-6　FL-ZXSJ40 高效直接振动式固液分离机运行效果分析

指标	COD/mg·L^{-1}	BOD/mg·L^{-1}	NH_3-N/mg·L^{-1}	SS/mg·L^{-1}
进水	25250	12120	855	11200
出水	15500	8340	830	6500
去除率（%）	39	31	3	42

由此可见，福州北环环保技术开发有限公司研制了适合大中型规模猪场使用的网筛直接振动式固液分离机，制定了固液分离机机械生产标准 1 件，其中 FL-X20 和 FL-X40 型固液分离机于 2012 年进入福建省农机购置补贴产品目录。其中，固液分离池的中间安装固定式筛网，根据发酵物料的粒度分布状况进行固液分离，分离后通过两个无堵塞立式阀控制污水流入酸化池。

网筛直接振动式固液分离机则使用布水水箱使污水均匀分布筛网上，通过筛网振动将污水分离，再将固状物进行挤压分离，经过延时自清功能后，达到固液分离及自动清洁目的经运行，固液分离机可去除猪粪污水中 39% 的 COD、31% 的 BOD 和 42% 的 SS。

四、猪粪有机肥生产

猪场废弃物经固液分离后，产生大量的猪粪渣，对其进行堆肥及无害化处理后，可直接作为有机肥销售，针对自然堆肥发酵项目进行了堆肥发酵细菌的分离鉴定，并在猪粪堆肥中进行了应用与推广。

（一）发酵菌株筛选

高温堆肥生产有机肥是禽畜粪便无害化处理和资源化利用的重要途径。堆肥的实质是微生物在适宜条件下的代谢作用。近年来，国内外学者对在适宜条件下的猪粪发酵功能菌进行了大量的研究，直接堆肥过程中存在堆肥时间过长、堆体发酵不彻底、温度低、有机肥质量不理想等问题，而在发酵原料上基本都需要加入 10% ～ 25% 的辅助原料如秸秆、糠壳等，用以调节猪粪等的含水率、C/N 比，而后再筛选适合的发酵功能菌。和大规模的畜禽粪便相比，寻找大量的堆肥发酵辅助原料无疑给企业增加了大量的成本。基于此，筛选出可以直接用于发酵处理新鲜猪粪的优良菌种，将可以大大降低猪粪堆肥处理的成本，对猪粪堆肥处理生产有机肥具有很好的促进作用。

福建省农业科学院农业工程研究所官雪芳、林斌等，以干清粪为原料，筛选出两株适合纯猪粪发酵的菌株枯草芽孢杆菌 N1 和肠杆菌属，其中枯草芽孢杆菌 N1 可显著提高堆体温度至 65℃，50℃以上温度持续了 10d，堆体含水率从 70.2% 下降至 38.76%，降低堆体发酵初期的 pH 值，增加全氮相对含量，加快 C/N 比的下降速度，促进堆肥腐熟进程。将该菌应用于有机肥的生产，可以优化有机肥配方。

（二）有机肥料加工生产工艺

规模猪场干清粪以及粪污经固液分离后，产生大量的猪粪渣。以存栏为 10 000 头的某养殖场为例，根据每头猪一天排便 3.5kg，每天的猪粪排泄量高达 30.5t，另外猪场在正常养殖过程中，有大约 8% 的乳猪死亡率及 2% 的仔猪死亡率。对猪粪及死猪进行发酵处理生产有机肥，不仅可以减少猪场对周边环境的影响，改善猪场养殖环境，生产出的有机肥还可以为企业增加经济效益。

1．有机肥生产工艺流程

项目采用微好氧发酵生产有机肥，具体工艺流程如图 3-10 所示。

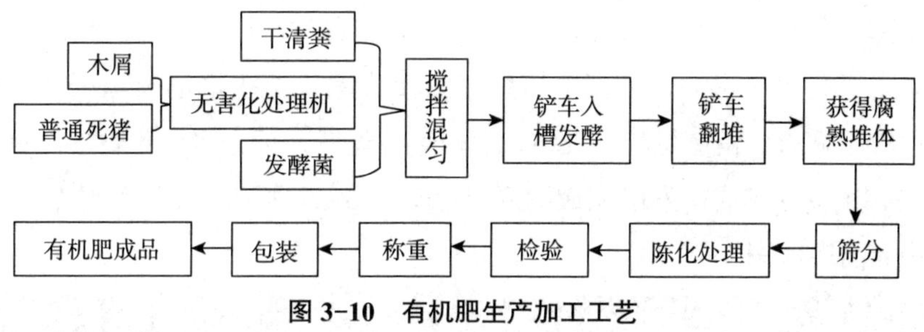

图 3-10　有机肥生产加工工艺

2．流程工艺单元

（1）原料处理。

①枯草芽孢杆菌 N1 发酵菌液：将自主筛选的枯草芽孢杆菌 N1 于 -80℃取出，于基础培养基液体培养基上 37℃，160r/min 发酵培养 24h，获得一级发酵母液，将母液根据 0.1% 接种于豆腐黄浆水培养基中 37℃，160r/min 发酵 24h，获得猪粪接种菌（活菌数≥ 10^9cfu/g）。

②普通死猪处理：采用集辰（福建）农林发展有限公司生产的无害化处理机（图 3-11）对普通死猪进行处理，处理程序为将猪放入机器内切割粉碎，根据体积比 1 ：1 加入粉碎木屑，130℃烘干 24h，制成死猪发酵基料。

图 3-11　死猪无害化处理机

③有机肥生产原料制备：将②中处理过的死猪基料和猪粪根据 1 ：2 的比例混合，加入 0.1% 枯草芽孢杆菌 N1，二次搅拌均匀，制成原料堆体。

（2）猪粪堆肥发酵处理。

选取枯草芽孢杆菌 N1 作为猪粪发酵菌，进行猪粪堆肥发酵。将原料堆体堆成高约 0.9 ～ 1.5m，宽约 2m，长度大于 5m 的堆体，在环境温度 15℃以上进行发酵，发酵 2 天后，堆肥温度达到 65℃左右时，进行翻垛；当温度升至 75℃时要进行多次翻垛，使温度恒定在 65℃左右，当堆温逐渐降低，物料疏松无物料原臭味，稍有氨味，堆内产生白色菌丝时，标志着堆体腐熟，总发酵周期在 21d 左右完成，发酵完成前后对比如图 3-12 所示。堆肥完成后堆体内部结构和高度如图 3-13 所示。

堆肥发酵前

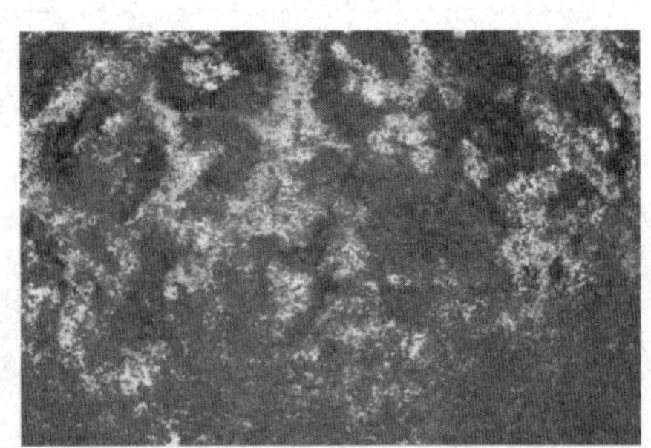

堆肥发酵后

图 3-12　枯草芽孢杆菌 N1 堆肥发酵前后对比

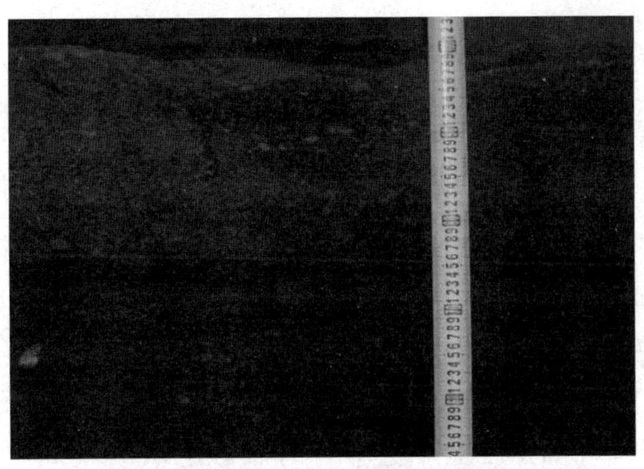

图 3-13　发酵完成后堆体高度及内部情况

（3）筛分。

将烘干的发酵料运到筛分机进行筛分，筛分粒度≤ 20 目，收集筛分后的余料，加到下次生产的肥料中作为辅料循环使用。

（4）陈化处理。

将完成了发酵的有机肥发酵料运至干燥器，进行烘干陈化处理，烘干温度不高于 60℃。烘干至含水量≤ 20% 时，吹风冷却至 35℃以下。

包装：筛分好的肥料传到包装机，按要求的规格（20kg、40kg、100kg）进行分装，分装好的肥料用打包机封好口，然后运至仓库待检区。筛分包装好的有机肥产品如图 3-14 所示。

图 3-14　有机肥成品

（三）有机肥产品的品质检测分析

将包装好的有机肥待检测产品于 2020 年 9 月 14 日送至广东省微生物分析检测中心进行检测分析，结果见表 3–7。经过检测分析，采用微好氧发酵工艺生产出的有机肥各项指标均符合国家规定的有机肥标准（NY 525—2012）的需求，同时本有机肥产品中有机质高达 72%、总养分（$N+P_2O_5+K_2O$）高达 11.11%，分别是有机肥指标的 1.6 倍和总养分指标的 2.2 倍；经过发酵后，本项目有机肥产品含有大量的益生芽孢杆菌，有益微生物高达（1.3 ～ 1.5）× 10^8cfu · g^{-1}。本有机肥产品的开发生产，不仅有效解决了规模猪场对环境产生的污染问题，经发酵后，获得的高品质有机肥产品将对作物品质和土壤微生态环境产生积极的影响，具有很好的经济和生态效益。

表 3–7　有机肥品质检测分析

检测项目	检测结果	单位	检测方法	指标要求（NY 525—2012）	单项判定
蛔虫卵死亡率	97	%	GB/T 19524.2—2004	≥ 95	符合
水分	13.82	%	NY 525—2012（5.6）	≤ 30	符合
pH 值	8.0	—	NY 525—2012（5.7）	5.5 ～ 8.5	符合
有机质（以烘干基计）	72.0	%	NY 525—2012（5.2）	≥ 45	符合
全氮（以 N 计，以烘干基计）	2.44	%	NY 525—2012（5.3）	总养分（$N+P_2O_5+K_2O$）≥ 5.0	符合
全磷（以 P_2O_5 计，以烘干基计）	7.34	%	NY 525—2012（5.4）		符合
全钾（以 K_2O 计，以烘干基计）	1.33	%	NY 525—2012（5.5）		符合
总养分（$N+P_2O_5+K_2O$）	11.11	%	NY 525—2012		符合
汞（以烘干基计）	＜ 0.1	mg · kg^{-1}	NY/T 1978—2010（3）	≤ 2	符合
砷（以烘干基计）	1.7	mg · kg^{-1}	NY/T 1978—2020（4.1）	≤ 15	符合
镉（以烘干基计）	未检出	mg · kg^{-1}	GB 18877—2009（5.13）	≤ 3	符合
铅（以烘干基计）	5.0	mg · kg^{-1}		≤ 50	符合
铬（以烘干基计）	7.8	mg · kg^{-1}		≤ 150	符合

（四）简易有机肥发酵塔

1．设施发酵塔设计

利用现代生物技术和工程技术相结合，充分考虑中小规模化畜禽场场地面积限制及堆肥过程各影响因子，合理设计堆肥空间大小，查找、咨询建筑设计意见，设计了设施发酵塔，如图 3-15 所示。

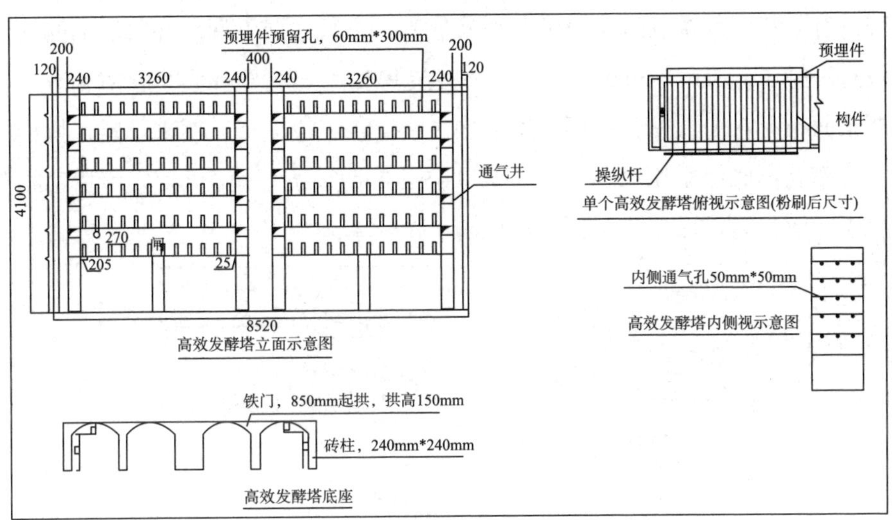

图 3-15　设施发酵塔结构

设施发酵塔采用立体式空间，层级分布，分 2 座，每座设计 7 层，合理利用空间，设计每层高度 0.55m，形成一个发酵小池。发酵塔每层底部设有下料门，根据每层发酵状态及成效，进行逐层下调。在每层的侧面设有一排 3 个 5cm×5cm 通气孔，对称分布，易形成气体对流，加速空气流动，气孔外面接着通气井。每层布有 12 个 6cm×30cm 预埋件预留孔，这是用量装预埋件和构件，两者连接一操纵杆，用来翻料，操作简单，效率高。采用 4 个拱门形式作为底座，承受力强，不仅使发酵塔结构更加稳固，而且运料操作空间更大，提高运输效率。其在养殖场的应用现场如图 3-16 所示。

图 3-16　设施发酵塔在养殖场的应用

2. 发酵塔装备设计

充分考虑发酵塔装备安装的便利性及易操作性，合理设计发酵塔装备的堆肥空间大小，开展了结构设计及装备选材，设计了如图 3–17 所示的发酵塔装备，并委托厦门联南强生物环保科技有限公司进行试制。

发酵塔装备采用立体式空间，层级分布，设计 4 层，合理利用空间，设计每层高度 0.65m，面宽 2.20m，侧宽 1.00m，形成一个发酵小池。发酵塔每层底部设有下料门，根据每层发酵状态及成效，进行逐层下调。在每层的侧面上方设有一排 3 个 5cm×5cm 通气孔，并安装 PVC 管进行气体收集，对称分布。每层正面布有 5 个预留孔，用于安装构件并连接一操纵杆，用来翻料，操作简单，效率高。底座采用拱门形式，高 0.65m，承受力强，不仅使发酵塔结构更加稳固，而且运料操作空间更大，提高工作效率。

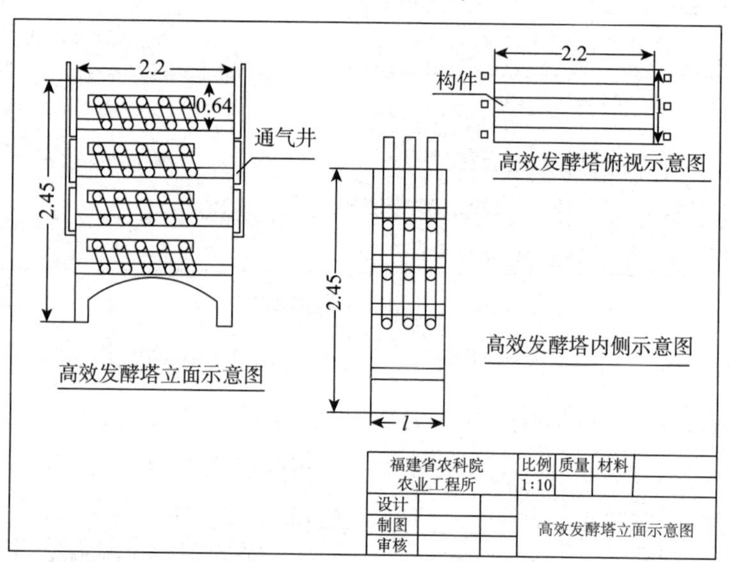

图 3–17　发酵塔装备结构

3. 发酵塔发酵效果检测分析

运用快速好氧堆肥发酵塔装备样机进行了猪粪渣堆肥发酵试运行。固液分离的猪粪渣先进入发酵塔第四层，每 2d 通过操纵杆将猪粪渣堆肥移入下一层进行发酵，直至整个发酵塔满负荷运行后开始采集发酵塔不同层的堆肥发酵温度数据，连续采集 8d，具体数据见表 3–8。从表 3–8 可以看出，猪粪渣进入发酵塔后即迅速升温，在 2d 时温度就达到 50℃以上，随后升至 65℃，后逐渐降低，在整个堆肥发酵塔内可维持 50℃以上高温 7d。根据 GB 7959—87《粪便无害化卫生标准》规定，堆肥温度在 50 ～ 55℃以上并维持 5 ～ 7d，就能够达到粪便无害化卫生标准。说明通过发酵塔堆肥，猪粪渣可以快速达到卫生无害化标准。

表 3-8 发酵塔猪粪渣堆肥发酵温度变化表 单位：℃

时间	1d	2d	3d	4d	5d	6d	7d	8d
四层	46	54	45	54	47	58	44	55
三层	52	60	55	57	53	61	59	63
二层	64	63	61	64	65	64	64	56
一层	59	57	57	55	56	52	57	56

大量研究亦表明，施用有机肥可以显著改善土壤生态环境，提高农产品的品质。基于此，项目采用自由筛选获得的一株猪粪好氧发酵菌枯草芽孢杆菌 N1，并采用微好氧发酵工艺，以猪粪和普通病死猪为原料进行有机肥料研制及生产加工，生产出的有机肥料有机质高达 72%、总养分（$N+P_2O_5+K_2O$）高达 11.11%，分别是有机肥标准（NY 525—2012）的 1.6 倍和 2.2 倍。该产品对作物品质和土壤微生态环境产生积极的影响，并于 2020 年 7 月获得福建省肥料有机肥料登记证书（登记证号：闽农肥〔2020〕准字 0101 号）。

第三节 沼气工程厌氧发酵装置与工艺

厌氧发酵技术也叫作沼气发酵技术，该技术现在已经很成熟，在畜禽养殖废弃物处理过程中被广泛地应用。厌氧发酵技术始于 19 世纪末 20 世纪初，经过大起大落的发展过程，现在已经被广泛应用，开启了蓬勃发展。厌氧发酵是整个沼气工程最关键和最重要的技术工艺，选择合适、合理的厌氧发酵技术，对于沼气工程运行起到至关重要的作用。在沼气工程建设过程中，可以在厌氧发酵环节进行优化分析设计，这对于现阶段大中型沼气工程迅速可持续发展尤为重要。

目前，国内外对厌氧发酵技术工艺的研究比较多。我国也比较重视厌氧发酵工艺研究并积极引进国外先进的厌氧发酵工艺技术，因此，几乎所有常规和高效的厌氧发酵工艺技术在中国都可以找到应用案例。我国养殖场沼气工程以常温和中温发酵为主，其进料 TS（干物质）浓度为 2%～6%，沼气产气率在 0.2～0.5$m^3 \cdot m^{-3} \cdot d^{-1}$之间居多。

厌氧消化器是畜禽沼气工程的核心，它决定了该沼气工程运行的效率和运行寿命。不同的工艺有不同的特点，有不同的适用情况。因此，在设计畜禽沼气工程的时候，必须通过了解养殖场地理位置、周边环境、养殖品种、养殖规模、消纳用地等具体情况，因地制宜选择适合的厌氧发酵工艺。

目前国内应用较多的沼气工程厌氧发酵工艺，主要有塞流式（推流式）厌氧反应器（PFR）、升流式厌氧复合床（UBF）、厌氧过滤器（AF）、升流式厌氧污泥床（UASB）和升流式固体反应器（USR）等。沼气工程选择能源生态模式时，一般选择完全混合厌氧反应器、卧式推流厌氧反应器、厌氧接触反应器、升流式厌氧固体反应器（USR）等；当选择环保达标排放模式时，一般选择上流式厌氧污泥床反应器、厌氧折流反应器、厌氧滤器、膨胀颗粒污泥床反应器等。

一、厌氧接触反应器

为了克服普通消化池不能持留或补充厌氧活性污泥的缺点，在消化池后设沉淀池，将沉淀污泥回流至消化池，形成了厌氧接触法。

厌氧接触反应器是完全混合的，排出的混合液首先在沉淀池中进行固液分离。污水由沉淀池上部排出，剩余污泥回流至消化池。污泥回流比通常为进料的 80%～100%。脱气机的作用是分离残余污泥中的微小沼气气泡，以提高沉淀效果。不同厌氧接触系统的主要区别在于沼气发酵单元的搅拌、脱气单元以及污泥沉淀池的差异。

厌氧接触法适用于高浓度、高悬浮物的有机污水，不适用于悬浮有机物为主的污水。其工艺参数设计可参考如下。

①容积负荷一般为 1～5$kgCOD_{Cr} \cdot m^{-3} \cdot d^{-1}$；②污泥负荷 F/M 一般为

0.25 ～ 0.50kgCOD$_{Cr}$ · kgMLVSS^{-1} · d^{-1}，池内 MLVSS 一般为 5 ～ 10 g · L^{-1}；③水力滞留期 HRT 一般为 0.5 ～ 5d，COD 去除率 75% ～ 85%；④污泥回流比一般取 100% ～ 300%；⑤沉淀池水力表面负荷 0.25 ～ 1.0m^{3} · m^{-2} · h^{-1}；⑥进入沉淀池的消化液宜设置脱气或投加混凝剂等促进固液分离的措施。采用真空脱气时真空器内的真空度约为 500mm 水柱。

厌氧接触工艺与普通消化池比较而言，最突出的问题是污泥的流失，污泥的大量流失将无法发挥其负荷高及水力停留时间短的优势，甚至导致消化装置失败。造成污泥流失的原因：①由于沉淀池底部污泥处于厌氧或缺氧状态，产生沼气影响泥水分离效果；②污泥膨胀，沉淀性能恶化。因此，厌氧接触反应器需增设沉淀池、污泥回流系统和真空脱气系统，保证较长污泥停留时间 SRT，能够发挥其负荷高及水力停留时间短的优势。

在猪场粪便污水深度达标处理模式中，粪污经过前期预处理，进入厌氧发酵系统的粪污进料 COD 浓度一般在 2 000 ～ 8 000 mg · L^{-1} 之间，一般不建议采用厌氧接触反应器。

二、上流式厌氧污泥床反应器

上流式厌氧污泥床反应器（UASB）处理工艺是由荷兰 Wageningen 农业大学的教授 Lettinga 等于 1972—1978 年间开发研制的一项污水厌氧生物处理技术。这种反应器是在过去厌氧反应器实验和运行的基础上发展起来的，是比较成熟的技术，并于 20 世纪 80 年代初开始在高浓度有机工业污水的处理中得到日趋广泛的应用。

UASB 反应器具有工艺结构紧凑、处理能力大、无机械搅拌装置、处理效果好以及投资费用省等优点，并且作为厌氧反应器，它可以季节性或者间歇性运转，厌氧菌可以长期处于休眠状态，在工厂因故停产一段时间后，再开工，系统能够迅速启动。缺点是运行技术要求较高，在高水力负荷或高浓度负荷时易流失固体和微生物。大多数生产装置在 25 ～ 40℃的中温范围内运行，但它也能在 50 ～ 60℃的高温范围和 5 ～ 15℃的低温条件下运行。

UASB 反应器适用于低浓度的养殖污水处理。UASB 反应器的特点是反应器内设有三相分离器，在运行过程中，可以有效将沼气、沼液和污泥分离。产生的沼气经过分离后通过输气管道进入沼气储气柜。分离出的沼液则通过排水口进入下一个处理单元。分离出来的污泥则进入沉淀区，然后慢慢沉淀到反应器底部，形成一个活性污泥区。当粪便污水进入反应器时，首先进入活性污泥区，污泥区的微生物对粪污有机物质进行降解产生沼气，沼气在上升到三相分离器的过程中起到了搅拌作用，将气体、液体和固液进行充分混合，在反应器上部形成了一个污泥悬浮层。UASB 反应器高效运行的关键原因，是底部高活性污泥层的形成。活性污泥的培养和形成对 UASB 反应器运行成功与否起关键性作用。

（一）UASB 的构造

UASB 由三个功能区构成，即布水区、反应区（污泥床区和悬浮区）和气、固、液分离区，其中反应区为 UASB 反应器的工作主体。UASB 最主要的两个部分是三相分离器和布水系统。UASB 构造如图 3-18 所示。

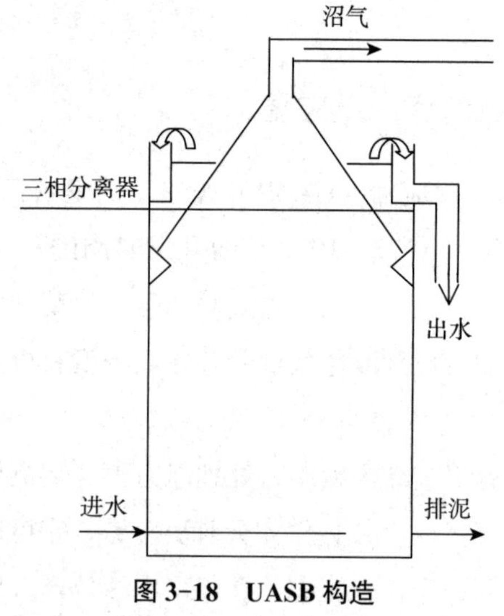

图 3-18　UASB 构造

（二）UASB 的工作原理

污水进入 UASB 时，通过布水器，均匀地分布在反应区的横断面上，防止死水，保证泥水充分接触。布水系统兼有进料布水和水力搅拌的功能，为实现这两个功能，需要满足以下原则：①为防止进料发生短流现象，进料布水管分配到各点的水流流量应该相同，即确保单位面积的进水量基本相同；②能够观察到进料管是否堵塞，当发生堵塞时，能够比较容易清理；③能够满足反应器活性污泥区需要的水力搅拌，使得进料有机物与活性污泥可以快速混合，防止局部产生酸化现象。

活性污泥区上面是主反应区。活性污泥和粪污中的有机物迅速混合，有机物被活性污泥中的微生物快速分解产生沼气，由此产生的微小气泡不断上升，在上升过程中结合成较大气泡，气泡间相互碰撞、结合以及在上升过程中形成的搅动作用下，使得污泥床区以上的污泥呈松散悬浮状态，并与污水充分接触。污水中的大部分有机物就是在这个区域中被分解转化。含有大量气泡的混合液不断上升，达到三相分离器下部，首先将气体分离出去，被分离的气体进入气室，并由管道引出。固－液混合液进入分离器，失去气泡搅动作用的污泥发生絮凝，颗粒逐渐变大，并在重力作用下，沉淀到底部反应区，分离出污泥的处理水进入澄清区。混合液中的污泥得到进一步分离，澄清水经溢流堰排出。

从原理来看，污泥的沉降性能和活性，即颗粒污泥的培养，以及三相分离器的设计是 UASB 工艺的重点。三相分离器是 UASB 反应器中最有特点，也是最重要的装置，同时具有两个功能：①收集从分离器下面的反应区产生的沼气；②使得在分离器之上的悬浮物沉淀下来。对于任何一种厌氧反应器来说，要想长期稳定运行，进入反应器的水质情况非常重要，UASB 也不例外。只有污泥和污水良好接触，才能取得良好处理效率。UASB 内污泥的运动受三种力的影响：污泥自重、水的冲力和所产沼气的托力。这三种力的相互作用决定着反应器内污泥的存在方式：沉积、悬浮或被冲走。

（三）工艺参数设计

①上流式厌氧污泥床反应器（UASB）一般采用中温或高温运行，反应器内温度一般控制在 35℃ ±2℃或 55℃ ±2℃；②进水 COD 浓度宜大于 1 500mg/L，pH 值为 6.0 ～ 8.0，SS 浓度宜小于 1 500 mg · L^{-1}；③污泥的产率一般取 0.05 ～ 0.1kgMLSS · $kgCOD_{Cr}^{-1}$；④ 35℃温度下，容积

负荷 3.0 ～ 15 $kgCOD_{Cr} \cdot m^{-3} \cdot d^{-1}$；⑤ UASB 反应器的沼气产率一般取 0.35 ～ 0.50$m^3 \cdot kgCOD_{Cr}^{-1}$；⑥反应器内污水上升流速 0.25 ～ 1.0$m \cdot h^{-1}$。

（四）UASB 反应器的主要优缺点

1. UASB 的主要优点

（1）UASB 内污泥浓度高，平均污泥浓度可以达到 20 ～ 40$gVSS \cdot L^{-1}$。

（2）有机负荷高，水力停留时间短，采用中温发酵时，容积负荷一般为 10$kgCOD_{Cr} \cdot m^{-3} \cdot d^{-1}$ 左右。

（3）整个反应器没有安装搅拌设备，主要是靠厌氧发酵过程中产生沼气的上升运动，对活性污泥和粪污进行搅拌混合，使得污泥床上部的污泥处于悬浮状态。

（4）整个反应器没有安装填料，避免因填料发生堵塞问题，并节约了建造成本。

（5）通过三相分离器就可以充分分离出气、固、液，因此，通过气体上升搅拌作用被带出来的活性污泥可自动回到污泥床反应区内，可以不设沉淀池和污泥回流设备。

2. UASB 的主要缺点

（1）进水中悬浮物需要适当控制，不宜过高，一般控制在 1000$mg \cdot L^{-1}$ 以下。

（2）污泥床内有短流现象，影响处理能力。

（3）对水质和负荷突然变化较敏感，耐冲击力稍差。

（五）UASB 应用中应注意的问题

（1）水力负荷的冲击可能导致污泥层的崩溃，水力负荷过低，无法满足理想的水力筛分条件，所以要控制水力负荷，它是最重要的运行指标。

（2）控制进水的 pH 值，当 pH 偏酸性时，真菌开始大量繁殖，严重影响处理效果；pH 过高时，生化代谢明显减慢。因此，要调节进水的 pH 值，一般在 6 ～ 8 之间为佳。

（3）厌氧细菌的活性受温度的影响较大，温度波动范围最好控制在 3℃之内。

（4）UASB 对进水的 SS 比较敏感，一般来说，SS 不宜高于 2 000 $mg \cdot L^{-1}$，若进水 SS 过高，应该设置预处理池。

（5）防止超负荷运行，这是导致反应器酸化的主要原因。

（6）补充微量金属离子特别是补充铁、镍、钴等离子能促进 UASB 中生物比活性的明显增加，可以增加 UASB 内单位质量微生物中活细胞的浓度以及它们的酶活性，加快颗粒污泥的形成。

三、厌氧生物滤池

厌氧生物滤池（AF）是装有填料的厌氧生物反应器，其基本特征就是在反应器内装填了为微生物提供附着生长的表面和悬浮生长的空间的载体，采用一种淹没式的固定填料生物膜法工艺。污水自下而上，或自上而下地通过固定填料床。固定填料的颗粒较大，被生物膜所包覆，颗粒之间的空隙也存在着悬浮的活性污泥，污水流过时，与生物膜及悬浮的活性污泥充分接触、吸附并降解有机物，截留悬浮固体。为了分离处理水中携带的脱落的生物膜，通常需要在滤池后设置沉淀池。厌氧生物滤池工艺参数一般为：①厌氧生物滤池生物膜厚度约 1 ～ 3mm；②生物膜停留时间长约 100d；③容积负荷一般为 0.5 ～ 16 $kgCOD_{Cr} \cdot m^{-3} \cdot d^{-1}$；④悬浮物浓度 SS 一般控制在 200 $mg \cdot L^{-1}$ 以下。

填料是影响厌氧生物滤池运行的重要因素。对于填料的要求，首先要求填料的比表面积大且表面粗糙较好；其次要求填料材料比重低且生物惰性好；最后要求填料的形状和孔隙度合适且机械强度高等。装填料的方式、填料的形状、填料的物化性质等对于厌氧生物滤池处理粪污的效果有很大的影响。目前，填料按照安装方式分类，主要有固定支架安装和无固定支架安装 2 种方式。大多数填料的安装采用固定支架，填料在厌氧生物滤池中的位置比较固定。采用无固定支架的填料，在厌氧生物滤池中位置不固定，是自由悬浮的形式。常用的填料按形状分类，主要有块状、管状和纤维状等 3 类。使用块状实心填料的厌氧生物滤池固体浓度低，有机负荷相对较低；使用纤维状填料的厌氧生物滤池一般不容易堵塞，因为其价廉实用，国内应用较多。生产纤维状填料的材料目前主要有软性尼龙、半软性聚乙烯、聚丙烯和弹性聚苯乙烯等。

厌氧生物滤池中粪污从下往上流的称为升流式厌氧生物滤池，粪污从上往下流的称为降流式厌氧生物滤池，目前按照粪污流向方向主要分这两大类，实际运用中的厌氧生物滤池多采用升流式厌氧生物滤池。

四、厌氧折流板反应器

在对第二代厌氧反应器性能和工艺特性研究总结的基础上，McCarty 和 Bachmann 等在 1982 年前后，开发和研制了厌氧折流板反应器（ABR）。这是一种新型高效的厌氧生物处理装置。其工艺参数一般为：①反应器内温度一般控制在 35℃ ±2℃或 55℃ ±2℃；②水力停留时间 HRT 6 ～ 30h；③容积负荷一般为 0.5 ～ $10kgCOD_{Cr} \cdot m^{-3} \cdot d^{-1}$。ABR 反应器的特点是：通过在反应器内放置上下竖向导流板，将反应器内部分隔成许多个串联的小反应室，每个反应室都是一个相对独立的上流式厌氧发酵系统，其中的污泥以颗粒化形式或絮状形式存在。水流由导流板引导上下折流前进，逐个通过反应室内的污泥床层，进水中的底物与微生物充分接触而得以降解去除。

ABR 在构造上可以被看作是多个 UASB 的简单串联，但是 ABR 比 UASB 更为简单，没有结构复杂的三相分离器。在工艺上，UASB 是一种完全混合式反应器，ABR 则由于上下折流板的阻挡和分隔作用，其中的微生物种群沿长度方向的不同隔室实现产酸和产甲烷相的分离，实现了 ABR 工艺可在一个反应器内一体化的两相或多相处理过程。同时，在不同隔室中，由于水流的上升及产气的搅拌作用，水流流态呈完全混合态，而在反应器的整个流程方向则表现为推流态。这种完全混合与推流相结合的复合型流态是一种极佳的流态形式，十分利于保证反应器的容积利用率、提高处理效率及促进运行的稳定性。同时，在一定处理能力下，这个复合型流态所需的反应器容积也比单个完全混合式的反应器容积低很多。

五、升流式厌氧复合床

升流式厌氧复合床（UBF），即上流式污泥床 - 过滤器复合式厌氧反应器，是由底部的升流式厌氧污泥床和上部的厌氧过滤器为一体的厌氧消化装置。UBF 具有启动速度快、处理效率高、运行稳定等优点。粪污从反应器底部进入，与反应器的下部高浓度厌氧微生物混合，依靠进料和所产生沼气按一定的速度升流，有机物不断被分解，固形物被反应器上部的填料滞留，液体经过填料从反应器上部排出。厌氧生物填料层，填料表面生长微生物膜，不但可以截留悬浮微生物，增加微生物总量，防止生物量的突然析出，而且能够加速上升的微生物污泥与气泡的分离从而减少污泥的流失，这能够让 UBF 反应器的体积得到最大限度的利用，反应器积累微生物的能力大为增强，反应器的有机负荷更高。

六、升流式固体反应器

升流式固体反应器（USR）是一种不同于其他类型的处理厌氧反应器，反应器的下部是含有高浓度厌氧微生物的固体床。它主要用于处理含有很多悬浮固体物质的原料，或者总固体含量 4% ～ 6% 的有机污水，该工艺在当前的养殖行业中使用较多。粪污从反应器底部进入，通过反应器底部高浓度厌氧微生物反应区，粪污中有机物与微生物混合发酵，有机物逐渐被分解，转化为沼气，进料和沼气上升的动力又对发酵液进行了充分的搅拌，促进了进一步发酵，上清液从反应器上部排出。USR 优点是结构简单，能自动形成比 HRT 较长的 SRT 和 MRT，未反应的生物固体和微生物依靠自然沉淀滞留于反应器内。缺点是进料固形物悬浮固体过高易出现布水管堵塞等问题。福州大生态工程公司成功引进并推广了 USR 技术工艺。

七、全混合消化器

全混合消化器（CSTR）是一种完全混合消化器，也可以称为连续搅拌反应器系统。适用于高浓度及含有大量悬浮固体原料的处理。优点是：物料混合均匀；温度分布均匀；工艺稳定。缺点是：消化器体积较大；能量消耗较高；底物排出系统时未完全消化，易流失固体和微生物。CSTR 能够处理固体悬浮液含量高或者固体颗粒很大的原料。CSTR 反应器的中间部分安装有搅拌装置，主要有两个作用：充分混匀原料；充分混匀原料和微生物。进料有两种不同方式，一种是从反应器的上部进料，下部出料；另一种是从反应器的下部进料，上部出料。在 CSTR 运行过程中，因为反应器整体都是原料发酵区，因此消解粪污有机物的效率也更高。

第四节　福建省规模化养猪场沼气工程几种典型厌氧发酵工艺

福建省大部分大中型沼气池采用常温（10 ～ 25℃）、半连续发酵工艺。池型大多数采用水压式地下池，目前新建大中型沼气池以黑膜沼气池偏多。我省有关科研单位，设计、施工企业在实践中不断摸索、改进和创新，对国内采用厌氧发酵工艺技术，如 UASB、USR、ABR+AF 等，均有比较成功的试点应用。首创 IATS 工艺和引进的台湾 TRPD 工艺，得到同行的肯定。大中型畜牧场污水治理新工艺、新设备，如低温发酵技术与工艺、干发酵技术、高浓度发酵技术，建池新材料、沼气装置标准化生产和商品化等有待进一步研究和发展。沼气的工业化应用，包括沼气集中供气、沼气发电等，应用规模和技术集成还有待进一步提升。下面介绍几种在我省应用较多或者我省自主研发的厌氧发酵工艺技术。

一、推流式厌氧滤床工艺

推流式厌氧滤床工艺（PAFR）是一种地埋式沼气池工艺（如图 3–19 所示，实物如图 3–20 所示），施工简便，管理方便，运行稳定，从 20 世纪 90 年代开始推广，在福建省被广泛应用。在常温条件下，采用该工艺处理养殖场粪污，沼气池池容产气率为 0.5 ～ $1.0m^3 \cdot m^{-3} \cdot d^{-1}$，能承受较大负荷冲击。

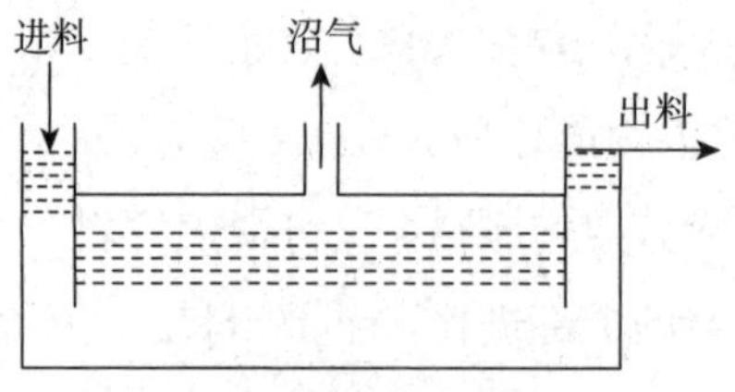

图 3–19　推流式厌氧滤床工艺

图 3-20　推流式厌氧滤池

二、隧道式沼气池

隧道式沼气池工艺发展经历了两个阶段。早期的隧道式沼气池从技术上来说，其实是放大版的水压式沼气池，它是在水压式沼气池的基础上通过延长进料水力流程，提高了沼气发酵效率。早期多是地下隧道式沼气工程，以获取燃料为主，兼得肥料效益，许多工程没有预处理装置。长时间运行，不可降解的固体废弃物在池内大量累积，有效容积不断缩小，可能最终导致沼气发酵系统失效。2003 年，南平市曾宪芳等人借鉴了 ABR 和 AF 等厌氧发酵技术，对隧道式沼气池工艺进行了改进和升级。通过在沼气池内设置竖向挡板，进一步增加了进料水力流程；通过在沼气池内安装无固定填料，延长了污泥滞留时间。改进版隧道式沼气池提高了厌氧消化效率，沼气池池容产气率可以达到 0.6 ～ 0.8 $m^3 \cdot m^{-3} \cdot d^{-1}$，是传统沼气池型的 3 ～ 5 倍。该工艺适合各类猪牛羊鸡鸭养殖场的粪污处理，适应范围广。该池型最大特点是产气快、产气率高。20m^3 沼气池所产的池液可供 30 ～ 50 亩的耕地用肥，所产沼气可供 3 ～ 5 户日常炊事照明，增加了社会效益、环境效益和经济效益。

三、斜流式隧道厌氧污泥滤床

随着环保要求的提高，福建省地埋式沼气工程建设开始改进技术路线，取得明显成效，斜流式隧道厌氧污泥滤床（Inclined-flow anaerobic tunnel sludge filtrated blanket，IATS）就是其中的一个典范。IATS 工艺是利用生物学与生态学原理，在实践中参考了 UASB、UBF 等厌氧发酵工艺，在推流式厌氧滤床工艺（PAFR）的基础上发展起来的，由福清市科明新能源环保开发部所于 20 世纪 90 年代研发成功，在规模化养猪场广泛推广，深受广大养殖业主的好评。IATS 工艺在建造方式上采用地埋式，建筑材料可以采用砖混、钢筋混凝土等。池型结构简单，施工简便，造价低廉，在运行过程中管理操作简单，发生故障少，基本实现了无动力运行。IATS 工艺运行稳定，可以承受较大有机负荷冲击，适合于畜禽养殖粪污处理。相比国内现行其他沼气工程工艺，其主要特点是：①采用地埋式设施工艺，占地面积小，施工方便，可以采用钢筋混凝土现场浇筑；②依据水力高差对布料装置进行设计，沼气池内畜禽粪污斜向上流动，带动进料和颗粒污泥充分混合搅拌，提高了厌氧降解效率；③池内采用无固定方式安装填料；④池内安装有污泥回流装置，保证了池内颗粒污泥累积；⑤采用防堵、自动排渣工艺；⑥基本实现无动力运行。在常温条件下，IATS 池容产气率最高可达 1.0 $m^3 \cdot m^{-3} \cdot d^{-1}$。

以福建省福清市某农牧场养猪沼气工程为例，介绍 IATS 工艺在养猪污水处理中的应用效果。该养猪场自繁自养，存栏生猪 7 728 头，其中母猪 800 头、公猪 48 头、仔猪 2 192 头、菜猪 4 688 头，每日污水排放量均在 200 t 左右。该沼气工程前处理为砖混结构固液分离池 100m^3，主反应系统为推流式厌氧池 300m^3 和斜流式隧道厌氧污泥滤床 1 000m^3，贮气柜 100m^3。固液分离池每天可分离出浮渣 4 吨左右，通过人工清理，用车运到农田养殖红虫。污水部分流入厌氧发酵系统处理。产生的沼液供周边 20 亩蔬菜地和近百亩果园（种植四季杨桃、青枣和石榴等果树）利用，剩余沼液流入 30 亩鱼塘养鱼。沼气供给沼气柴油双燃料发电机组（2 台，功率分别为 90kW 和 50kW）发电、母猪猪舍保温以及职工的日常生活用能。该工程仅沼气综合利用一项，每年就可以回收 14.62 万元。IATS 工艺沼气工程粪污处理效果详见表 3-9。

表 3-9 IATS 工艺养猪场粪污处理效果

名称	pH	COD_{Cr}/mg·L^{-1}	BOD_5/mg·L^{-1}	SS/mg·L^{-1}
酸化池进水	7.2 ~ 7.6	10 000 ~ 13 000	4 500 ~ 6 800	3 800 ~ 4 700
厌氧进水	7.2 ~ 7.5	6 000 ~ 9 000	4 050 ~ 6 120	2 280 ~ 2 820
厌氧出水	7.1 ~ 7.3	1 200 ~ 1 800	900 ~ 1 360	52 ~ 361
氧化塘出水	7.0 ~ 7.3	107 ~ 298	38.4 ~ 92	68 ~ 112

IATS 工艺还在福清市华兴养猪场、农凯养猪场、平潭红山猪场等多个养猪场进行了推广应用。IATS 工艺在规模化养殖场污水治理过程中，既可获得优质能源，又能处理废弃物，净化环境，还可进行生物质资源多层次利用。与同类技术相比，IATS 工艺具有造价低、处理效果好、运行维护简便等优点，在我国南方丘陵、山区规模化养猪场污水治理中，具有广阔的应用前景。

四、层叠集气上流式厌氧污泥床 – 过滤器

近些年，在斜流式隧道厌氧污泥滤床（IATS）的基础上，经过不断探索、不断改进、不断总结，终于在 2008 年研发出层叠集气上流式厌氧污泥床 – 过滤器（Cascading set gathering of gas Up—flow Blanket Filter，CGUBF）对 IATS 厌氧发酵工艺技术实现了技术飞跃，工艺技术系统布局更科学合理，池容产气率大幅提高。CGUBF 工艺采用常温发酵。进料布水装置采用多点布水方式，布水均匀有利于进料与污泥微生物的充分混合发酵。CGUBF 通常采用半埋式结构，池体反应区深埋地底，沼气池保温效果好。池内安装有填料，有利于拦截和分离颗粒污泥，加长污泥滞留时间。CGUBF 运行上采用上流式，可以通过进料和沼气上升产生的动力实现对进料和污泥微生物的混合搅拌。CGUBF 出料方便，并实现了定期自动排渣等。CGUBF 中的填料安装布置、填料材质选择解决了厌氧发酵池中填料结团、难脱膜的瓶颈问题，并申请和授权了国家发明专利“厌氧反应器填料的布置方式（专利号：200510094558.1）”。该技术使在填料表层吸附产生的生物膜，在老化时得以脱落，又可再生新的生物膜，不断形成有效循环，可使发酵微生物滞留时间达数年。在 CGUBF 的内腔构筑了 1 个压力可达到 50kPa 的集气室，因此可以贮存更多的沼气，其造价仅是同等容积的钢板贮气浮罩的 1/5，而且免维护费用，同时可以在晚上不用沼

气时适时利用集气室内气体对发酵池发酵液进行搅拌，提升其发酵效率，因此有很高的污染物质去除降解率。

CGUBF 通常采用半地埋式钢筋混凝土现场浇筑，集发酵和储气为一体，结构紧凑，占地面积少，节约造价。CGUBF 工艺技术经过 10 多年多地应用和推广，实践证明，应用实例中粪污处理效果好，池容产气率高，未出现运行故障问题。

CGUBF 在南方丘陵地区的应用，充分展现了许多优点。首先可以因地制宜，利用丘陵地区地理地势特点，设计进出料水力高差，实现无动力运行；其次，应用半地埋结构，不仅利用地温提高冬天发酵原料温度，而且可以很好地实现保温；最后，该工艺配有自动排泥渣装置，利用气态、液态叠加的力将多余污泥多点全面地排至地面的污泥干化场。及时排出已沉降老化的多余污泥是厌氧发酵至关重要的一个环节。而许多沼气工程的应用实例证明，在没有建设自动排浮渣与底部污泥的装置的沼气池，初始运行时，处理效果较好，随着时间推移，因为没有定期排渣，运行效率逐年下降。CGUBF 工艺设计思路按照粪污治理和资源化利用结合，实现循环生态农业开发的功能要求。整个工艺无动力运行，管理方便安全简单，对管理人员专业培训要求不高。

五、红泥塑料覆皮厌氧反应器

红泥塑料是利用炼铝后废渣红泥粉与 PVC 粉等混合加热，热压成改性合金防水红泥塑料卷材，具有耐腐蚀、抗老化（寿命 10 年以上）、气密性好、吸热性能优、价廉物美等特点。可折叠、可熔接、易保养、易修补、运输方便。厚度 1.8mm 和 1.2mm，拉伸强度 150kg · cm^{-2}，断裂伸长率大于 150%，适应温度在 −40 ～ 80℃。

在二十世纪八十年代，福建省即引进台湾红泥塑料沼气工程技术，当时因受客观条件的限制，无法大面积推广应用。2003 年，福州北环环保技术有限公司开始引进台湾红泥塑料厌氧发酵技术（图 3-21），并着手红泥塑料厌氧发酵装置关键技术研究，将红泥塑料卷材，采用大型双工位高周波熔接机加工厌氧发酵覆皮和贮气袋，并形成标准化应用技术，在全省推广，适用于畜禽粪污水治理及资源综合利用。

随后，福建思嘉环保材料科技有限公司也开始着手红泥塑料沼气池研发和推广工作。红泥沼气材料覆皮质轻，运输、施工方便，运行管理简单，气收集更为容易，且在需要时池体易于改造，尤其在旧沼气池的改造中非常方便，且不会破坏池体的结构。红泥塑料沼气工程现已成功地在永安市文龙、福清市丰泽、泉州市华丰、延平区太平镇、大乘乳业、广东省陆丰市、浙江省龙游新港等省内外上百家养殖场推广应用，容积产气率 $0.3m^3 \cdot m^{-3} \cdot d^{-1}$。

图 3-21　红泥塑料沼气池

红泥塑料技术特点如下。①红泥塑料耐腐蚀、抗老化，吸热性能优。红泥塑料覆皮厌氧池能充分利用太阳能，加热池内污水，提高发酵温度，从而提高发酵速率、降解率和产气率。②红泥塑料厌氧槽系卧式半地下钢砼结构，构造简单，施工便利。红泥塑料覆皮的气密性好，安装、拆卸容易，减轻了常规地埋式沼气工程混凝土浇筑池体，特别是密封层施工的难度和强度，省工省时。③红泥塑料贮气袋，配套稳压、增压装置，比常规贮气柜（由钢砼水封池和钢罩组成）投资省，制作、安装简易，运行安全、可靠。

六、高效厌氧净化塔

2010 年，福州科真自动化工程技术有限公司成立了课题攻关小组，研制出了高效厌氧净化塔，改进了纯沼气发电机，并用沼气发电余热对厌氧净化塔进行加温，解决了低温季节不能正常产生沼气的难题。

（一）高效厌氧净化塔构造及结构特点

高效厌氧净化塔是一种新型结构的沼气池，其构造如图 3-22 所示。其结构特点如下。

（1）净化塔是一个高径比较大的罐体，底面积小、高度较高。这种塔式结构有利于提高水力负荷（上升流速）。水力负荷是传质的重要推动力，上升流速越大越能强化传质。

（2）净化塔被集气器分成上、下 2 个部分，下部为厌氧消化反应区，上部为污泥沉淀区。上、下反应区之间有提升管与回流管组成的内循环系统。内循环系统能将下反应室的产气负荷转化成水力负荷，强化了下反应室的传质性能。又由于下反应室的沼气不能进入上反应室，有利于沉淀区中污泥的沉降与滞留，也减轻了厌氧污泥随厌氧出水的流失，改善了厌氧出水的水质。

（3）净化塔内设有布水器、集气罩、循环内筒、提升管与回流管等构件。净化塔的罐体上有进水分配器、进水管、出水管、排泥管等。为了让冲栏污水能够多产沼气，可以不进行固液分离，将冲栏污水直接进入一级的厌氧净化塔，随后再用二级厌氧净化塔处理一级厌氧净化塔的厌氧出水，也能起到固液分离同样的处理效果。

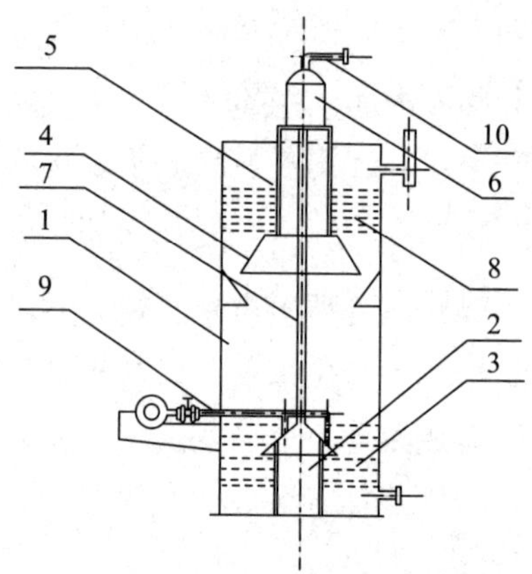

图 3-22　高效厌氧净化塔结构

1- 塔体；2- 布水器；3- 污泥床；4- 集气罩；5- 循环内筒；6- 气液分离器
7- 提升管；8- 污泥沉淀区；9- 回流管；10- 导气孔

（二）高效厌氧净化塔工作原理

污水从净化塔的底部进入旋流式布水器，与下部反应区内的厌氧污泥发生均匀地混合。污水中的有机物被污泥中的沼气微生物所消化，产生的沼气被集气罩所收集并进入循环内筒中的提升管，导致提升管中发酵液密度下降，与提升管外的发酵液之间产生了密度差，密度差导致发酵液产生内循环。内循环的出现能起到 2 个作用：①污水与污泥能充分均匀地混合，传质速率高，能提高厌氧消化速率和去除率、缩短厌氧消化周期；②能使产气负荷转变成水力负荷，避免了沼气对污泥的抬升（气浮效应），有利于污泥的沉降与滞留，能减少污泥的流失，改善厌氧出水的水质。由于高效厌氧净化塔能保持较高的污泥浓度、有着更好的传质性能以及较低的产气负荷，所以净化塔的厌氧消化效率高，厌氧出水水质好，为后续的好氧处理创造了良好的条件。

（三）高效厌氧净化塔的运行效果

以福建省运行的两个猪场高效厌氧净化塔为试验对象，进行高效厌氧净化塔运行效果分析。其中一养猪场建成了 1 个 50 m^3 的污水厌氧净化塔，日处理 50t 养猪场的冲栏污水。冲栏污水 COD 通常为 15 000 ～ 20 000 mg · L^{-1}，先经固液分离再进行厌氧消化和固液分离后，冲栏污水的 COD 为 5 000 mg · L^{-1} 左右。另一个养猪场建起了一个 370 m^3 的厌氧净化塔，日处理 400t 冲栏污水。经过运行分析，这 2 个厌氧净化塔在进水 COD 为 4 350 ～ 6 521 mg · L^{-1} 时，平均 COD 去除率可达到 78%。

用净化塔处理常规沼气池的沼液时，也能将沼液的 COD 从 3 521 mg · L^{-1} 降低到 1 120 mg · L^{-1}。这表明，在常规沼气池后再增加厌氧净化塔（作为二级厌氧），对改善沼液的水质是有作用的。

如果为了让冲栏污水能够多产沼气，可以不进行固液分离，让冲栏污水直接进入一级的厌氧净化塔，随后再用二级厌氧净化塔处理一级厌氧净化塔的厌氧出水，也能起到固液分离同样的处理效果。第一级厌氧净化塔主要用于生产沼气，第二级厌氧净化塔主要用于改善厌氧出水的水质。可以同时兼顾能源效益与环境效益。

1. 水力停留时间（HRT）对 COD 去除率的影响

延长水力停留时间，COD 去除率有所增加，但水力停留时间太长，对提高 COD 去除率并无太大的作用（表 3–10）。净化塔在常温条件下处理冲栏污水，COD 去除率要达到 82% 以上时，停留时间需控制在 24h 以上。综合考虑进水的 COD 和水量波动等因素影响，将水力停留时间延长 1.5 倍，最适宜的

HRT不应少于36h。

表3-10　水力停留时间（HRT）对COD去除率的影响

进水COD/mg·L^{-1}	水力停留时间/h	出水COD/mg·L^{-1}	COD去除率/%
5430	8	1900	65
5430	12	1358	75
5430	24	956	82
5430	48	921	83

2. 厌氧消化温度对水力停留时间（HRT）的影响

温度对HRT的影响较大，要使COD去除率达到78%，在30℃时水力停留时间只需9h。当温度为22℃时，为了达到同样的COD去除率，水力停留时间需要30h（表3-11）。

表3-11　厌氧消化温度对水力停留时间（HRT）的影响

发酵温度/℃	COD去除率/%	水力停留时间/h
22	78	30
28	78	12
30	78	9

高效厌氧净化塔是一种改进型IC反应器型沼气池。在处理养殖场污水时，与常规沼气池相比，具有以下特点：该装置将滞留时间（HRT）从5～8d缩短到1～1.5d；容积负荷达到5kgCOD·m^{-3}·d^{-1}以上；COD去除率大于75%；易于控温，运行稳定。高效厌氧净化塔有关技术指标达到国内先进水平。高效厌氧净化塔易于工厂化、标准化生产和现场安装，节时节工，建议该装置与厌氧发酵前处理和后处理系统配套，进行推广应用。

七、上流序批式沼气池

福建省农科院农业工程技术研究所近几年开始升温（保温）厌氧发酵的研究，研制成功了上流序批式沼气池，其以玻璃钢作为密封和保温材料，修建的沼气池已初步取得成效。该保温沼气池主要特点在于保证了闽西北地区冬季气温较冷情况下的产气，从而达到有效杀死病菌和病虫卵的目的，同时满足猪场日常用能以及附近农户的家庭用能，保证了猪场粪便污水的“减量化、无害化和资源化”，有利于节能减排的实施以及社会主义新农村建设，保证了猪场可持续发展。

上流序批式沼气池是在厌氧滤器（AF）和上流式厌氧污泥床（UASB）的基础上开发的新型复合式厌氧反应器。在池内设置气水分离器和排渣装置，在距池底 2.45m 高处设置聚乙烯填料层，填料层高 2 m，填料间隔 0.1m。整个工程主体采用混凝土钢筋浇筑，有效容积 670 m^3，池体为圆柱体，池半径 4.6m，池内高度 12 m，池体内外均涂刷有机玻璃钢材料进行密封和保温。整个沼气池水力停留时间（HRT）为 9.57 d。

上流序批式沼气池底部进水上部出水可增强对底部污泥床层的搅拌作用，同时采用空压机使产生沼气通过管道回流，对发酵液气浮搅拌。沼气通过底部 5 条气管布流，达到均匀搅拌。上流序批式沼气池出水口水封上端设置有无动力束流增氧装置。该装置利用上流式沼气池出水口跟地面的高度差形成出水强大吸力，在出水口水封的最上端开口并装有长度 30 ～ 50cm 的竖向短管，使空气可以和出水充分混合，形成束流，使沼液溶解氧浓度比没有装增氧装置的沼液溶解氧浓度增加。同时，该装置还可以预防池内形成负压。

上流序批式沼气池加装有太阳能集热加热系统，即安装太阳能真空面板 300m^2，在沼气池底部（约 2m 高）预埋热交换盘管，通过太阳能集热装置对发酵池底部循环管内水进行加热，通过热交换对厌氧发酵池内的污水进行温度调节。

上流序批式沼气池运行主要有以下特点：①该上流序批式沼气池与上流式污泥床反应器相比，主要降低了反应器径高比，径高比控制在 1.5 以下，同时减少了三相分离器，增加了出水管路，共有两种出水口分别连接着第一出水管路和第二出水管路；②在第一出水管路上设置竖向短管（增氧装置），利用上流式沼气池出水口跟地面的高度差形成出水强大吸力，在出水口水封的最上端开一个口，然后在口上装一个长度 30 ～ 50cm 的竖向短管，使空气可以和出水充分混合，形成束流，增加沼液溶解氧浓度。

八、黑膜沼气池

（一）恒压排泥黑膜沼气池研发设计

1. 恒压排泥黑膜沼气池设计

黑膜沼气池是在开挖平整好的土方基础上，用 HDPE（聚乙烯）作为底膜和顶膜密封形成的一种厌氧反应器。HDPE 是一种优质的无毒环保的黑膜材质，该材料防渗好，具有颇强的化学稳定性、耐高温低温、耐腐蚀能力，又具有优异的抗老化、抗紫外线、抗分解能力及抗植物根系穿刺能力，优异的抗拉强度与断裂伸长率（表 3-12），非常适用于膨胀或收缩基面，可有效克服基面不均匀沉降等问题。由于黑膜沼气池具有建设成本低、施工简单、建设周期短、运行安全性高、使用寿命长、运行费用低、抗冲击负荷大、运行维护方便等特点，该沼气池近年来在我国迅速发展并被大规模使用。但由于黑膜沼气池单项建设体积大，HDPE 膜现场焊接施工要求高，存在接触焊接不均出现漏气等问题，加上利用沼气的不恒定性，黑膜沼气池顶膜易出现塌陷（图 3-23），以及其体积大，运行过程中沉淀的污泥不易排出，常常堆积板结于沼气池底部，占用了部分的发酵空间，严重影响了沼气池的运行效率及使用寿命。

表 3-12　HDPE 膜属性

项目	厚度 /mm	密度 /g · cm^{-3}	拉伸断裂应力 /N · mm^{-1}		拉伸断裂伸长率 /%		直角撕裂强度 /N	
			横向	纵向	横向	纵向	横向	纵向
检测值	1.5	0.9482	44.6	49.1	726	771	199	196
技术指标	/	≥ 0.939	≥ 40	≥ 40	≥ 700	≥ 700	≥ 187	≥ 187

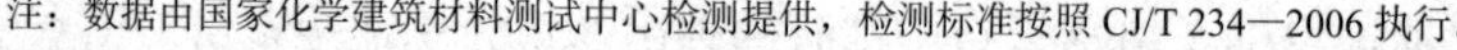
注：数据由国家化学建筑材料测试中心检测提供，检测标准按照 CJ/T 234—2006 执行。

图 3-23　传统黑膜沼气池塌陷图

基于传统黑膜沼气池存在的不足，恒压排泥黑膜沼气池从进料口、出料口、排泥口、出气口及黑膜衔接工艺上，对传统黑膜沼气池进行技术改进，增设恒压系统和改进排泥系统，将传统的单点进、出料改为多点布料和出料工艺，研发出新恒压排泥黑膜沼气池。恒压排泥黑膜沼气池（图 3–24）主要由改进黑膜发酵池、恒压系统和排泥系统三部分组成，粪污多点自动搅拌进入改进的黑膜发酵池中进行厌氧发酵产生沼气和沼液；排泥系统主要负责将池内的污泥及时排出，保障沼气池处理效率；恒压系统则负责调节沼气池内的压力使池压趋于恒定，并保持在 300Pa 的恒定状态，防止其塌陷影响运行效果。恒压排泥黑膜沼气池具体组成设计如下。

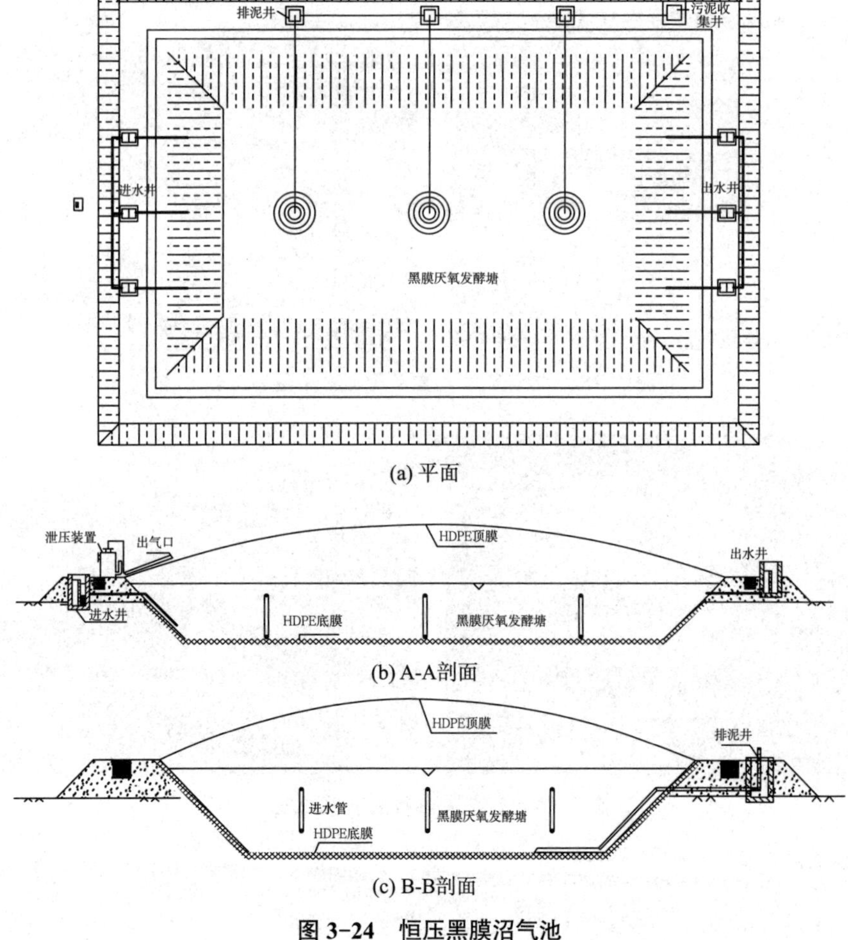

(a) 平面

(b) A-A剖面

(c) B-B剖面

图 3–24　恒压黑膜沼气池

改进黑膜沼气池：为克服传统黑膜沼气池顶膜底膜焊接不均导致漏气现象，本黑膜发酵池以 HDPE 为顶膜和底膜材料，将传统 HDPE 顶膜和底膜热膜封口工艺改为顶膜和底膜水封叠加连接工艺（图 3–25），实现连接处不漏气的目的；改变黑膜沼气池顶膜与底膜间安装出气口、出气管道弯曲易积水形成水封、阻塞气道以及出气管与膜密封不实而漏气问题，本黑膜沼气池的出气口采用耐磨力极强的红泥树软胶材质制造，方便出气口的活动，长期使用不破损漏气；为防止沼气池污泥沉积与“管道”现象，本黑膜发酵池将传统单点进出料工艺改为多点进出料工艺（图 3–26），采用多点方式进行粪污的进料与出料处理，通过多点进料与出料工艺带动沼气池内发酵粪污的无死角搅动，使粪污在池内充分发酵，防止粪污在池内出现“管道”现象，减少发酵空间。

图 3–25　恒压排泥黑膜沼气池水封叠加工艺

图 3–26　多点进出料工艺现场施工

排泥系统：排泥系统主要由排泥管、排泥井、污泥收集井和污泥泵组成（图 3–27）。在沼气池内均匀设计多个排泥口（排泥口之间 8 米距离左右），每个口预埋 DE200PVC 排泥管排，每个排泥管道延伸至排泥井，排泥时将排泥井内的承插管拔起，利用池内的静水压力（大于 1.50m 的水压）排泥，排出的污泥自流进入排泥井，排泥井之间通过 DE200PVC 管道连接，排出的污泥通过连接管道最终排至污泥收集井，后通过污泥收集井内的污泥泵外抽处理，排泥后期将承插管插入排泥管后完成排泥。池内设计多个排泥口以及运行中形成的多个锅型排泥口，使池内多余的污泥及时排出防止污泥沉积占用池内发酵空间，并定时更新了沼气池内的粪污、促进微生物活性、提高了发酵池产沼气效率。

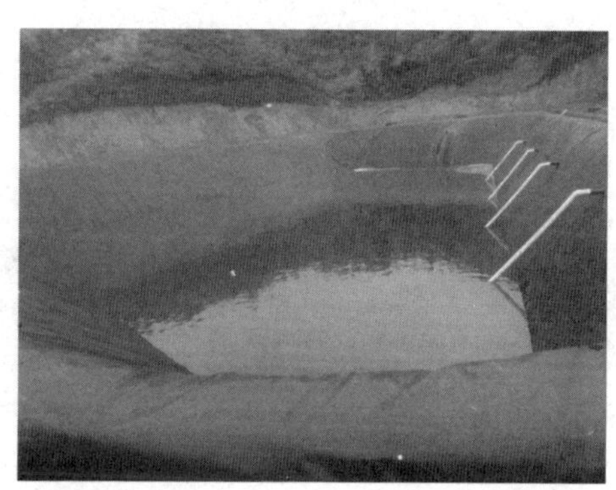

图 3-27　排泥系统

恒压系统：为防止沼气池在使用过程中池内压力不均导致的塌陷或过度膨胀问题，项目设计加装了恒压系统（包括卸压装置等如图 3-28）。该恒压系统由密闭储压筒、进气管、排气管和外接溢流管组成，进气管、排气管固定于储压筒封盖上，进气管连接外部输气管道，排气管上端口敞开与外界相通；水封管连接于筒壁外侧，与储压筒构成 U 形结构，水封管上端口较进气管下端口高出 30mm。筒内盛水，液面与水封管上端口齐平，没过进气管下端口，形成水封，液面上方形成与大气连通的空腔。气体由输气管道输送至卸压装置，在一定的气压作用下筒内液面被迫下降，液体从溢流管排出，直到 U 形结构形成的液位差与输入气体压强相等，水位不再变化，系统保持平衡；当输入气体压强高于 300Pa 时，进气管内液面将降至进气管下端口以下，水封结构被破坏，气体流入空腔，由排气管排出，气压逐渐降低，液体从溢流管返回，筒内液面上升，重新没过进气管下端口，水封自动恢复，保障了沼气池内压力恒定。经过多场实验验证，卸压装置可使黑膜系统内的压力恒定地保持在 300Pa 正常工作范围内，处理气量为 300 ～ 1500$m^3 \cdot d^{-1}$，可有效防止黑膜塌陷。

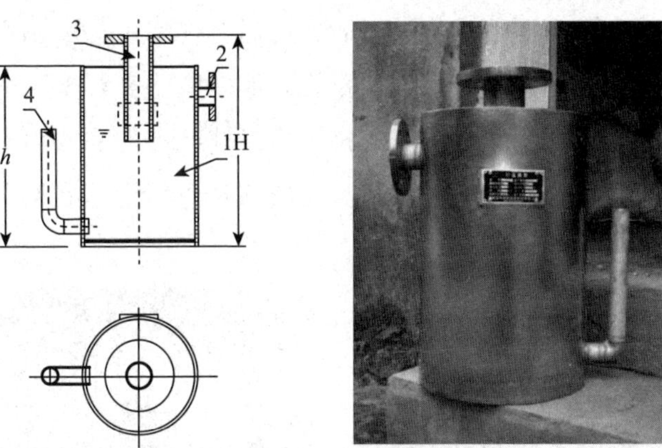

1- 储压筒；2- 排气管；3- 进气管；4- 溢流管

图 3-28　卸压装置结构示意和实物

和普通的黑膜沼气池相比，恒压排泥黑膜沼气池可防止出气口结合不结实、HDPE 底膜和顶膜焊接不均导致的漏气问题，附加的恒压系统的设计有效防止用气导致的黑膜塌陷、裂痕问题，延长沼气池的使用寿命；多点进、出料及排泥系统的设计有效防止污泥的沉积以及发酵池内运行过程中形成的“管道”现象造成有效发酵空间的减少，改进黑膜沼气池实现实时更新池内粪污，有效提高传统黑膜沼气池的产气效率和使用年限。建好的沼气池（图 3-29）在冬季时均可保持池内压力恒定，不出现塌陷漏气问题。

图 3-29　顶膜铺设（左）和建成实物（右）

由于恒压排泥黑膜沼气池克服了传统黑膜沼气池漏气、塌陷、污泥沉积等问题，该款沼气池目前已在我国多处规模养猪场得到大力推广，以福建省华峰农牧科技发展（简称“华峰农牧”）有限公司为案例，进行恒压排泥黑膜沼气池具体工艺介绍。华峰农牧于 2009 年建成投产，设计存栏母猪 2 600 头，猪舍生猪存栏 20 000 头，40% 采用刮粪工艺，60% 采用半漏缝尿泡粪养殖模式，确定污水量约为 240t/d，本项目设计两个恒压排泥黑膜沼气池合计 2.4 万 m^3，每个黑膜沼气池处理水量为 120t/d。

本项目设计总容积约 12 000m^3 恒压排泥黑膜沼气池 2 个，池深 6.5m（有效水深 6m）。底部采用高密度 HDPE 膜（厚度 1.0mm）进行防渗处理，顶上采用高密度 HDPE 膜（厚度 1.5mm）密封，设有排泥系统，定期将沉渣排至污泥收集池。由于该工艺粪污停留时间在 50d 以上，能够最大限度地降解有机物质，减少厌氧污泥的产量，主要建筑见表 3–13，恒压排泥黑膜沼气池如图 3–30 所示。

表 3–13　恒压排泥黑膜沼气池主要建筑物一览表

序号	建筑物名称	建筑形式	规格	数量	单位
1	恒压排泥黑膜沼气池（梯形）	HDPE 材料	梯形上底 50m×50m×8m 梯形下底 25m×25m×8m	24000	m^3
2	进水井	砖混	2.6m×1.2m×1.5m	3	口
3	出水井	砖混	2.6m×1.2m×1.5m	3	口
4	排泥井	砖混	1.2m×1.2m×2.2m	3	口
5	污泥收集井	砖混	2.0m×2.0m×3.2m	1	口
6	卸压装置	不锈钢和其他防腐材料	XY–300S	1	套

图 3–30　恒压排泥黑膜沼气池实物

2．恒压排泥黑膜沼气池运行效果分析

项目于 2011 年 10 月 12 日，在华峰农牧进行了恒压排泥黑膜沼气池的运行效果及取样检测分析，每一样品三次重复，其中 COD 采用重铬酸盐回流法、BOD 采用稀释培养法、NH_3-N 采用纳氏比色法、SS 采用重量法，结果见表 3-14，经恒压排泥黑膜沼气池处理后，猪场粪污出水 COD、BOD 和 SS 的去除率分别为 81%、87% 和 95%，运行处理效果良好。XY-300S 沼气卸压装置的安装，保证了沼气池常年压力恒定在 300Pa，有效防止黑膜塌陷，并保证了黑膜系统内的严格厌氧环境。

表 3-14　恒压排泥黑膜沼气池实际处理效果单位 /mg · L^{-1}

项目	COD	BOD	NH_3-N	SS
进水	15013	8736	950	6620
出水	2850	1105	866	341
去除率（%）	81	87	0	95

（二）产沼气量分析

沼气产生量按照每降解 1kgCOD_{Cr} 产甲烷 0.3 ～ 0.35m^3 计算；其中甲烷含量 65% 的沼气，每立方可发电约 2kWh；夏季温度大于 20℃时，每天沼气产气量计算公式为 =COD_{Cr}（进水 - 出水）× 进水量 ×（0.3 ～ 0.35）/1000/0.65 m^3，冬季理论产气量按夏季的 65% 计算。

华峰场沼气池每天进水量为 226 t · d^{-1}，COD_{Cr} 进水为 15013 mg · L^{-1}，出水为 2850 mg · L^{-1}，根据建瓯的天气情况，气温高于 20℃的天气有 7 个月，低于 20℃的天气有 5 个月（其中气温高于 20℃的天气为 5 ～ 9 月 5 个月，气温低于 20℃的天气为 12 ～ 3 月 4 个月，每年 5 月及 10 月白天高于 20℃，夜间低于 20℃，则折算成高于 20℃天气为一个月，低于 20℃天气为一个月）。根据测算，华峰场周年产气在 39.6 万～ 46.2 万 m^3 之间。具体计算如下（单位 m^3）：

华峰场日产沼气量 =（15013 - 2850）×226×（0.3 ～ 0.35）/1000/0.65= 1269 ～ 1480 m^3。

华峰场周年产气 =（1269 ～ 1480）×213+（1269 ～ 1480）×152×0.65= 39.6 万～ 46.2 万 m^3。

第五节　沼液后处理工艺与设施

在畜禽沼气工程中，粪污经过厌氧发酵工艺后，如果需要资源化利用或者达标排放，还需要进一步处理，因此设计了一个后处理工艺段，在这个工艺段中，主要是将经厌氧发酵后的沼液进一步处理。在能源环保型沼气工程中，后处理工艺段主要是生物好氧处理，粪污经好氧处理后，基本上能达到粪便污水排放的国家标准。而在能源生态型沼气工程中，后处理工艺段主要是指建设可存贮 5 ～ 30d 沼液的贮液池，为沼液的资源化利用提供条件支撑。常规处理模式可以基本解决猪场粪污问题，但无法达到《城镇污水处理厂污染物排放标准》（GB 18918—2002）中的一级 B 污水排放标准。因此，对于有污水外排的养殖场，为了避免排放对环境造成污染，需要采用污水深度处理技术进行最后的处理。

深度处理达标排放模式是指畜禽养殖场的污水治理，以达到国家规定的排放标准，直接排入自然环境为最终目的的污水净化工程。粪污深度处理是粪污经厌氧发酵后，沼液经沉淀、好氧发酵系统、后处理、贮存与利用等处理工艺技术集成。需要较为复杂的机械设备和要求较高的构筑物，其设计、运转均需要具有较高技术水平的专业人员来执行，对出水水质要求最严。如果规模化猪场离城市污水厂较近，出水在达到《畜禽养殖业污染物排放标准》（GB 18596—2001）中排放要求后可以排入城市污水厂与城市污水一起处理。

深度处理达标排放模式工艺特点：①由于进水浓度较低，沼气产量小，遵循以达标排放为主，综合利用为辅的治理原则，有效防止二次污染；②猪舍通常采用干清粪工艺清理出来的猪粪便和固液分离的猪粪渣单独处理，可出售或堆肥发酵生产有机复合肥；③预处理通常采用物理方法去除污水中固形物，有效降低厌氧消化工作负荷；④主体工程投资大、运行费用高，操作与管理技术要求高。许多大型规模化猪场粪污环保达标排放型污水处理工艺，采用主流工艺是厌氧消化 - 生化处理（A/O、A_2/O 等）。

对畜禽养殖场粪污的处理遵循“前端减量，过程控制，末端利用”的原则，根据畜禽养殖场粪污排放量和粪污水质特性，在粪污处理前端进行固液分离，减少后续污水处理量。分离出来的粪渣和前期干清粪的畜禽粪便可以进一步进行堆肥发酵生产有机肥或者回田利用。分离后的污水通过沉淀池和水解酸化池后，进入厌氧发酵池，即一级生化处理，产生的沼气可以自用也可以发电等，沉淀污泥送至污泥储存池经浓缩脱水后堆肥发酵作复合肥利用。如果此时污水还不能达标排放，还需要进入二级生化系统（A/O、A_2/O 等）进行深度处理，污水在此进一步脱磷、脱氮处理后，基本满足排放标准。处理后污水经集水沉淀池后达标外排。

一、气浮固液分离

应用于规模化畜禽养殖场粪污处理气浮系统设备一般与絮凝、混凝药剂一起配套应用，以去除粪污中的悬浮杂质为主要目的。气浮固液分离可以作为生化处理的预处理，保持生化处理进料水质相对稳定，保证生化处理正常运行，也可以放在二级生化处理后面，使得粪污出水达到相关排放标准要求。

市场上的絮凝剂包括无机絮凝剂、有机高分子絮凝剂、微生物絮凝剂和复合絮凝剂 4 大类。在猪场粪污处理中最常用的是 PAC（聚合氯化铝，也称碱式氯化铝，英文为 Polyaluminium Chloride）和 PAM（聚丙烯酰胺，英文为 Polyacrylamide）。利用絮凝剂对物料进行处理，使微小的悬浮固体迅速地聚集，通过气浮可以使得固液分离。

气浮固液分离原理：（1）加药设备对气浮池内的畜禽养殖场粪便污水添加 PAC、PAM 等絮凝剂，絮凝剂可以将粪污中细微悬浮粒子和胶体离子聚集、絮凝、混凝并沉淀至底部，并通过排渣管道排入污泥池内；（2）通过溶气水泵将空气打入气浮设备，并对畜禽养殖场粪便污水加压，使空气在粪污中的溶解度增大，当将溶气的粪污突然减压时，粪污就会释放出大量细微气泡，固形物质等污染物周边就会布满细微气泡，由于细微气泡在污水中向上的浮力作用，固形物等污染物就会被托浮出水面，因此就可以将固形物等污染物和污水分离。

二、沉淀池

畜禽沼气工程中，沉淀池设置在生化处理前端，主要是要去除粪污中的砂砾等比重较大颗粒物质，以减少后续生化处理中的有机负荷。根据粪污流向不同进行分类，沉淀池可以分为平流式沉淀池、辐流式沉淀池和竖流式沉淀池三种。平流式沉淀池是畜禽沼气工程中最常用的一种沉淀池，粪污从池一端流入，按水平方向在池内流动，从另一端溢出，池表面呈长方形，在进口处的底部设贮砂斗。竖流式沉淀池：表面多为圆形，但也有呈方形或三角形，污水从池中央下部进入，由下向上流动，沉淀后污水由池面和池边溢出。辐流式沉淀池：池表面呈圆形或方形，污水从池心进入，沉淀后污水从池周溢出，池内污水也是呈水平方向流动。

三、生物处理工艺

在畜禽沼气工程中，后处理工艺以生物处理法居多。通过微生物或者水生植物的代谢作用，去除粪污中的有机污染物，使得粪污水质得到净化的方法，就是生物处理法。在畜禽沼气工程中，因地制宜设计沼气工程工艺技术，后处理有时候会利用一些自然生态系统，比如水田、鱼塘等处理厌氧发酵后的沼液，这是自然生物处理法，主要包括人工湿地法和氧化塘法。氧化塘的分类常按塘内的微生物类型、供氧方式和功能等进行划分，目前主要包括好氧塘、兼性塘、厌氧塘等。如果通过采取人工强化措施扩繁微生物，并利用这些微生物的代谢活动降解粪污中有机物，使水体得到净化，这样的后处理法就是人工生物处理，主要包括活性污泥法和生物膜法。在畜禽沼气工程中，工艺宜采用SBR、氧化沟、接触氧化工艺等。

（一）活性污泥处理法

活性污泥（activated sludge）是一种由微生物和胶体所构成的絮状体，它包括微生物群体（细菌、真菌和原生动物等）以及它们所吸附的有机物和无机物。活性污泥中对畜禽粪污净化起主要作用的微生物群体是细菌。活性污泥法是以活性污泥为主体的污水生物处理方法。构成活性污泥法的三个要素：①活性污泥，即引起吸附和氧化分解作用的微生物；②污水中的有机物质，即微生物的食物；③溶解氧。活性污泥在曝气过程中，对有机物的降解过程可分为吸附阶段和分解阶段。

曝气池与二沉池是活性污泥法的基本组成。粪污从曝气池进水口流入，同时，二沉池中的部分污泥也回流至曝气池进水口，粪污和污泥混合消解，污泥沉降，上清液从曝气池出水口流入二沉池。粪污净化过程的第一阶段是活性污泥吸附有机物质，第二阶段是微生物通过代谢作用分解有机物质，这两个过程都统一在曝气池中连续进行，进水口有机物浓度高，出水口有机物浓度低。

活性污泥对污水的净化作用基本原理可归纳为吸附、分解和絮凝沉淀三部分。①吸附作用。活性污泥具有较大的比表面积和很大的吸附力，因为微生物的代谢活动会分泌多糖类，包裹在活性污泥表面形成黏质层。在活性污泥与粪污混合后，由于多糖类黏质层在很短时间内大量吸附粪污中的有机质，因此，在初期，活性污泥法对粪污有机物的去除主要通过吸附作用。②分解作用。畜禽粪污中的高浓度有机物质为活性污泥微生物生长繁育提供了足够的营养，当在有氧条件下，微生物通过自身的代谢作用，将粪污中部分有机物质合成为新的细胞物质，同时将粪污中部分有机物转化为稳定的无机物，使粪污得到净化。③絮凝作用。微生物代谢过程中合成了新的细胞物质，形成了新的菌体和多糖类黏质层。因为重力作用和菌体吸附作用，菌体和粪污中固形物质形成絮状沉淀，从而将菌体从水体中分离出来。

活性污泥法的主要类型有：短时曝气法、序批式活性污泥（SBR）法、完全混合法、吸附生物降解（AB）法、阶段曝气法以及延时曝气法等。

（二）生物膜处理法

生物膜法是一种重要的生物处理方法，它利用附着在惰性材料表面的微生物群落形成微生物膜，再利用微生物代谢降解有机物。

生物膜法和活性污泥法有显著的区别。生物膜法中用于处理粪污的微生物主要是固定在惰性材料表面的微生物，它包括了表面的好氧微生物、中间的兼性微生物和内部的厌氧微生物；活性污泥法中用于处理粪污的微生物主要是悬浮在粪污中的微生物，它主要是好氧微生物。

生物膜法在处理粪便污水时，主要是通过污水和生物膜的相对运动，进行固液两相的物质交换，在生物膜内对有机物生物降解，以及膜内微生物生长和繁殖。通过生物膜吸附、吸收以及分解作用，不断净化污水，同时不断合成新的细胞物质，生物膜逐渐变厚。当生物膜厚度达到一定规模时，生物膜内层形成厌氧层，厌氧层逐渐扩大增厚，随后造成生物膜整块脱落。惰性材料表面又开始生成新的生物膜，如此往复不断、循环更新，从而使污水得到净化。

应用生物膜法处理污水的构筑物主要有：生物滤池、生物转盘、接触氧化池等。

（三）氧化塘处理法

氧化塘法是利用自然界中存在的微生物、植物和动物的代谢活动来降解污水中有机物的方法。

国外氧化塘法应用比较多的生物是菌类和藻类。国内氧化塘法应用比较多的生物主要有菌类、藻类、水生植物、浮游生物、低级动物、鱼、虾、鸭、鹅等，将污水处理与资源化利用相结合。

氧化塘处理法中，按照优势微生物种群对氧的需求程度，可以将氧化塘分为好氧塘、兼性塘、曝气塘和厌氧塘等。

1．厌氧塘

厌氧塘净化水中有机质的速度慢，污水在氧化塘中停留的时间最长可达 30 ～ 50d。当水体中有机质含量高，有机物在厌氧发酵细菌代谢作用下被分解产生沼气，沼气将污泥带到水面形成了一层浮渣，浮渣阻止了光合作用，维持水体的厌氧环境。

2．曝气塘

氧水面或者水中安装有曝气设备的氧化塘，即是曝气塘。曝气塘水深为 3 ～ 5m 左右，在一定水深范围内水体可维持好氧状态。曝气塘水力停留时间为 3 ～ 8 d，曝气塘 BOD 负荷为 30 ～ 60g · m^{-3}，BOD_5 去除率平均在 70% 以上。

3．兼性塘

兼性塘一般水深在 0.6 ～ 1.5m，阳光可透过塘的上部水层。因此，藻类可以进行光合作用，从而产生氧气，使得水体上层含氧量高。而在池塘中下部，由于阳光照射有限或者照射不到，藻类无法存活，同时大气层中的氧气也难以进入池塘中下部，导致池塘中下部水体处于厌氧状态，沉积在底层的固形物和死去的藻类通过厌氧微生物代谢作用被分解。

兼性塘水力停留时间一般为 7 ～ 30d，BOD 负荷为 2 ～ $10g \cdot m^{-2} \cdot d^{-1}$，BOD 去除率为 75% ～ 90%。

4．好氧塘

好氧塘设计池深一般为 0.2 ～ 0.4m。阳光可以透过水面，直接照到塘底，因此好氧塘生长大量的藻类，通过藻类的光合作用产生大量氧气，另外空气中氧气也可以溶入水面，因此整个氧化塘充满了氧气。在好氧环境下，好氧塘中的好氧细菌在代谢作用下将有机物转化为无机物和新的细胞物质，从而使污水得到净化。好氧塘容积有机物负荷较低，水力停留时间一般为 2 ～ 6d，BOD 的去除率可达到 80% ～ 90%，塘内几乎无污泥沉积，主要用于污水的二级和三级处理。

5．水生植物塘

水生植物塘主要是通过水生植物的生长活动，达到污水净化目的。对于水生植物塘中水生植物的选择，首选的就是耐污能力强的品种，比如水葫芦、绿萍、芦苇、水葱等。水生植物对污水的净化途径是：①吸收—贮存—富集大量的有机物，将有机物和矿物质转化为植物产品；②捕集—积累—沉淀水体有机物；③在水生植物根系表面形成大量生物膜，利用生物膜中微生物吸附降解水体有机物。

6．养殖塘

养殖塘是在水生植物塘的基础上，引入了动物水产放养，形成了一个生态食物链系统，从而达到污水处理目的。养殖塘深度一般为 2 ～ 3m。目前养殖塘主要养殖各种鱼类、螺和蚌、鸭和鹅等水禽。在利用养殖塘处理污水时，采用多塘串联为宜，养殖塘适合于处理富含有机质但不含重金属和累积性毒物的污水。

（四）土地还原处理法

将经过处理的畜禽粪污回用到农田，利用植物和土壤中微生物去除污水中有机物的方法，即土地还原处理法。在应用土地还原处理法时，应该要注意防止过量施用污水引起农作物减产和季节性施肥。在使用土地还原处理法处理污水时，需采取以下 2 个措施。首先应注意在坡地上施肥时，要在斜坡下方挖沟或者设置草地和灌木丛缓冲隔离带，以防止土壤养分流失；其次应注意畜禽粪污排放到农田时，防止高氮高磷的畜禽污水渗漏到地下。

（五）人工湿地

人工湿地主要是应用物理作用、化学作用和生物作用的原理，通过将土壤、人工材料、植物和微生物联合起来，对污水进行处理的一种技术。其作用机理包括吸附、滞留、过滤、氧化还原、沉淀、微生物分解、转化、植物遮蔽、残留物积累、蒸腾水分和养分吸收及各类动物的作用。它是一个综合的生态系统，它应用生态系统中物种共生、物质循环再生原理，结构与功能协调原则，在促进废水中污染物质良性循环的前提下，充分发挥资源的生产潜力，防止环境的再污染，获得污水处理与资源化的最佳效益。

第六节　多阶段粪污深度处理集成系统工艺

一、多阶段粪污深度处理集成系统工艺介绍

为达到对规模猪场粪污进行治理的目的，集成水解酸化池（池内含表曝机、潜污泵、浮球液位控制装置及泵提升装置）—一级混凝沉淀池—A/O 处理系统（含缺氧池 – 好氧池 – 二级沉淀池）—深度处理系统（包括中间池、高效混凝沉淀池、催化池、脱气池、混凝池、沉淀池）对污水进行多阶段深度处理。

1. 水解酸化池分解大分子物质

经过各种沼气池出来的污水，含有难降解的大分子物质。因此项目设计了沼液水解酸化处理池，池内新增表曝机、潜污泵、浮球液位控制装置及泵提升装置。通过补充碳源和曝气处理，可将厌氧沼气工程发酵后的大分子物质分解为小分子中间体。

2. 一级混凝沉淀池和一级沉淀池

在池内投加聚丙烯酰胺（PAM）等絮凝剂，混凝池均设机械搅拌装置进行混凝反应，提高厌氧出水中悬浮物的沉降性能。该工艺有利于提高在后续一级沉淀池中的沉淀去除效果，有效去除污水中 SS 及 COD_{cr}，同时可去除部分 P，降低后续处理的有机负荷。沼液经絮凝混凝后，经过一级沉淀池进行泥水分离，沉淀的污泥排至贮泥池，上清液进入后续处理系统，降低后续处理的有机负荷。

3. 沼液 A/O 处理工艺

经过沉淀后的沼液再进行 A/O 发酵工艺使污水中 N、C、P 得到充分的去除。经过酸化和 A/O 工艺后，污水 COD、BOD 去除率可达 93.5%、95%，NH_3-N 和 SS 去除率可高达 99%、91%。

4. 高效混凝法深度处理系统

该工艺设计催化－脱气－混凝－沉淀池，将经 A/O 工艺处理及沉淀后的污水进行处理，并最后进行消毒处理，污水出水水质 COD、BOD、NH_3-N 和 SS 低于 150、30、8 和 10（$mg \cdot L^{-1}$），实现达标排放。整个运行过程采用 PLC 自动控制系统，大大减低了人力成本。

二、多阶段粪污深度处理集成系统工艺应用实例

为达到对规模猪场粪污进行治理的目的，项目以福建省某公司规模化养猪场为例，集成水解酸化池（池内含表曝机、潜污泵、浮球液位控制装置及泵提升装置）—一级混凝沉淀池—A/O 处理系统（含缺氧池－好氧池－二级沉淀池）—深度处理系统（包括中间池、高效混凝沉淀池、催化池、脱气池、混凝池、沉淀池）对沼气池出水污水进行多阶段深度处理。

沼气池流出经过水解酸化塘降解处理、混凝剂及絮凝剂投放及沉淀后将污

泥排除，减低后续处理负荷，上清液经过缺氧与好氧池，进行硝化及脱硝处理，利用二类微生物于无氧与好氧之组合程序下，除可分解污水中之有机物外，将氮化物进行生化代谢作用转为无害的氮气，最后氮气即可溢散于大气中，达到去除氨氮的目的。去除有机质及氨氮的污水，因含有大量难降解的污染物，最后通过高效混凝方法进行深度处理，脱色及消毒后达到达标排放的目的。具体工艺流程如图 3-31 所示，主要建筑和设备见表 3-15、表 3-16。

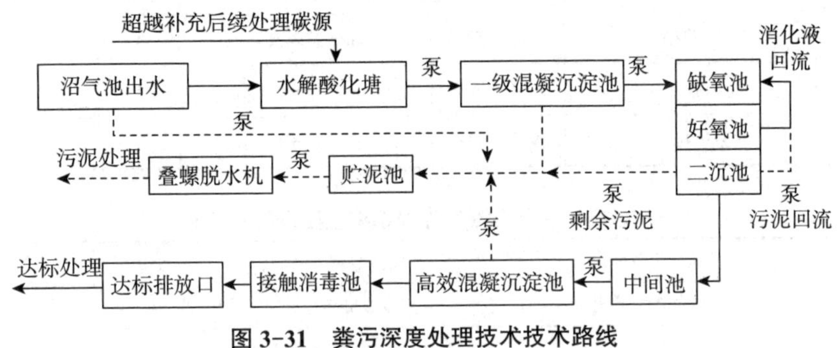

图 3-31　粪污深度处理技术技术路线

表 3-15　好氧及深度处理系统主要建筑物一览表

序号	建筑物名称	建筑形式	规格	数量	单位
1	水解酸化塘	砖混	$5000m^3$	1	口
2	一级混凝池	钢砼	1.2m×1.2m×2.5m	2	口
3	一级沉淀池	钢砼	5.5m×5.0m×5.5m	1	座
4	缺氧池	钢砼	7.25m×7.25m×5.5m	2	座
5	好氧池	钢砼	7.25m×21.0m×5.5m	2	座
6	二沉池	钢砼	5.5m×5.5m×5.5m	1	座
7	中间池	钢砼	2.0m×5.5m×5.5m	1	座
8	催化池	钢砼	5.5m×1.5m×5.5m	1	座
9	脱气池	钢砼	4.3m×1.2m×5.5m	1	座
10	混凝池	钢砼	1.2m×1.2m×2.5m	1	座
11	沉淀池	钢砼	5.5m×6.0m×5.5m	1	座
12	接触消毒池	钢砼	5.5m×1.2m×5.5m	1	座
13	排放口	钢砼	4.5m×1.5m×0.6m	1	座

续表

序号	建筑物名称	建筑形式	规格	数量	单位
14	贮泥池	钢砼	5.5m×3.45m×5.5m	1	座
15	污泥堆场	砖混	8.0m×6.0m	1	座
16	溶药池一	砖混	2.1m×1.5m×1.5m	4	座
17	溶药池二	砖混	2.1m×2.0×1.5m	2	座
18	贮药棚	砖混＋钢架	6.0m×5.0m×3.0m	1	座
19	电气控制室	砖混＋钢架	3.5m×5.0m×3.0m	1	座
20	鼓风机房	砖混＋钢架	6.5m×5.0m×3.0m	1	座

表 3-16　好氧及深度处理系统主要设备一览表

序号	设备名称	规格型号	数量	单位
1	水车式增氧机	功率 1.5kW	3	台
2	水解塘潜污泵	F-32TU（包含 2 套浮球液位，2 套泵提升装置 BT-500/1500）	2	台
3	一级混凝池加药泵	GM420/0.5（0.55kW，含背压阀、Y 型过滤器、压力表、空气搅拌系统）	2	台
4	一级混凝池机械搅拌装置	非标	2	套
5	一级沉淀池排泥泵	ZWL50-10-20	1	台
6	一级沉淀池中心导流装置	Φ315，非标（不锈钢 +PVC）	1	套
7	缺氧池潜水搅拌机（含安装系统）	QJB3/8-400/3-740/S（不锈钢）	2	台
8	好氧池罗茨鼓风机	FSR-200A-37（1 用 1 备）	2	台
9	鼓风机变频器	AD800-37KW/4	2	套
10	好氧池微孔曝气盘	ZX-215	1008	个
11	好氧池曝气管道调节架	Φ**65**	564	个
12	硝化液回流泵	F-33U（2 套泵提升装置 BT-500/1500）	3	台
13	二沉池污泥回流泵	ZWL50-20-15	2	台
14	二沉池中心导流装置	Φ315（不锈钢 +PVC）	1	套
15	中间池潜污泵	F-31U	2	台
16	FeSO4 溶药机械搅拌	非标	2	套

续表

序号	设备名称	规格型号	数量	单位
17	催化氧化 H^2O^2 加药计量泵	GM240/0. 5（0.55kW，含背压阀、Y 型过滤器、压力表、JY1500L 溶药箱、空气搅拌系统）	1	套
18	催化氧化 FeSO4 加药计量泵	GM500/0.3（0.55kW，含背压阀、Y 型过滤器、压力表空气搅拌系统、）	1	套
19	酸碱探头	PH-210（调酸调碱各 1 套）	2	套
20	高效混凝调酸碱计量泵	GP-286（配转子流量计 LFS-15（25 ～ 250L/H））	2	套
21	PAM 加药计量泵	GM240/0.（0.55kW，含背压阀、Y 型过滤器、压力表空气搅拌系统）	1	台
22	二级混凝池机械搅拌装置	非标	1	套
23	二级沉淀池排泥泵	ZWL50-10-20	1	台
24	接触消毒池加药系统	GM320/0.5（0.55kW，含背压阀、Y 型过滤器、压力表、JY1000L 溶药箱、空气搅拌系统）	1	套
25	贮泥池排泥泵	F-05U（含 1 套 BT-500/1500（液位探针）	1	台
26	叠螺脱水机（含加药装置 2 套）	ANK-301	1	套
27	主机电控柜	ANK-301	1	套
28	污泥脱水药剂泵	GP-386	2	套

（一）难降解有机物酸化处理工艺

1. 水解酸化塘

用于收集黑膜出水或者碳源补充水，调节水量，均匀水质。在无能耗的条件下将黑膜出水及超越过来补充碳源的水中大分子有机物分解为小分子的中间体，使难生化降解物质转变成容易生化处理的物质，提高污水的可生化性。池内新增表曝机、潜污泵、浮球液位控制装置及泵提升装置。

2．一级混凝沉淀池

设计一级混凝沉淀池和一级沉淀池，在池内投加混凝剂及絮凝剂，混凝池均设机械搅拌装置进行混凝反应，提高黑膜发酵塘出水中悬浮物的沉降性能。该工艺有利于提高在后续一级沉淀池中的沉淀去除效果，有效去除污水中SS及COD_{cr}，同时可去除部分磷，降低后续处理的有机负荷。沼液经絮凝混凝后，经过一级沉淀池将污泥分离出来，沉淀的污泥排至贮泥池，上清液进入后续处理系统，降低后续处理的有机负荷。

（二）沼液A/O处理工艺

1．沼液缺氧处理

项目建设缺氧池如图3-32所示。用于接收二沉池回流污泥和好氧池末端回流的硝化混合液，与水解酸化池出水混合，池内安装潜水搅拌机将污泥和污水充分混合，在缺氧（$DO < 0.5mg \cdot L^{-1}$）条件下，反硝化菌利用污水中有机物（碳源）将回流硝化液中的硝态氮通过生物反硝化作用转化为氮气逸到大气中，实现脱氮，同时在反硝化过程中补充污水碱度。

图3-32　缺氧池

2．沼液好氧处理

项目建立好氧曝气池如图3-33所示。池底安装微孔曝气器，通过鼓风曝气，微孔曝气器对处理污水进行供氧，同时通过气泡上升对污泥和污水起到搅拌作用，保证了好氧细菌活性和泥水混合效果，促使水中有机物被充分降解得以去除。通过硝化菌的硝化作用将污水中氨氮转化硝态氮，同时活性污泥中的聚磷菌在此过量吸收污水中的磷酸盐，以聚磷的形式积聚于体内并在二沉池以剩余污泥排出污水处理系统以达到除磷效果。氧化池末端安装硝化液回流泵及泵回流自控装置，硝化混合液回流至缺氧池进水端（硝化液回流比≥ 400%）。

图 3-33　好氧曝气池

3．*沼液二次沉淀处理*

建立二沉池，将好氧池出水在此进行泥水分离，回流活性污泥至缺氧池进水端（污泥回流比约 100%），并排除剩余污泥至贮泥池，上清液进入后续处理设施。

（三）深度处理系统

深度处理系统包括中间池、高效混凝沉淀池、催化池、脱气池、混凝池、沉淀池、接触消毒池以及 PLC 粪污处理智能化自控系统，如图 3-34 所示。

图 3-34　深度处理系统

1．水量调节处理

设计中间池，收集二沉池出水，调节水量，使深度处理系统水量均匀。池内安装潜污泵及泵提升装置。

2．高效混凝法深度处理沼液

由于该养殖污水特性，好氧处理系统出水仍然含有大量难生化降解污染物，通过高效混凝方法能进一步有效去除此类污染物，同时可对污水进行脱色。项目设计高效混凝法处理沼液，构筑物分别如下。

催化池：池内安装穿孔搅拌，用于降解难降解物质。

脱气池：用于脱去催化反应在絮体内的气泡以提高后续混凝效果。

混凝池：池内设置机械搅拌。通过机械搅拌，使得投加的 PAM 药剂和污水完全混合，充分反应，提高絮凝效果。

沉淀池：沉淀池底部设置锥形污泥斗，现浇半地下式钢砼结构。池内设置斜管，以提高混凝沉淀效果，沉淀污泥抽至贮泥池，上清液出水进入后续处理。

3．污水消毒处理

设计建设接触消毒池。消毒处理，可在接触消毒池进水口投加次氯酸钠药剂，通过搅拌让药剂与污水充分混合，即可灭杀污水中绝大多数的致病虫卵、病原微生物等，例如蛔虫卵、大肠杆菌等。

4．处理污水排放

设计排污口，用于污水经处理后最终排放前的水质采样检测和计量，设计增配流量计及在线监测仪等监测设备，实时在线监测污水排放达标情况。

（四）粪污处理智能化自控系统

针对福建省某公司规模化养猪场的多阶段污水深度处理系统，设计 PLC 软件控制系统，在该系统中 PLC 为核心控制器，它通过检测面板上按钮的输入、各类传感器的输入，以及相关模拟量的输入，完成相关设备的运行、停止和调速控制，同时还可以对整个系统的工作流程进行监控。污水处理 PLC 控制系统总体框图如图 3–35 所示。

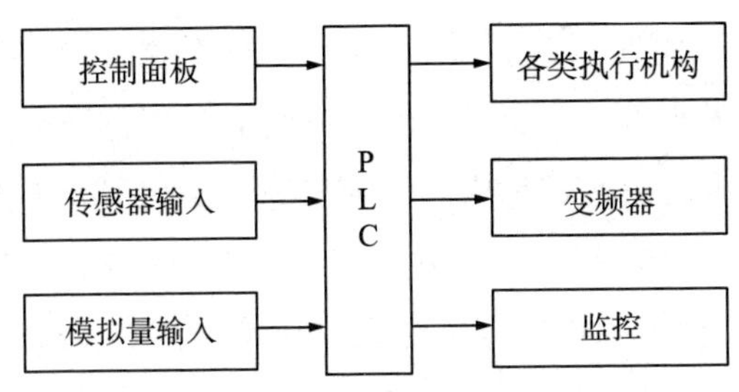

图 3-35　PLC 控制系统总体框图

PLC 控制系统包括：①好氧处理系统内的水解酸化池潜污泵自控装置、一级沉淀池排泥自控装置、潜水搅拌机自控装置、曝气系统控制装置、混合液回流自控装置、混合液消泡自控装置、二沉池排泥自控装置、加药自控装置；②深度处理系统内的中间池潜污泵液位安全装置、催化氧化池潜加药自控装置、二级混凝池机械搅拌自控装置、加药自控装置、沉淀池排泥自控装置及消毒加药自控装置；③贮泥池排泥泵自控装置；④通过对终端出水的自动检测分析，调整水解酸化池碳源补充及各设备的运行时间，使污水最终达到排放标准。

（五）运行效果分析

项目于 2018 年 9 月 8 日在福建省某公司规模化养猪场进行了运行及采样分析，经过 A/O 处理后及深度处理后，各指标见表 3-17。粪污经深度处理后，各指标均低于《农田灌溉水质标准》旱作排放浓度。

表 3-17　多阶段深度处理工艺应用效果分析

项目	指标	COD/mg · L^{-1}	BOD/mg · L^{-1}	NH_3-N/mg · L^{-1}	SS/mg · L^{-1}
A/O	进水	2780	1050	876	330
	出水	178	50	8	30
	去除率 /%	93.6	95	99	91
深度处理	进水	178	50	8	30
	出水	147.2	28.6	7.6	9.8
	去除率 /%	17.3	42.8	5	67.3
《农田灌溉水质标准》旱作标准		≤ 200	≤ 100	80	≤ 100

注：污水水质排放标准采用《农田灌溉水质标准》（GB 5084-2005）旱作标准，其中氨氮、总磷参照《畜禽养殖业污染物排放标准》（GB 18596-2001）中的集约化养殖业水污染物最高日均排放浓度执行。

养殖业的规范化发展与整治，对养殖业粪污治理工程达标排放以及废弃物资源化利用有了更高要求。为达到对规模猪场粪污进行治理的目的，项目以福建省某公司养猪场为例，通过集成水解酸化池（池内含表曝机、潜污泵、浮球液位控制装置及泵提升装置）——一级混凝沉淀池—A/O 处理系统（含缺氧池 - 好氧池 - 二级沉淀池）—深度处理系统（包括中间池、高效混凝沉淀池、催化池、脱气池、混凝池、沉淀池）对沼液污水进行多阶段深度处理，并采用 PLC 系统对好氧深度阶段处理进行自动控制。经处理后，猪场污水出水水质 COD、BOD、NH_3-N 和 SS 分别低于 150、30、8 和 10（mg · L^{-1}），均低于《农田灌溉水质标准》旱作排放浓度，实现了猪场粪污的有效治理。

第七节　沼气工程综合治理与利用模式

一、沼气生态牧场模式

以沼气工程为纽带，建立生态牧场。1983 年，“以沼气为纽带，建立生态牧场的研究”项目由福建省农科院申报福建省环保局立项，在福建省农科院畜牧兽医研究所试验牧场建立沼气池 27 口，总容积 1 205m^3，对全场猪、牛、羊、鸡粪便进行处理，年产沼气 7.3 万 m^3，输送到 1 公里外的院食堂作燃料使用，每年节约标准煤 200t；同时，进行沼气发电、作汽车燃料、沼渣养蚯蚓种蘑菇、沼液放养胡子鲶等试验均获得成功，并在省内 15 个点和南京市乳牛场、深圳光明乳牛场进行示范推广。1989 年获农业部农村能源及环保优秀成果三等奖，1982 年“沼气长距离输送研究”获省科技成果四等奖。

二、沼气生态能源村

以万头猪场沼气工程为依托，建成福建省第一个生态能源村。1985 年，由时任副省长王一士亲自定点在福建省福州市郊区泉头村万头猪场建沼气池 1 250m^3，沼气供全村 106 户作生活燃料、沼渣种果、沼液养鱼，做到良性循环。工程于1986年7月完工，泉头村成为福建省第一个生态能源村。时任福建省委书记、省长及副省长均到场召开了现场会。书记、省长、副省长作了重要批文，《福建日报》1986年7月25日头版头条作了报道并发表了短评。

在泉头村建成我省第一个生态能源村的基础上，1991年第二期建成两座350m^{3}上流式厌氧发酵塔（UASB，图3-36）和300 m^{3}贮气柜（图3-37），沼气用于发电（两台沼气发电机，功率分别为45kW和75kW），产生电用于猪场饲料加工、照明，沼渣用于种果、栽培食用菌，沼液用于养萍、养鱼，达到物质、能量良性循环。1994年被国家环保局评为一等农业生态技术。

图3-36 上流式厌氧发酵塔

图3-37 沼气贮气柜

三、丘陵山地沼肥资源化高效利用技术模式

以沼气工程为基础，实施丘陵山地果 / 茶“沼液水肥一体化浇灌”。丘陵山地的“猪—沼—果 / 茶”生态种养循环农业模式以延平区茫荡镇坎下果场为典型示范点。该果场位于闽赣古道三千八百坎脚下，西北面向石佛山，生态环境良好。果场距市区 8 公里，交通十分便利。延平区瓯柑标准化示范区连片面积 300 亩，其中瓯柑面积 250 亩，养猪场面积 50 亩，年存栏母猪 500 头，生猪 4 500 头，年出栏 1 万头，日排放畜禽粪便污水 100t。

（一）主要技术措施

项目充分发挥果场地理优势，加强集成种植养殖场技术示范应用。①果园道路及场房建设：果园主干道与园间机耕路相互贯通，全长 1 500m。农资及果品运输便利，场部管理房建筑面积 770m²，保鲜库及仓库 440m²，基本满足果场管理和柑橘保鲜需要。②果园灌溉设施：坎下果场灌溉用水引自三千八百坎的山泉水，引水管道全长 2 200m，山顶建有 400t 的蓄水池，完全可以满足 250 亩瓯柑灌溉用水。园内布局 6 条灌溉管网，全园基本实现节水滴灌。③瓯柑生产主推技术：一是推广“猪—沼—果”生态种养模式；二是实施无公害栽培，主推太阳能杀虫灯；三是推广柑橘叶片营养诊断与配方施肥技术；四是增施有机肥，沼液全园滴灌；五是实施柑橘减量化综合防治病虫害技术，严禁使用高毒、高残留农药，大力推广高效低毒的生物农药。

近年来坎下果场先后投资 500 万元，基本完成果园道路、管理房、保鲜库、灌溉设施等建设，果园基本设施完善，水、电、路、通信畅通；大力推广农业“五新”技术，瓯柑果品产量与质量不断提升，2011 年被列为高标准示范果园。与茫荡镇牧业发展有限公司合作投资 2 000 万元在果园山顶建养猪场，年饲养母猪及商品猪近万头。截至目前，茫荡镇牧业发展有限公司母猪存栏 500 多头，菜猪存栏 4 500 头，所排泄肥料均进入沼气池，沼液沼渣用于灌溉果场的瓯柑。沼液沼渣通过 2 000 多米管网浇灌，每次浇灌沼液沼渣达 8h，每次浇灌沼液沼渣 300m³；新建果场环山绿色长廊 5km，种植猕猴桃 800 株、葡萄 1 000 棵，开设瓯柑、葡萄、猕猴桃自助采摘游。

（二）实施成效

坎下果场实施沼液水肥一体化浇灌，推广柑橘叶片营养诊断与测土配方施肥技术，加强病虫害统防统治，建立农产品质量安全管理制度，推广无公害柑橘生产技术，加强果品采后处理，2015 年坎下果场瓯柑产量达 350t，亩增产 220kg，总产值较上年度提高 15%，优质果率达 95% 以上，增收 12.265 万元，果品价值每公斤提高 0.4 元，全场增加产值 14 万元；农药使用量减少 30% 以上，节约化肥、农药成本 8 万元，沼气工程年产沼气 16.425 万 m^3，节约能源支出 16.425 万元，种养殖业年增收节支 50.69 万元。

茫荡镇牧业发展有限公司投资 300 万元建设沼气治污工程，沼液用于浇灌果树，沼气集中供给农民作生活燃料，养猪场环境卫生得到了极大的改善。坎下果场推广“猪—沼—果”生态循环农业模式，利用沼液浇灌果树，果园套种绿肥，实施生草覆盖栽培，改善果园小气候，保护有益天敌，减少地表径流，提高土壤肥力，从而提高瓯柑果品的产量与质量。产生的沼气集中供给猪场及筠竹村 125 户农民作生活燃料使用，减少农村木材燃料消耗，保护森林资源，生态环境效益极佳。

坎下果场通过实施“猪—沼—果”生态种养农业循环模式，每年可为市场提供安全、营养的优质瓯柑 350 吨，果场每年可增收节支 34.26 万元，解决农村劳动力就业 30 人，辐射带动全区推广“猪—沼—果”示范面积 5 万亩，提升延平区柑橘产业和生猪产业的发展水平，实现“猪—沼—果”农业生态种养的良性循环。

四、南方丘陵区小平原的“猪—沼—菜”立体种养模式

南方丘陵区小平原的“猪—沼—菜”立体种养模式以南平市科诚牧业发展有限公司为例。南平市科诚牧业发展有限公司成立于 2011 年 3 月份，位于松溪县郑墩镇南坑村白下坑，项目规划用地面积 1200 亩，猪舍 20 多幢，办公大楼 1 幢 2 500 m^2，智能饲料加工厂一座约 2000m^2；存栏母猪 2 000 头，年出栏生猪 4 万头，年排放畜禽粪便污水达 10.95 万 t。

（一）立体种养模式主要技术措施

基于科诚牧业的基本条件，公司实施了“猪—沼—菜 / 果 / 鱼”的立体生态种养模式，建立大型厌氧沼气池，总体容积达 2 万 m^3，沼液肥用于周边鱼塘、农田、果茶园和新铺生态农业园，建设成一家集“生态养殖—饲料加工—果蔬林木—生态观光”为一体的现代农业示范园区。

主要生态技术：①漏缝地板猪舍建造。现阶段完成猪舍建设 20 幢，共计 10 200 m^2。漏缝地板猪舍利用水泥柱架高，采用全漏缝式板养殖，粪便从漏缝板掉入储粪池，栏面下配套专门粪便地沟，以贮存尿液、粪便和实行尿泡粪并做到定时排放和进行固液分离，尿液进入沼气池发酵，粪渣置入贮粪池。猪舍可实现猪栏地面免冲洗，从而减少污水排放量 70% 以上。②机械刮粪猪舍建设。建设 1 幢 5 层立体刮粪猪舍，刮粪式猪舍利用漏缝地板猪舍的原理，在栏下堆粪。过道改成斜坡道和排沟，粪便与尿液分离。猪舍栏下通过安装牵引调整架、拉杆、刮粪板、侧板等装置，并在刮粪板上安装有刮板转轴与侧板机构上的支撑短轴相连，利用一台电机一个按键即可运行刮粪板，粪便刮至储粪池内。通过机械化清粪，可降低人力劳动强度，同时减少污水排放量 80% 以上。通过建设 2 万 m^3 的黑膜沼气发酵系统，黑膜采用优质 HDPE 材料，由底膜和顶膜密封形成一个厌氧反应器，粪便通过黑膜沼气系统进行发酵。污水通过沼气池发酵，产生的沼气，购置沼气发电机 200kW 发电机组进行发电，每年可发电 75 万 kW，节约成本 50 多万元。配备固液分离机 2 台。③建设日处理污水 300t 的污水达标处理系统，总占地 2 500 m^2。养殖污水建污水管至处理站，采用固液分离 + 厌氧 + 人工湿地 + 氧化塘处理达《农田灌溉水质标准》（GB 5084–2005），作为农业灌溉水综合利用；建立灌溉管网 4 200m，将经处理后的沼液引入 400 亩生态茶园、50 亩猕猴桃园、100 亩葡萄园、120 亩蔬菜园和新铺生态农业园及鱼池内，既解决了养殖场的污染问题，又可促进果、茶、林、蔬菜种植业发展，促进养鱼业效益的提高。有利于改善生态环境和保持生态平衡，实现生猪产业化的可持续发展。

（二）立体种养模式实施成效

沼气项目工程日可产沼气达 3 000 m^3，年发电 75 万千瓦时，加工有机肥 1.5 万吨，节约成本 50 多万元。沼肥引入 400 亩生态茶园、50 亩猕猴桃园、100 亩葡萄园、120 亩蔬菜园、新铺生态农业园、30 亩鱼池、1 200 亩农田等，为果、茶、林、蔬菜种植业发展提供良好的有机肥料，年节约肥料成本约 60 万元，节约养鱼成本 6 万元，三项合计节支增效 116 万元。

该模式的实施，年处理畜禽粪便 5 万吨，实现了生态养殖、绿色发展、循环利用、变废为宝的畜牧业发展的方向，有助于促进养殖业废弃物资源利用，实现了企业养殖业废弃物的资源化、减量化、效益化。

通过本模式的实施，产生了良好的经济和生态效益，在当地及周边形成了企业的积极形象，促进了观光休闲农业产业的形成，带动了周边农村的发展。

五、家庭农场生态循环农业模式

以生产、加工和销售为一体的家庭农场生态循环农业模式以浦城县三源农业家庭农场为示范点。浦城县三源生态农场由经商回乡青年林建辉于 2009 年创办，向仙阳镇三源村流转稻田、山场 55 亩，建设养殖场存栏母猪 150 头，年出栏仔猪 2 600 头，日排放粪便 15.25 吨。

（一）生态循环农业模式主要技术措施

项目按环保要求建设标准猪舍及生态养殖循环系统，舍顶采用双层彩钢保温材料，舍壁建水帘降温系统，内空建纵向通风系统，使猪舍夏天防暑降温，冬天防寒保暖。采取“农场＋基地＋农户”的组织方式，在猪舍附近，建了沼气池 376 m^3，将猪舍粪便污水排泄流进沼气池，经过厌氧发酵，沼渣、沼液用于种菜、种果、种树、种稻，沼气除用于菜园、猪舍保温照明，还提供给周边农户作燃料。通过山地改良，种植了樱桃、桑葚、丹桂、酸枣等 1 000 多株、西瓜 30 多亩。建设蔬菜大棚 11 个，每个大棚 320m^2，蔬菜种植 25 亩，稻田 25 亩，鱼塘 15 亩，在山地养鸡、田沟养鸭，水鸭 200 只，鹅 200 只，鸡能捕食害虫，吃掉杂草，节省人工锄草，减少病虫害，鸡粪作肥，避免使用化肥、农药。蔬菜的枯叶黄叶养黄粉虫，黄粉虫又作为鸡鸭的饲料，使鸡鸭更生态环保。

（二）生态循环农业模式实施成效

农场年投入 110 万元（猪饲料 90 万元），年纯收入在 30 万元左右。其中：仔猪收入 16 万元鸡鸭收入 2.8 万元、大棚蔬菜收入 3.6 万元、稻田收入 4.2 万元、鱼塘收入 2.4 万元、水果收入 2 万元左右。该生态循环农场还提供配送服务，通过手机微信，客户可以了解到农场各种蔬菜的即时信息，客户需要哪种蔬菜的服务，农场就配送上门，客户缴纳一定的会员费，可享受常年配送蔬菜，并免费到农场采摘、观光、休闲，基本形成集采摘、观光、休闲、配送为一体的生态种养良性循环家庭农场。

三源家庭农场作为家庭农场生态循环农业模式示范基地，通过以沼气建设为纽带，与庭院、猪场、田间、果场、绿化相配套，应用畜禽粪便沼气工程技术、畜禽粪便高温好氧堆肥技术，配套设施农业生产技术、畜禽标准化生态养殖技术、特色林果种植技术集成模式示范，为传统家庭农场开启了一条向现代化生态农场转变的绿色之道。农场强调生产、生活、生态“三生一体”和“三产融合”的经营理念，在突出生产的基础上，拓展产业功能链条，实施综合经营。家庭农场作为一种新型农业经营主体，能够巩固和完善家庭承包经营制度、促进农业发展方式转变，并获取较好的生态效益、经济效益和环境效益。

六、“猪—沼—草”生态猪场循环农业模式

发展循环生态养殖是确保生猪生产可持续发展的必由之路，也是解决沼渣、沼液的最佳手段，更是养殖污染治理的重要措施之一。

近年来，福建省清流县等地大力推广“猪—沼—草”循环生态养殖模式，通过种养结合、种草养猪，猪粪进入沼气池生产沼气，沼渣培肥，沼液灌溉草地，鲜草打浆喂猪、鲜草直接喂羊或牧草青贮喂羊，沼气提供清洁绿色能源，实现了猪沼草良性互动，促进“猪—沼—草”配套协调发展。

“猪—沼—草”生态猪场循环农业模式应用实践：“猪—沼—草”标化饲养工程模式已经在福建省某养殖公司所属的各生态猪场全面展开，每个生态猪场按 3 头猪 /1m^3 标准配套沼气工程，共有 3 000 多 m^3 沼气池投入使用，有机肥厂现年产有机肥 8 000 ～ 10 000 t，可处理鲜猪粪 2 万 t。粪水排入沼气池，沼气用作猪场照明，而经过发酵、沉淀的沼液用来浇灌狼尾草。狼尾草是一种喜欢大量肥水的牧草，生态猪场的沼液非常适合狼尾草的生长，用过沼液的狼尾草生长快、分蘖多、再生强，其牧草的品质特别好，粗蛋白质含量在营养期可提高 35%。用沼液浇灌的狼尾草在厦门地区快速生长，适合 100 头肉猪配套 1 亩草地的配比方式，夏季多余的鲜草还可以青贮。“猪—沼气—牧草”的养殖方式，优化了生猪生长的环境。福建省某养殖公司养猪场由环保部门挂牌“生态型养猪场”。

七、大中型养殖场污水达标处理技术模式

以福建省永润农业发展有限公司为研究示范点，开展大中型养殖场污水处理技术的研发工作。针对养殖污水“三高”的特点，项目组经过多年的实验和中试，开发“集水调节池 + 固液分离 +CSTR 厌氧发酵罐 + 溶气气浮（1）+ A/O+BBAF+ 溶气气浮（2）+ 消毒工艺 + 人工湿地”污水处理工艺，经该工艺处理的养殖废弃物减量化 90% 以上，污水中悬浮物、COD 和色度去除率可达 90% ～ 99.5%、65% ～ 90% 和 70% ～ 95%，出水水质达到旱作作物的灌溉标准。同时，项目组针对原有污水处理工艺存在的问题统筹优化工艺路线，针对 COD、NH_4^+-N、P 等增加设置针对性强、处理效率高的工艺单元，保证每级功能单体处理效率，保证出水水质符合设计要求。第一，在明确养殖污水高有机、高氨氮、高磷浓度特性基础上设置专门处理单元。第二，干清粪不进入处理系统，而是外运作有机肥，从源头上减少了污水处理系统的粪污量，大大降低处理难度。第三，强化预处理，在沼液进生化处理前设置高效气浮，降低生化处理负荷。第四，生化处理采用 A/O+BBAF，有效解决常规处理系统氨氮超标问题。第五，污水生化后进一步深度处理，经过高效气浮或混凝终沉，可有效去除污水中残留的不溶性 COD、SS 和色度，确保出水达标。第六，本项目新增物化段均采用溶气气浮，气浮机具有占地小、效率高、启动快的优

点，省去了土建施工，节约时间，比较适合本改造项目。第七，一级A/O中的好氧池曝气系统采用可提升式曝气软管代替传统水下微孔曝气盘，充氧效率高，省动力，检修无需放空池子。项目形成7项国家专利技术，并在全国范围内推广。

第四章
沼气利用

- 第一节　沼气特性及应用工艺
- 第二节　沼气净化设备与技术
- 第三节　沼气贮存设施创制
- 第四节　沼气利用设备设施与技术

第一节　沼气特性及应用工艺

沼气是一种可再生的清洁能源，沼气利用方式主要包括农村生活供气、热电联产、净化提纯生产生物天然气等多种利用方式。沼气净化提纯生产生物天然气是近年来比较热门的应用方式，发展生物天然气是未来沼气发展的一个重要方向。

对于中小型畜禽养殖场，沼气主要用于燃料和沼气发电，为养殖场内生产和职工生活提供清洁能源。目前，大规模利用沼气的时机尚不成熟，其原因有以下几点。①大规模利用沼气作能源，对沼气产气量、产沼气的持续性和稳定性都有较高的要求。就目前来说，仅有部分养殖场沼气生产工艺与设备达到这个要求，对此，需要进一步完善沼气生产工艺，提高设备生产性能。②对于沼气的规模化和产业化利用，需要铺设专门的沼气管网，配套气压调剂装置。这些需要大量基础建设投资，增加了沼气大规模利用的成本，过高的费用使得沼气普及难以开展。③沼气大规模发电，存在沼气发电量不稳定、发电并网困难等因素，限制了沼气发电的使用。

一、沼气生产过程

沼气发酵是由微生物在厌氧条件下分解有机物产生甲烷等可燃气体的过程。沼气产生的过程包括以下阶段。①发酵液化。在这个阶段，各种发酵细菌增殖并分泌胞外酶。胞外酶包括纤维素酶、蛋白酶和脂肪酶等。在发酵细菌分泌的胞外酶如纤维素酶、蛋白酶和脂肪酶的作用下消耗氧气，将结构复杂的有机物分解为结构较简单的有机物，例如将多糖分解为单糖，将蛋白质转化为肽或氨基酸，将脂肪转化为甘油和脂肪酸。这些简单有机物可进入微生物细胞，并参与微生物细胞的生物化学反应。②发酵产酸。在这个阶段，产氢和产酸菌在厌氧环境中增殖并分泌胞外酶，胞外酶分解单糖、氨基酸、甘油、脂肪酸产生乙酸、丙酸、丁酸、氢气和二氧化碳。产酸菌既有厌氧菌，又有兼性菌。③发酵产生甲烷。在这个阶段，产生甲烷菌在厌氧环境中增殖并分泌酶，利用乙酸、氢气和二氧化碳等合成生产甲烷、H_2S 等气体。

二、沼气的性质

沼气是有机物在厌氧环境中，在一定温度、湿度、酸碱度和碳氮比条件下，通过微生物发酵产生的含有多种成分的可燃性气体。沼气是一种无色、略带臭味的混合气体，沼气的主要成分是甲烷（CH_4），占总体积的 60% ～ 75%，二氧化碳（CO_2）占 25% ～ 40%，还含有少量的氧、氢、一氧化碳、硫化氢等气体。一份甲烷与二份氧气混合燃烧，可产生大量热，沼气的发热量为 20 ～ 27MJ/m³，甲烷燃烧时最高温度可达 1 400℃。当空气中甲烷含量为 25% ～ 30% 时，对人畜有麻醉作用。

三、沼气应用工艺流程

养殖场污水经厌氧发酵后产生的沼气，通过气水分离器脱水后进入脱硫装置进行脱硫，脱硫后的沼气计量后进入贮气罐贮存，经输配系统供应，作为养殖场内生产或生活的补充能源，多余的气体用于发电或集中供气。沼气锅炉加热水和沼气发电冷却水余热回收交换给沼气生产系统增温，再生产沼气，沼气利用系统包括贮气装置、脱硫器、阻火器、输配管道以及用能设备（如沼气发电机）。具体工艺如图 4–1 所示。

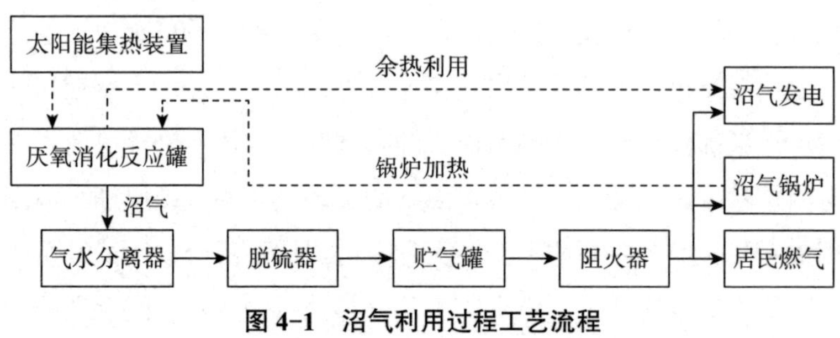

图 4–1　沼气利用过程工艺流程

第二节　沼气净化设备与技术

粪污经过厌氧发酵后产生的沼气，含有一定量的硫化氢（H_2S）、水分和其他悬浮的颗粒杂质。H_2S 是一种毒性气体，会危害环境，而且 H_2S 的腐蚀性很强，如果 H_2S 的含量以及杂质的含量过高，将会使得沼气利用设施（例如沼气发电机组）寿命缩短，因此新生成的沼气不宜直接作燃料，需进行脱水脱硫净化处理。

沼气净化系统主要包括三个部分，分别是气水分离器、砂滤、脱硫装置。经过沼气净化系统后，甲烷和 H_2S 的含量需要达到相应的沼气指标。沼气管道的最低点必须设置冷凝水集水器。脱硫技术方案应根据工程具体情况做经济分析后再确定。脱硫装置（罐、塔）应设置两个，一用一备，应并联连接。

一、气水分离器

厌氧产生的沼气含有大量水分，项目自主研发设计适用于不同处理量的型号为 QS-200/800S 和 QS-300/1200S 的管式气水分离器（图 4-2、图 4-3），该分离器通过冷凝法去除气中的大部分水分。该管式气水分离器由进出气口、排水口、出气口和孔网挡板等主要构件组成，空腔由挡板分隔成下部冷凝室和上部液化室，挡板均匀开孔，连通两室；冷凝室下端开设排水口，液化室内装玻璃珠，由挡板支撑，上端开设出气口连接外部出气管道；下端敞口连接外部进气管道，下半部管形成与冷凝室连通的布气腔。气体自进气口流入冷凝室，在冷凝室内扩容减速、降温，气体中混杂的气态水开始凝结成细小液滴，并在流动过程中互相碰撞合并而增大，在自身重力作用下部分较大液滴下落到冷凝室底部，其他则随气流上升。上升气流部分与挡板碰触，其间混杂的液滴附着于挡板底面不断聚集、凝结成液态水，向下滴落或沿管壁滑落冷凝室底部，气体向孔口折流进入液化室和直接从挡板孔口流入的气流混合。液化室内气流与玻璃珠剧烈相撞，细小液滴以玻璃珠为凝结核体快速冷凝成液态水沿挡板孔口返回，汇集于冷凝室底部，由排水口排出；气体则沿玻璃珠间隙折流上升，由出气口流出。管式气水分离器 QS-200/800S 的处理气量为 200 m³/d 以下，QS-300/1200S 处理气量为 200 ～ 600m³/d。

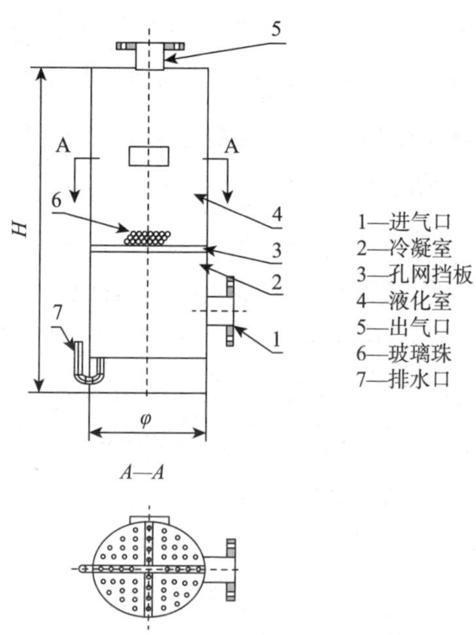

图 4-2　管式气水分离器结构示意

图 4-3　管式气水分离器实物

二、脱硫装置

沼气中含有一定量的硫化氢（H_2S），硫化氢的腐蚀性很强，如果含有硫化氢气体的沼气采用内燃机发电机组进行发电，会腐蚀内燃机的汽缸壁，还会使内燃机的润滑有变质，加快了内燃机的磨损。为此，在沼气能源化利用之前，要对含有硫化氢的沼气进行脱硫处理，使沼气中的硫化氢含量在我国标准允许的范围之内。畜禽场的沼气中 H_2S 浓度在 0.028 ～ 4.5 $g \cdot m^{-3}$ 之间，平均为 1.79 $g \cdot m^{-3}$。用于能源直接燃烧的沼气中 H_2S 浓度应低于 20$mg \cdot m^{-3}$，用于直接发电的沼气中 H_2S 浓度为 300 $mg \cdot m^{-3}$。

沼气脱硫可以分为干式脱硫、湿式脱硫和生物脱硫。

干式脱硫中脱硫剂一般用 Fe_2O_3、活性炭等。干式脱硫塔中沼气流速 0.6 $m \cdot min^{-1}$，沼气与脱硫剂接触时间一般大于 2min。

湿式脱硫：包括氧化法、化学吸收法、物理吸收法。氧化法中脱硫剂通常为氨水、砷碱；化学吸收法中脱硫剂通常为 $Ca(OH)_2$、Na_2CO_3、烷基醇胺；物理吸收法中脱硫剂通常为冷甲醇、聚乙二醇二甲醚等。

生物脱硫：有氧条件下，通过硫细菌的代谢作用将 H_2S 转化为 S。如果输入的空气量符合化学计量，燃气中的硫化氢会减少 95%。但是，如果空气过多，S 会被氧化成硫酸（H_2SO_4），用测量硫化氢的仪器检测脱硫效果。

畜禽养殖场沼气脱硫常常采用干法脱硫工艺，本项目采用氧化铁法对沼气进行脱硫。在氧化铁脱硫过程中，沼气中的硫化氢气体在固态氧化铁（$Fe_2O_3 \cdot H_2O$）的表面进行反应，沼气在脱硫装置内的流速越小，接触的时间越长，反应进行得越充分，脱硫效果越好。

（一）沼气脱硫装置工作原理

沼气脱硫阶段：在 300Pa 的低压条件下进行，开启进、出气阀门，气体由外部进气管道平均分配到上下两端进气口，分别进入上下混合腔，在混合腔内扩容减速，延长停留时间，在足够时间的自由扩散作用下混合腔内气体充分混合，硫化氢浓度均匀分布。气体逐渐向中部脱硫层靠近，气体中的硫化氢与表层活性氧化铁接触，生成三硫化二铁，并沿氧化铁颗粒间隙和孔隙不断进入脱硫层内部和颗粒内部，逐渐被氧化，硫元素转移至固相得以脱除。脱硫气体由多孔导气管上的集气孔收集流入出气管道排出。固态氧化铁脱硫法化学反应如下。

$$Fe_2O_3 \cdot H_2O+3H_2S = Fe_2S_3 \cdot H_2O+3H_2O \quad 63kJ$$

$$Fe_2S_3 \cdot H_2O+1.5O_2 = Fe_2O_3 \cdot H_2O+3S \quad 609kJ$$

脱硫剂更换程序设计：在脱硫过程，脱硫层氧化铁颗粒不断被转化为三硫化二铁，当脱硫剂中的硫化铁含量（硫容量）达到30%以上时，脱硫效果明显变差，脱硫剂失活，需要更换。关闭进、出气阀门，旋开出气口端的法兰固定螺栓（或PVC母牙），卸下法兰（或母牙）和连带的出气管道，从出气口掏出失活的脱硫剂，脱硫剂掏除干净后重新装好法兰和出气管道，并开启上端进气口连接法兰，从端口向孔网托盘上装入新鲜氧化铁颗粒，均匀摊平，装料完毕锁紧法兰，便可重新启用继续脱硫。经脱硫失活的氧化铁颗粒，收集存贮于通风阴暗处自然再生，空气中的氧把三硫化二铁重新还原成氧化铁并生成硫单质，待堆层颜色由黑色变为棕色，再生结束，便可重新利用。再生时析出的硫单质沉积在氧化铁颗粒表面，经多次再生，不断富集，脱硫剂孔隙逐渐被覆盖、堵塞，再生效果差，将其废弃。

（二）沼气脱硫装置结构设计

本项目沼气脱硫装置呈塔式结构，其结构主要由进、出气口、上下混合腔、中部多孔导气管、脱硫层和孔网托盘组成。上下进气口连接外部进气管道，下端进气管道连接排水阀，塔体中部塔壁设一DN200法兰，向外连接出气管道，向内连接多孔导气管，导气管管壁均匀开设集气孔（TL-90脱硫装置塔壁不设法兰，出气管道和导气管之间由 φ75 的PVC母牙相接）；脱硫层对称塔体中心横截面分布，由氧化铁颗粒填充，层底由孔网托盘支撑；塔体和脱硫层间形成上下混合空腔，具体如图4-4、图4-5所示。

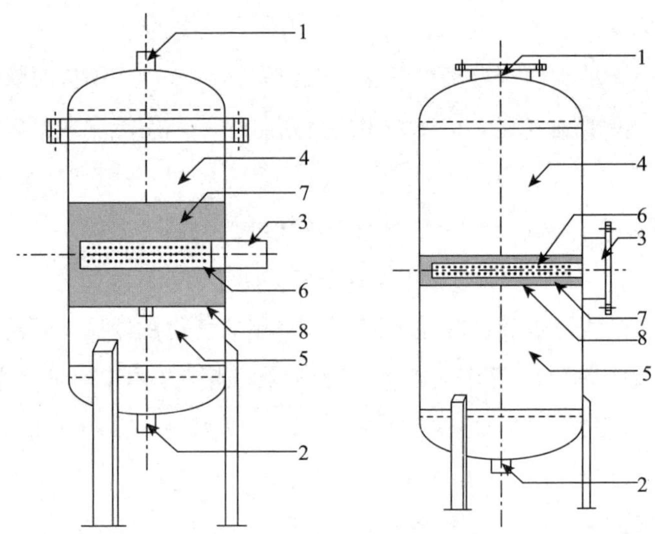

图 4-4 TL-90 脱硫装置示意图 TL-180/300/500 脱硫装置

1- 上进气口；2- 下进气口；3- 出气口；4- 上混合腔

5- 下混合腔；6- 多孔导气管；7- 脱硫层；8- 孔网托盘

图 4-5 沼气脱硫装置

（三）沼气脱硫装置技术参数

项目设计 TL-90 ～ 500 不等型号，处理气量见表 4-1，按 H_2S 20 降到 0mg · L^{-1} 配脱硫剂，脱硫效果好，一次装料可用 60 ～ 90d。沼气经脱硫塔净化后含硫量已低于 0.009%，经燃烧产生的尾气主要成分为 CO_2 和 H_2O，无烟尘，对周围大气环境产生的影响较小。

表 4-1　沼气脱硫装置技术参数

型号	处理气量 /$m^3 \cdot d^{-1}$	脱硫剂量 /kg	罐体材质
TL-90（45kg）	100 $m^3 \cdot d^{-1}$ 以下	45	碳钢
TL-180（90kg）	100 ～ 200	90	SUS-304 不锈钢
TL-300（150kg）	200 ～ 350	150	
TL-500（250kg）	350 ～ 600	250	

三、膜法沼气净化工艺

2011 年，中国石油福建销售分公司郑志等对膜法沼气净化工艺进行了研究，通过数学推导，建立了采用中空纤维式膜组件净化分离沼气中 CO_2、H_2S 组分的数学模型，并考察了膜组件参数、操作条件等因素对沼气净化效果的影响，为生产实践中优化分离过程提供理论依据。

第三节　沼气贮存设施创制

沼气贮存设备是为规模化使用沼气和连续使用沼气设置的。因为在畜禽沼气工程中，沼气的生产虽然是连续的，但是由于沼气池中发酵温度、料液酸碱度、进料量、进料浓度等都是在不断变化，因而沼气池生产的沼气产量也在不断变化，最主要的是沼气的使用通常是间歇性的。所以在沼气的利用中，为保证沼气正常供气，有必要设置沼气贮存装置。

沼气贮存系统包括沼气管道、贮气柜和气体流量计等。

贮气柜容积确定：沼气的用途有很多，比如沼气集中供气、沼气发电等。如果沼气只是家用，用于炊事，那么则按照日产气量的 50% ～ 60% 来设计贮气柜的大小；如果沼气一半用于炊事，一半用来发电，那么贮气柜容积则设计为日产量的 40%；如果沼气主要是用来发电或者烧锅炉，那么则应该根据供求关系设计。贮气柜安全防火距离：安全防火距离在不同类型的贮气柜中有所不同，在干式贮气柜中应该大于贮气柜直径的 2/3，而在湿式贮气柜中则应该大于贮气柜直径的 1/2；而且贮气柜至烟囱的距离应大于 20m，贮气柜至架空电缆的间距应大于 15m，贮气柜至民用建筑或仓库的距离应大于 25m。

大中型沼气工程一般采用低压湿式贮气柜、干式贮气柜、贮气袋贮存沼气。下面主要介绍福建省农业科学院研发的玻璃钢材料沼气贮气柜，以及用于软体沼气贮气装置的贮存增压装置。

一、玻璃钢沼气贮气柜

为了满足不同猪场用电需求，项目提出应用耐酸、耐碱玻璃钢材料，设计并生产出可调压玻璃钢贮气柜，解决了远距离输送沼气需外加动力、钢铁贮气柜难拆卸易腐蚀等难题，实现集中供气。同时设计贮压装置，用于缓冲系统压力，降低增压机的启动频率，起到增压脱水的作用

脱硫后的沼气计量后进入贮气柜贮存，浮罩式贮气柜恒压，可自动进气和排气。安装压力传感器检测贮气柜压力，在进气管道安装流量计进行沼气计量。

可调压玻璃钢贮气柜由两部分组成，半地下式的圆柱型水池和玻璃钢圆柱型浮罩。基础池底用混凝土浇制，两侧为进、出料管，池体呈圆柱状。浮罩由内外双层有机玻璃钢罩和夹于内外层玻璃钢罩之间的环状金属框架构成，贮气罩外周部连接有滑轮，金属网架内环面布有与滑轮相对应的导轨，保证了贮气罩的定位和上下运行；贮气罩的顶部设有控制调节贮气柜配重的贮水槽，通过对贮水槽内水量的控制即可方便实现贮气柜配重的调节，使后续沼气集中供气终端压力更稳定，可以实现沼气远距离集中供气，有利于沼气利用商业化。沼气贮气柜容积 150m^3，可调节压力范围为 800 ～ 1 500 mm 水柱。具体如图 4-6、图 4-7 所示。贮气柜设计解决了钢铁制浮罩式沼气贮气柜安装、拆卸检修不方便，增减配重压力困难，远距离输供气需要外加动力，并且易被腐蚀，使用寿命短（5 ～ 10 年）的问题；解决了软体贮气袋使用寿命短（3 ～ 5 年），输送气需要外加动力、用气压力不稳定的问题。

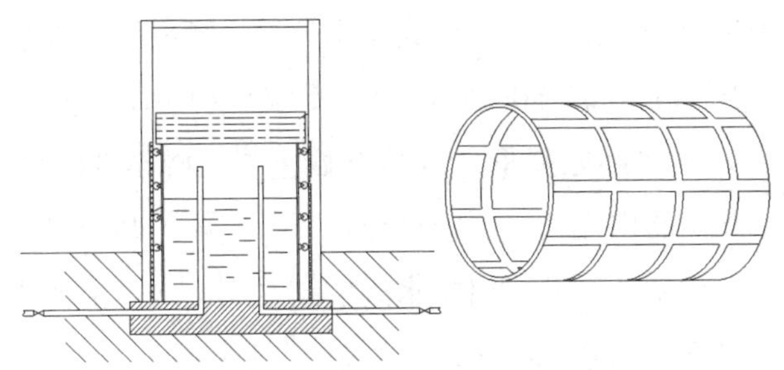

图 4-6　玻璃钢沼气贮气柜示意

图 4-7　玻璃钢贮气柜

二、沼气贮压装置

为缓冲系统压力，降低增压机的启动频率，起到增压脱水的作用，需增加使用沼气贮压装置。下面主要介绍福州北环环保公司研发生产的沼气贮压装置GQ-1000/2。

该装置与增压机配套使用，为立式罐体结构（图 4-8、图 4-9），贮压容积 2m³，罐体内部为贮气空腔，侧壁开进气口连接增压机充气管道，上端顶部中心设有出气口和安全阀，由三通连接，出气口连接外部供气系统，下端底部中心设有排水阀门，罐体侧壁还设有压力表，可直观读取罐内压力数值。增压气体自进气口进入罐体，自下而上流动，直至顶端出气口，根据外部连接的供气系统需求供气。罐体贮压范围为 0.04 ～ 0.09MPa，在增压装置充气和供气系统输气的同步过程中，由于进气量大于出气量，罐内气量逐渐增加，气压不断上升，直至气压达到 0.09 MPa 时，增压系统自动关闭，充气停止；供气系统输气继续进行，气量随之降低，气压开始下降，降至 0.04MPa 时，增压系统自动开启，重新向罐内充气，不断循环运行。气体上升和加压过程中产生的大量冷凝水则下落至罐体底部，由排水阀控制定期排出。出现非正常工作状态时，贮压装置通过安全阀安全卸压。

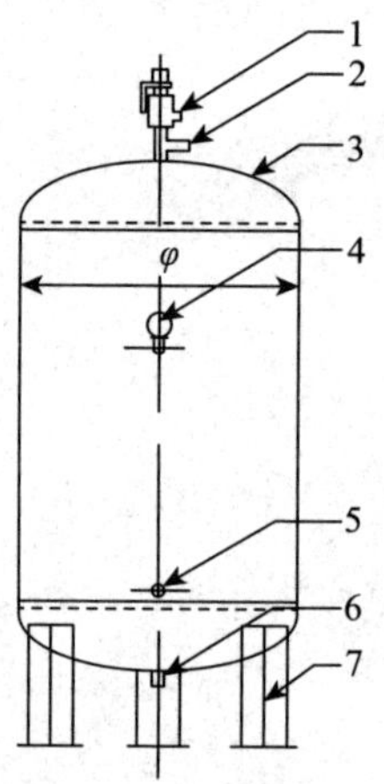

图 4-8　GQ-1000/2 沼气贮压装置结构

1- 安全阀；2- 出气口；3- 贮气罐体；4- 压力表；5- 进气口；6- 排水口；7- 三支架

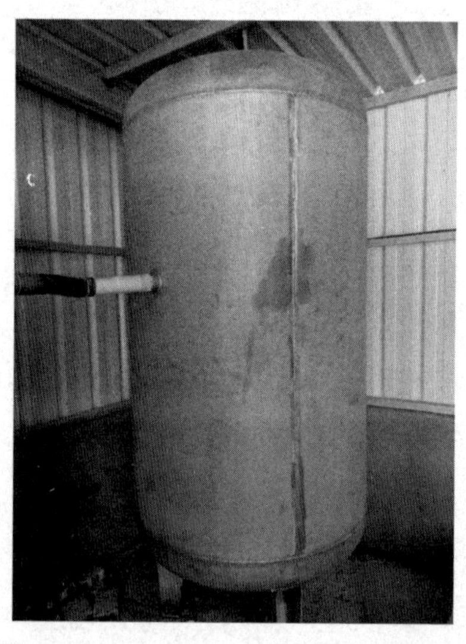

图 4-9　GQ-1000/2 沼气贮压装置实物

第四节　沼气利用设备设施与技术

一、沼气阻火净化分配器

项目使用自主研发的沼气阻火净化分配器 ZJT-400/50A，该阻火净化分配装置为立式桶体结构（图 4-10、图 4-11），净化桶内部设有滤层，滤料由海绵和孔网组成，滤层上方桶体侧壁上开有进气口，连接外部进气管道，桶体顶部中心设有压力表，测定桶内气压；桶体下部为空腔，靠近底部侧壁上开有出气口，连接外部输气管道，管道上依次连接止逆阀、减压阀和压力表；桶体底部中心还设有排水阀门定期排水。气体自进气管道进入桶体内部缓慢向下流动，逐渐通过滤层，气体中残留的细小杂质及粉尘被截留在海绵孔隙和滤网上，清洁气体流入空腔贮存备用。向外输气时，气体自出气口流入输气管道，通过减压阀调节气体的输出压力以满足用气要求。桶内气体受止逆阀保护，防止输气管路上的气体返混入桶内，有效避免回火事故的发生。该装置配有净化过滤阻火器和 50A 沼气专用减压阀、压力表、排水阀，使沼气能够充分净化过滤。控制回火，调节压力范围在 8 ～ 13kPa，供应燃烧器和后期沼气发电等的使用。

二、沼气集中供气技术与应用

2010 年福建省农科院帮助福建新星种猪育种有限公司建立智能化大型沼气池产气及集中供气系统，实现远距离集中供气山边村 100 户农户。沼气池至输配沼气管采用架空敷设，并以 5% 坡度输入配室，输配室至贮气罐及输气干管均埋地敷设，过路采用沟管，并在最低处安装凝水器，管道管径不小于 DN30，坡度不小于 1%，管道采用 UPVC 管，总长达到 3 000m。

2006 年 9 月份，荔城区农村沼气建设取得了突破性进展，建立了全省第 1 个“送气入户、送肥入田”的大中型沼气工程。

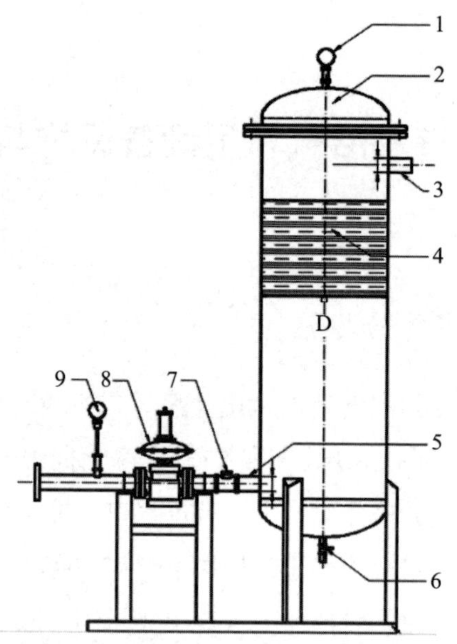

图 4-10　阻火净化分配装置 ZJT-400/50A 结构

1- 高压端压力表；2- 净化桶；3- 进气口；4- 海绵孔网滤层；5- 出气口

6- 排水阀；7- 止逆阀；8- 减压阀；9- 低压端压力表

图 4-11　阻火净化分配装置 ZJT-400/50A 实物

2001 年筠竹村引进南平市茫荡牧业有限公司在筠竹村落户，年存栏母猪 400 头，出栏商品猪 3 000 头左右。该场于 2007 年底设计建设 $600m^3$ABR 型沼气池，沼气池建成后日产沼气 $240m^3$。2008 年续建集中供气工程。配置 $50m^3$ 贮气柜（图 4–12），沼气集中输送到筠竹村 107 户农户作生活燃料。

图 4–12　筠竹村沼气集中供气贮气柜

（一）输送管道沼气的脱水

通常采用重力方法，在输送沼气管路的最低点将管路中水蒸气排除。输送管道沼气脱水装置如图 4–13 所示。

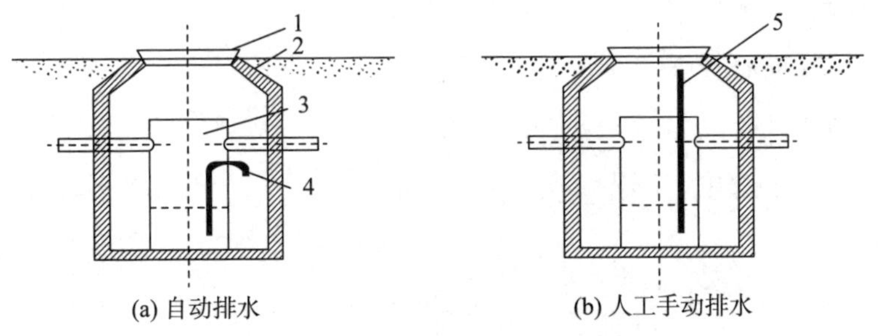

1- 井盖；2- 集水井；3- 凝水器；4- 自动排水管；5- 排水管

图 4–13　输送管道沼气脱水装置

（二）集中供气应用效益分析

以福建某公司种猪基地为例，2006年种猪基地建成一期沼气工程，沼气集中输配利用系统和沼液输送管道系统始建于2007年8月，同年10月第一期工程竣工，供气延溪村150户。

该公司种猪基地距延溪村两公里，存栏生猪10 000头。猪场实行雨污分流，猪舍实施干法清粪工艺（清除率50%），日产猪粪22吨，日清猪粪11吨，日产猪尿28吨，日排污水量最大250吨（平均200吨/日）；污水TS浓度1.2%～1.5%。基地于2006年投资100万元，建成红泥塑料畜禽污水处理沼气工程一期工程，红泥塑料厌氧发酵池总容积1 600立方米，日处理猪粪13.2吨，猪粪污水150吨，日均产沼气350m³，沼液120吨。同期建成有机肥料厂一座，利用日排的粪沼渣，年产“北环牌”活性有机肥料4 000吨。

2007年8月，富口镇政府筹措资金46万元，在延溪村组织实施沼气集中输配利用系统一期工程建设，将沼气工程生产的沼气，加压后通过管道集中送到150户村民家中。同期投资22万元，建成沼液输送管道系统，灌溉延溪等周边村1 000多亩农田。

其技术经济评价如下。

经济核算：基准折现率为10%，工程和设备使用年限为20年。

固定投资：	168万元
沼气工程	100万元
沼气输气管道	46万元
沼液输送灌溉管道	22万元
运行成本：	52.16万元
6人专职管理沼气工程	工资6万元
修理费用	按折旧费的40%计算。年维修费=168/20×40%=3.36万元
管理费	按工资的1/3计算，年管理费=6/3=2万元
动力费	20.8万元
原料（辅料）费	按每吨有机肥添加辅助材料费用100元，年原

材料费 =100×2000=20 万元

收益：　　　　　　　　94.06 万元

沼气集中供气收益：供气 150 户，每户年收取 500 元，共 7.5 万元。

沼液收益：年节省化肥农药费 5 万元

有机固体肥料：年产有机肥料 2000 吨，每吨售价 350 元，固体有机肥收益 =2000×350=70 万元

年减少排污罚款：按照水污染特殊行业收费标准 2 元 /t 计，年减少排污罚款 =150×365×2≈11 万元

畜禽发病率减少避免的损失根据有关调查统计，一个万头养猪场，沼气工程建成后畜禽发病率减少避免的损失为 0.56 万元。

年净收益 = 年收益 − 年运行费用 =94.06 万元 −52.16 万元 =41.90 万元

经济评价指标：

静态投资回收期 =168/41.90≈4.01 年

净现值 NPV=188.69 万元（折现率 =10%）

内部收益率 IRR=33.1%

根据以上典型案例分析可以看出，当综合利用较充分时，沼气工程的内部收益率较高，即经济效益较好，可以实现盈利。同比集中供气和沼气发电，由于沼气集中供气管理较复杂，收费标准较低，因此其经济效益较沼气发电低，集中供气投资也较沼气发电投资略低。就目前形势来看，沼气发电上网还难以实现，养殖场沼气发电满足自身生产所需还有所盈余，造成沼气利用率较低。

三、沼气发电技术与应用

沼气发电是新能源发展的重要项目之一，作为一种清洁、环保、高效的发电方式，符合国家节能减排、循环经济发展的产业政策。目前，国产沼气发电机对沼气的利用效率为 70%，而进口的效率较高的总效率最高可达 80% 以上。用于发电的沼气，其组分中甲烷含量应大于 60%，硫化氢含量应小于 0.05%，供气压力不低于 6kPa。

我国的沼气发动机、沼气发电机组已向两极发展。农村主要向 3 ～ 10kW

沼气发动机和沼气发电机组方向发展，而酒厂、糖厂、畜牧场、污水处理厂的大中型环保能源工程，主要向单机容量为 50 ～ 200kW 的沼气发电机组方向发展。沼气发动机有沼气—柴油双燃料发电机和单燃料发电机（火花塞点火，纯沼气发电机）两种。国内 20 世纪 80 年代中期已有十几家科研院所、厂家对此项目进行了研究和试验，目前已在我国形成不同形式的系列产品在实际生产中应用。

福建省沼气发电研发工作至今有 30 多年的历史，特别是“九五”“十五”以来有一批科研单位、院校和企业先后从事了沼气发电技术的研究及沼气发电设备的开发。在这一领域中，逐渐建立起一支科研能力强、水平高的骨干队伍，并建立了相应的科研、生产基地，积累了较多的成功经验，为沼气发电技术的应用研究及沼气发电的设备质量再上台阶奠定了基础。由于沼气发电需要一定的养殖规模，才具备建设的条件和取得相应的经济效益，根据福建省农业部门对大中型养殖场统计资料分析，目前福建省具备沼气发电开发建设能力约为 45MW。

据调查，福建省的大部分大中型沼气工程尚没有装配沼气发电机，其产生的沼气除用于做饭、点灯、猪舍冬天保温外，有的放空燃烧或直排入大气中，不但浪费了沼气资源，更为严重的是加重了温室气体的排放（沼气的温室效应是二氧化碳的 25 倍）。据了解，现阶段福建省沼气发电项目共有 21 家，装机规模小，大部分项目都处于建设或试运行阶段，很多养殖场仅是利用少部分的沼气资源用来发电，发电主要为自用，基本都没有接入电网，其中最大装机容量为大拇指环保科技（南平）有限公司的沼气发电项目，其建设规模为 250 ～ 350kW。南平市鑫林环保机械科技有限公司自主研发生产的沼气—柴油双燃料发电机已由福建省中心检验所鉴定，产品各项技术性能指标达到国家指标。目前，已在省内外各大型畜牧场运用，该产品具有较好的节能推广意义。福州科真自动化工程技术有限公司研发 KZ3OGF-K、KZ5OGF-K、KZ75GF-K 型纯沼气发电机组先后经过福建省经济贸易委员会“产品投产鉴定”和福建省农业机械鉴定推广总站“技术鉴定”，2008 年 11 月，在福清市星源农牧开发有限公司安装 2 台 75kW 发电机，经过几年的运行，状态良好，每天可发电 600 ～ 1000kW · h，保证了该公司生产生活用电，同时发电余热用于高效厌氧净化塔低温情况下加热，保证了净化塔的高效运转。

（一）沼气—柴油双燃料发电机

1．沼气—柴油双燃料发电机

沼气—柴油双燃料发电机是采用沼气或柴油两种燃料作动力的发电机，是对柴油发电机的进气混合系统和双燃料调节系统进行改装。福建省南平市鑫林环保机械科技有限公司自主研发生产的沼气—柴油双燃料发电机实物如图4–14 所示。

图 4–14　沼气—柴油双燃料发电机

其工作原理是：沼气与空气在配气装置中形成可燃混合气，吸入气缸，当活塞压缩到上止点时，油泵与喷油嘴向燃烧室内喷入少量（5%～15%）柴油，柴油燃烧后点燃气缸内的混合气进行燃烧做功。双燃料发电机可以在沼气不足甚至没有沼气的情况下自行增加柴油燃烧，直至完全燃烧柴油，以保证发电机正常运行。这种采用 5%左右的柴油点火引燃方式，其着火能量高于火花塞点火的能量，可使沼气的着火滞后期乃至整个燃烧期缩短，从而使整个缸体内沼气燃烧更完全，解决了沼气发电机由于沼气中 CO_2 含量高因而燃烧速度慢、严重后燃、高排温等问题。在德国 98%的沼气工程是热电联产（CHP），200kW 以下的沼气发电机组主要采用双燃料机组，需要 8%～15%左右的柴油燃料用于混合气体点火，发电效率达 33%～37%。双燃料机组可以在甲烷含量比较低的情况下使用（甲烷含量 50%左右）。

2. 沼气—柴油双燃料发电机操作流程

第一，启动前准备工作。

（1）检查机组各部分是否正常。

（2）检查启动电路是否接线正确，蓄电池是否有电。

（3）检查油底壳机油是否在规定油位置。

（4）检查水箱冷却水是否充足，不足时及时补充。

（5）检查沼气管道是否有漏气，压力表是否正常。

（6）检查沼气管道是否有积水，有水及时排放。

第二，发动机启动。

（1）沼气发动机必须用柴油空载启动。

（2）将喷油泵调速器操纵手柄推到空载，转速为 700r/min 左右。

（3）将电门匙打开，向右扭至启动位，使发动机启动。

（4）发动机启动后，应立即释放按钮，同时注意机油压力表，必须在启动后 15s 内显示读数。

（5）将机外管开关打开，再打开电磁阀开关，逐步调整气动微调开关，将沼气输气缸，配合油门逐步提高转速。

（6）检查电压表是否指向 380 ～ 400V 位置，频率在 50Hz 位置，使空燃比配合达到协调，无爆燃现象。

（7）发动机启动后，空载时间不宜超过 5min，运行稳定后进入部分负荷运转。待发动机的出水温度高于 70℃，机油温度高于 50℃，才允许进入全负荷运转。

（8）低温启动后，转速的增加应尽可能缓慢，以确保轴承得以足够润滑，并使油压稳定。

（9）沼气压力一般要求 6 ～ 12kPa 为宜。

（二）纯沼气发电机

1. 纯沼气发电机

纯沼气发电机（火花塞点火式发动机）也称单燃料发电机，它是由电火花将沼气和空气混合气点燃。纯沼气发电机实物如图 4-15 所示。

图 4-15　纯沼气发电机

这种发电机不需要引火燃料，不需要燃油系统，适用于沼气量大且供给稳定的大型沼气工程。缺点是：当沼气量供应不足时，造成发电能力下降，达不到额定输出功率。工作原理为：沼气与空气在混合器内形成可燃混合气，吸入气缸内，当活塞压缩到上止点时，由火花塞点燃进行燃烧做功，由于火花塞点火面积小，造成单燃料发动机燃烧速度慢、后燃严重、燃烧不完全、排气温度高、热负荷严重等问题；另外对沼气的纯度要求必须达到 60%以上，发动机启动较困难，发动机点火时间要与沼气的浓度相匹配，不同的浓度与点火启动时间不同。200kW 以上纯燃气机组采用火花塞点火，电效率达 30%～37%，比双燃料机组使用寿命长，但价格高、操作较难，且动力负荷低 10%～15%左右。

2. 改进型纯沼气发电机

福州科真自动化工程技术有限公司研发 KZ3OGF-K、KZ5OGF-K、KZ75GF-K 等改进型纯沼气发电机组单机容量覆盖 30～75kW。改进型纯沼气发电机组的开发应用沼气发电清洁、环保、高效，同时也是提高沼气利用率的有效方式，不仅可解决沼气工程中的一些主要环境问题，还可将沼液、沼渣制成优质有机肥，促进生态农业的可持续发展。改进型纯沼气发电机组的特点如下。

（1）采用特殊设计，比如对活塞、缸套、连杆、曲轴、进气门均采用了不同的加工工艺和材料。

（2）配备比例混合器，以完成燃气和空气的良好混合及其燃烧，保障机组持续稳定、安全高效地运行。

（3）对甲烷浓度要求更低，可适用甲烷含量30%～70%的可燃气体。

（4）排放物低，氨氮化合物浓度在500～800uL/L，接近国际先进水平。

（5）点火系统稳定、寿命高。

（6）机组持续运行功率可达到90%以上负载。

（7）机组热状态稳定，受环境影响小，能在−40～50℃温度范围内稳定工作，适用地区广泛。

（8）噪声小，废气排放少，运行费用低。

3．纯沼气发电机操作

发电机启动前，应先测量电机是否正常。用万用表检查电机绝缘情况，如有漏电则准启动或运转以后时断时续。

发电机开始发动时应空载启动，同时将沼气阀门全部打开，控制沼气流量然后发动。

发电机发动后不能急速加大进气量，因为沼气中含有较多的二氧化碳，导致发动机吭咽而停止。应缓慢打开气阀，用气动微调开关控制转速和电压，待机组转速增高，电机电压显示在380～400V，频率在50Hz时，然后带上负荷送电，绝对不能将进气阀微调开关全部打开，特别是在无负荷的情况下机组高速运行，最易导致发动机烧毁。

4．发电组启动困难或功率不足原因

纯沼发动机组启动困难或功率不足，原因是气体混合未调节好，火花塞不点火，点火时间不准及沼气甲烷含量低于55%等导致发电机达不到满负荷运行。

5．火花塞点火失火原因

火花塞点火面积小，气缸内沼气燃烧速度慢，造成缸体内燃烧不完全，机体温度高，容易使火花塞点火头失火。

（三）沼气发电应用效益分析

以南平市延平区某畜牧发展公司为例。该畜牧发展公司生猪年存栏数6 000头，年出栏数17 000头，污水量为90m^3/d，建有沼气池800m^3，为砖混结构，工艺采用推流式。总体工艺流程为猪粪经干清粪后，粪污再经固液分离机分离，污水进入沼气池。

沼气池年产沼气11.52万m^3，其中炊饮用气1.62万m^3，配套沼气发电机组装机容量30kW，日发电8小时，每小时发电30kW，每kW·h网电0.65元，沼气电每度柴油成本0.25元，年用气量3.46万m^3。

1．经济核算

基准折现率为10%，工程和设备使用年限为20年。

固定投资：	41.8万元
固液分离机	4.0万元
砖混沼气池	32万元
30kW沼气发电机组	5.8万元
运行成本：	4.30万元
1人专职管理沼气工程	工资1万元
沼气发电柴油成本	0.25元/kW×30kW/小时×8小时/天×360天=2.16万元
修理费用	按折旧费的40%计算。年维修费=41.8/20×40%≈0.84万元
管理费	按工资的1/3计算，年管理费=1/3≈0.3万元
收益：	7.90万元

炊饮用能1.62万m^3，节省燃料费用1.62万m^3×1.2元/m^3≈1.94万元

用于发电3.46万m^3，年产电30kW/小时×8小时/天×360天×0.65元/kW≈5.62万元

根据有关调查统计，一个万头养猪场，沼气工程建成后畜禽发病率减少避免的损失为0.56万元，则本场沼气工程建成后畜禽发病率减少避免的损失为0.34万元。

沼气利用率：（1.62 万 m^3+3.46 万 m^3）/11.52 万 m^3×100%≈45%

年净收益 = 年收益 – 年运行费用 =7.90 万元 –4.30 万元 =3.60 万元

经济评价指标：

静态投资回收期 =41.8/3.60≈11.6 年

净现值 NPV=–11.15 万元（折现率 =10%）

内部收益率 IRR=6.7%

该沼气工程效益较差。原因在于沼气池产气率不高，年平均沼气利用率只有 45%。

2. 假设全场沼气利用率达到 80%，对其技术经济评价

经济核算：基准折现率为 10%，工程和设备使用年限为 20 年。

固定投资	48.57 万元
固液分离机	4.0 万元
砖混沼气池	32 万元
65kW 沼气发电机组	12.57 万元
运行成本：	6.96 万元
1 人专职管理沼气工程	工资 1 万元
沼气发电柴油成本	0.25 元 /kW×65kW/ 小 时 ×8 小 时 / 天 ×360 天 =4.68 万元
修理费用	按折旧费的 40% 计算。年维修费 =48.57/20×40%≈0.98 万元
管理费	按工资的 1/3 计算，年管理费 =1/3≈0.3 万元
收益：	14.46 万元

炊饮用能 1.62 万 m^3，节省燃料费用 1.62 万 m^3×1.2 元 / m^3≈1.94 万元

用于发电 7.60 万 m^3，年产电 65kW/ 小时 ×8 小时 / 天 ×360 天 ×0.65 元 /kW≈12.18 万元

根据有关调查统计，一个万头养猪场，沼气工程建成后畜禽发病率减少避免的损失为 0.56 万元，则本场沼气工程建成后畜禽发病率减少避免的损失为 0.34 万元。

沼气利用率：（1.62 万 m^3+7.60 万 m^3）/11.52 万 m^3×100%≈80%

年净收益 = 年收益 − 年运行费用 =14.46 万元 −6.96 万元 =7.5 万元

经济评价指标：

静态投资回收期 =48.57/7.5≈6.48 年

净现值 NPV=16.47 万元（折现率 =10%）

内部收益率 IRR=17.8%

3．假设该场应用全混合沼气发酵工艺，全场沼气利用率达到 80%，对其进行技术经济评价

根据假设，需建设沼气池 1 800m^3，年平均沼气产气率 0.8m^3 · m^{-3} · d^{-1} 以上，年产沼气 51.8 万 m^3。

经济核算：基准折现率为 10%，工程和设备使用年限为 20 年。

固定投资：	126.1 万元
砖混沼气池	1800m^3×400 元 / m^3=72 万元
280kW 沼气发电机组	54.1 万元
运行成本：	21.8 万元
1 人专职管理沼气工程	工资 1 万元
沼气发电柴油成本	0.25 元 /kW×250kW/ 小时 ×8 小时 / 天 ×360 天 =18 万元
修理费用	按折旧费的 40% 计算。年维修费 =126.1/20×40%≈2.52 万元
管理费	按工资的 1/3 计算，年管理费 =1/3≈0.3 万元
收益：	54.73 万元

用于炊饮用能 1.62 万 m^3，节省燃料费用 1.62 万 m^3×1.2 元 / m^3≈1.94 万元

用于发电 39.82 万 m^3，年产电 280kW/ 小时 ×8 小时 / 天 ×360 天 ×0.65 元 /kW≈52.45 万元

根据有关调查统计，一个万头养猪场，沼气工程建成后畜禽发病率减少避免的损失为 0.56 万元，则本场沼气工程建成后畜禽发病率减少避免的损失为 0.34 万元。

沼气利用率：（1.62 万 m^3+39.82 万 m^3）/51.8 万 m^3×100%=80%

年净收益 = 年收益 − 年运行费用 =54.73 万元 −21.8 万元 =32.93 万元

经济评价指标：

静态投资回收期 =126.1/32.93≈3.83 年

净现值 NPV=154.23 万元（折现率 =10%）

内部收益率 IRR=35.2%

由以上技术经济分析可以看出，沼气工程经济效益不好的一个重要原因就是沼气的利用率不高。如果提高沼气工程的产气效率和沼气利用率，可以有效地提高整个沼气工程的盈利性。

综上所述，沼气—柴油双燃料发电机组在实际工作中较适应于大、中型沼气工程，其沼气甲烷含量在不同纯度下都能够正常运行。沼气—柴油双燃料发电机组在冬季严寒或没有沼气的情况下，为解决污水处理的运行和畜牧场的饲料加工、猪仔保温等项目还可以直接转换柴油发电，提高畜牧场的应急保护能力。纯沼气发电机组在实际运行当中，可按其沼气纯度和沼气量要求加减，其适用于日产气量达 1 000m^3 以上的沼气工程。动力配置在 200kW 以上，其经济性能较为突出。

四、沼气在温室大棚上的应用

温室种植作物属设施农业是目前农业发展的一个方向。温室是设施农业的一种形式，通过控制环境因子如温度、光照、湿度、二氧化碳等的方法来获得生物最佳生长条件，从而达到增加作物产量、改进品质、延长生长季节的目的。但温室的运行费用高，尤其在反季节栽培蔬菜、瓜果时，费用更高，大面积推广普及受到限制。针对上述问题，除了将沼气作为生活用能源外，还可应用到温室上，结合福建山区冬季气温低的特点，以沼气为能源，通过温室点灯和加热装置，增加作物光照时数，提高 CO_2 浓度和提供能量，生产反季节瓜果蔬菜和花卉。

温室环境包括非常广泛的内容，但通常所说的温室环境主要指空气与土壤的温湿度、光照、CO_2 浓度等。温室环境控制的重点就是对这些要素进行控制与管理，为作物创造适宜的生长发育环境。以沼气作为能源，以沼液作肥料是温室环境控制的新课题。2006 年，钱午巧等在闽侯县荆溪镇省农科院种猪场建立了 600m^2 以沼气为能源的生态温室，进行了以沼气为能源应用于温室生产的技术研究。该研究的主要依据是：①年产万头猪场的粪便，若全部经沼气中温厌氧发酵后，年产沼气 80 万 m^3，相当于 800 吨标准煤；②利用沼气点灯、加热，提高光照和 CO_2 浓度，提升生产所需的温度；③结合沼液点灌，增加营养和湿度，满足植物生长所需的各种条件，而且运行成本低，操作简单，易于推广。其特点是：①在能源方面与基础能源电力相比，效果相似，但不增加生产成本；②沼气燃烧、点灯、产生光、热、CO_2 等有利于促进温室作物生长。

目前对温室环境控制主要采用两种方式：单因子控制和多因子综合控制。单因子控制是相对简单的控制技术，在控制过程中只对某一要素进行控制，不考虑其它要素的影响和变化。例如在控制温度时，控制过程只调节温度本身，而不理会其它因素的变化和影响，其局限性是非常明显的。实际上影响作物生长的众多环境要素之间是相互制约、相互配合的，当某一要素发生变化时，相关的其它因素也要相应改变，才能达到环境要素的优化组合。多因子综合控制也称复合控制，可不同程度弥补单因子控制的缺陷。

福建省农业科学院农业工程技术研究所钱午巧、林斌、徐庆贤等研制的“ZJK-1 型沼气智能调控系统”为多因子控制型综合控制机，实物如图 4-16 所示。它采用先进的嵌入式控制技术，运行速度快，可以实时采集多路传感器，综合分析数据处理结果，以优化的方式控制温室内设备的运行。该种控制方法根据作物对各种环境要素的配合关系，当某一种要素发生变化时，其它要素自动做出相应改变和调整，这样做能更好地优化环境组合条件，它代表着温室控制技术的主要发展方向。

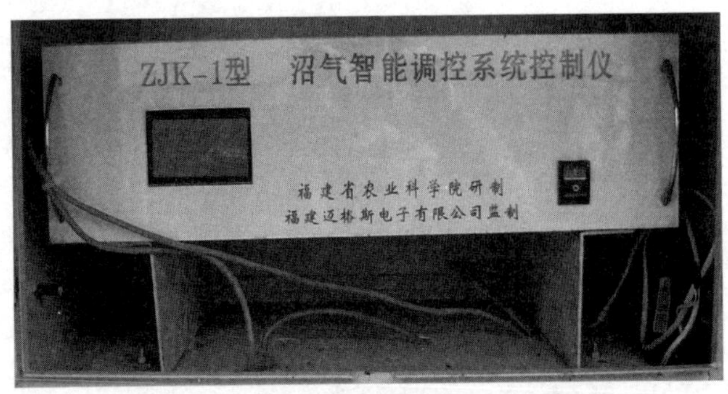

图 4-16　ZJK-1 型沼气智能调控系统控制仪

五、沼气其他利用与研发

福建省永安市绿源高新技术研究所近年来一直从事完善家用沼气炉具使用性能与提高热效率的研究和推广工作。

集美大学能源与动力工程研究所研发沼气发动机驱动的热泵（BHP）是一种节能环保型装置，与电动压缩式热泵相比，其主要动力源不同。该装置能充分回收利用沼气发动机余热。

第五章

沼液沼渣利用

➢ 第一节　沼液沼渣的营养价值

➢ 第二节　沼液利用设施及技术

➢ 第三节　沼肥综合利用的体系建设

➢ 第四节　沼液膜浓缩肥水分离资源化利用技术

➢ 第五节　沼肥利用的重金属残留风险分析

第一节　沼液沼渣的营养价值

养殖业环境治理与畜禽排污资源化利用，一直是欧美发达国家规模化养殖业必须遵循的模式，并制定为畜牧养殖业必须遵从的规章条例。沼液是畜禽粪便污水等有机物质经厌氧发酵后的残留液体。畜禽粪便污水经充分的沼气发酵处理已实现无害化，表现为残渣中约 95% 的寄生虫卵被杀死，大肠杆菌全部或大部被杀死。沼气发酵残渣中有大量的养分，养分的多少取决于粪便的组成，如粪便中碳水化合物分解成甲烷逸出，蛋白质虽经降解，但又重新合成微生物蛋白，使蛋白质含量增加，其中必需氨基酸含量增加。如鸡粪在沼气发酵前蛋白质（占干物质 %）为 16.08%，蛋氨酸为 0.104%，经发酵后前者为 36.89%，后者为 0.715%。

一、沼肥成分分析

沼液和沼渣体积大，不便于长途运输，如不能就地、及时地消纳，则会造成二次污染。将种植养殖、污水处理、微生物菌种利用、资源循环等多种技术与当地实际相结合，进行集成创新，畜禽粪污经过生物堆肥、液体发酵等无害化处理后重新回田，使废弃资源得到循环利用，当地环境得到有效保护，实现节能减排、变废为宝。通过流转地、“公司 + 农户”、合作社、林下经济、生态种养循环农业等多种模式的配合使用，利用当地的闲置田地发展生态有机农业，为农户的生产提供保障，从而带动农民的生产积极性。因地制宜地利用生态循环模式推动当地农业、环保产业的发展。沼渣、沼液肥效成分及适用范围见表 5–1。

表 5-1　1 沼肥成分表

肥料	有机质 /%	氨基酸 /%	全氮 /%	全磷 /%	全钾 /%	适用范围
沼液	/	0.03 ~ 0.08	0.02 ~ 0.07	0.02 ~ 0.06	0.0049 ~ 0.01	沼液可直接用于各种作物，作基肥，也适合作追肥
沼渣	35 ~ 50	10 ~ 24.6	0.78 ~ 1.61	0.4 ~ 0.71	0.6 ~ 1.2	沼渣可作基肥，也可堆沤后再用

二、沼肥用途

经过沼气的厌氧处理后，畜禽的粪便只剩下一些渣滓，这些渣滓沉积在沼气池的底部，它们是很好的肥料，不仅含有丰富的有机物质，而且还含有氮、磷、钾及多种微量元素，特别适用于种植。沼液是一种速效、优质的有机肥料。如果在一片土壤中长期地以沼液作为肥料，那么可以使土质得到改善，土壤中各种利于植物生长的物质的浓度都得到大量的提高。沼液还可以用于浸种、叶面喷施肥和无土栽培营养液。如果把沼液与水兑成一定比例的液体，喷洒农作物，还能驱虫杀菌，减少化学药品的使用。

沼液宜存放 3d 以上后再进行使用，贮存池池容应满足当地的自然条件与种植品种对肥源需求的要求，一般贮存时间宜在 30d 以上。

（一）用作肥料

畜粪发酵分解后，约 60% 的碳素转变为沼气，而氮素损失很少，且转化为速效养分。如鸡粪经厌氧发酵产沼气后，固形物剩下 50%，沼液呈黑黏稠状，无臭味，不招苍蝇，施于农田肥效良好。沼渣、沼液用于农田施肥，在保持和提高土壤肥力的效果上远远超过化肥。其中的磷属有机磷，肥效优于磷酸钙，不易被固定，相对提高了磷肥肥效。沼渣、沼液中含有大量腐殖质，调节土壤的水分、温度、空气和肥效，适时满足作物生长发育的需要，并可改良土壤，提高作物产量。沼渣沼液还可调节土壤的酸碱度，形成土壤的团粒结构，延长和增进肥效，提高土壤通透性，促进水分迅速进入植物体，并有催芽、促进根系发育等作用。例如，山东省农业科学院有关人员在小麦扬花期用沼液根外追肥，小麦产量提高 19.8%。

沼液还是高效的叶面肥，具有较强的抗病虫害作用，将沼液喷施于农作物、蔬菜、水果、花卉，可提高农产品品质。沼渣中尚含有植物生长素类物质，可使农作物和果树增产。沼渣还可作花肥。

作食用菌培养料，增产效果亦佳。用沼渣栽培蘑菇，质量好，杂菌少，产量较传统培养料增产 10%以上。

（二）用作饲料

由于不可控因素和畜禽养殖规模化发展，现在一般不建议将沼液沼渣用作饲料。查阅相关文献，沼气发酵残渣作反刍家畜饲料效果良好，对猪如长期饲喂还能增强其对粗饲料的消化能力，如在生长肥育猪配合饲料中添加适量的沼液（前期 2L/ 头 · 日，后期 3L/ 头 · 日），饲喂 120d，猪平均日增重增加 14.31%。

（三）用作饵料

将适量的沼气残渣和沼液施入水体，可促进水中浮游生物的繁殖，增加鱼饵的数量，提高水产品数量和质量。研究表明，用沼液施肥，淡水鱼类增产 25% ～ 50%，鲢鱼氨基酸含量增加 12.8%，其中赖氨酸含量增加 11.1%。

第二节　沼液利用设施及技术

一、沼液灌溉集水井

设计沼液灌溉集水井，实现对沼液流向、流速、流量有效控制，通过反冲水，有效防止集水井和沟渠堵塞，形成沼液灌溉缓冲模式，实现了沼液无动力输送回田。沼液灌溉集水井是一种将制造沼气剩余沼液收集起来的储存装置，可用于农田的肥料灌溉。以往的这些集水井有的需要人工进行挑运，费时费力，灌溉效率低；有的虽进行了农田管路的布设，沼液可以直接到达各块的农田，但是这种集水井需要安装大口径管件，管件的开关阀也就比较巨大，设备成本高。本实用新型的目的在于提供一种沼液灌溉集水井，该集水井不仅结构简单，设计合理，使用方便快捷，而且有利于提高灌溉效率，降低设备成本。

沼液灌溉集水井，包括可与沼气池连接的进料管，以及用于出料的若干个水平设置的出料管，其中一个上出料管的水平位置较进料管和其他的出料管高，其它出料管的出料口端可拆连接有拐形弯管，拐形弯管的上开口位置高于上出料管。本实用新型可拆连接有拐形弯管，在使用时拆下拐形弯管，沼液灌溉集水井就可通过管路将沼液输往各农地；在需要停止灌溉时，在出料口端装上拐形弯管，因为拐形弯管的上开口位置高于上出料管，所以集水井停止出液。本实用新型可以简化灌溉集水井结构、降低设备成本，使用起来更加地方便快捷。

如图 5–1 所示，沼液灌溉集水井，包括可与沼气池连接的进料管 1，以及用于出料的若干个水平设置的出料管，其中一个上出料管 2 的水平位置较进料管 1 和其他的出料管 5 高，其它出料管的出料口端可拆连接有拐形弯管 3，拐形弯管的上开口 4 位置高于上出料管 2。

集水井使用时拆下安装在出料管上的拐形弯管，沼液灌溉集水井就可通过该出料管将沼液输往各农地（如图 5–2 所示）；在停止灌溉时，在出料管出料口端装上拐形弯管，装上后拐形弯管的上开口位置高于上出料管，此时集水井停止出液，集水井处于储液状态。该集水井（图 5–3）很好替代了现有集水井所采用的大型阀门，结构简单、制造方便，大大降低了设备成本，有利于推广。

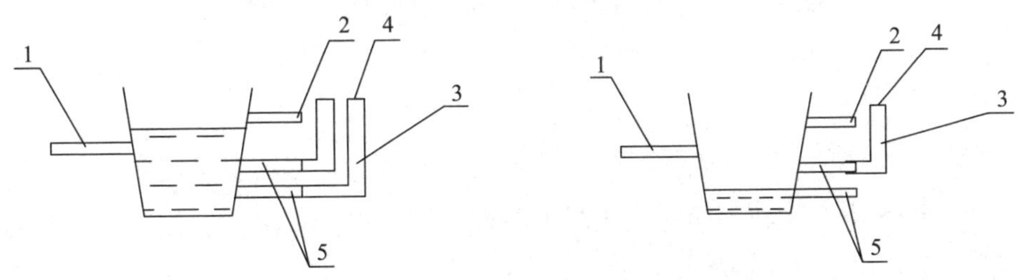

1– 进口；2、3、4、5– 出口

图 5–1　沼液灌溉集水井结构　　**图 5–2　出料管拆下拐形弯管灌溉时的构造**

图 5-3　新星猪场沼液灌溉集水井缓冲系统

二、人工湿地

人工湿地法是一种利用生长在低洼地或沼泽地的植物的代谢活动来吸收转化水体有机物，净化水质的方法。当污水流经人工湿地时，生长在低洼地或沼泽地的植物截留、吸附和吸收水体中的悬浮物、有机质和矿物质元素，并将它们转化为植物产品。在处理污水时，可将若干个人工湿地串联，组成人工湿地处理污水系统，这个系统可大幅度提高人工湿地处理污水的能力。人工湿地主要由碎石床、基质和水生植物组成。人工湿地种植的植物主要为耐湿植物，如芦苇、水莲等沼泽植物。

第三节　沼肥综合利用的体系建设

施用沼肥的主要优势体现在以下方面：①沼肥丰富的有机质含量与有效 N、P、K 营养，有利于促进耕作层土壤理化特性改善，降低农作物的化肥施用量；②有利于农作物的营养吸收与生长，提高农作物产量；③有利于提高农产品的营养品质。

一、沼肥综合利用

（一）沼肥在种茶上的应用

随着现代工业的快速发展和劳动力成本提高，茶区盲目大量施用化肥，致使茶园土壤板结、酸化，地力衰退，肥料利用率和土地生产能力下降，茶叶品质变差。近年来，各地大力推广发展农村沼气能源，产生大量沼肥，为茶园利用沼肥提供十分有利的条件。为此，研究比较施用沼渣、沼液不同有机肥对茶叶产量和品质的影响，探讨茶园施用沼渣等有机肥的肥效，对促进茶叶生产优质化，确保茶叶品质长期稳定和不断提升，发展猪—沼—茶生态循环经济模式，以不断提高茶叶单位面积产量及成品茶加工品质，具有重要意义。

试验茶园面积 0.5 亩，沼肥种茶试验设 4 个处理，茶园在 1 月份施复合肥 50kg/ 亩（常规对照区）、沼渣 800 kg/ 亩 + 常规施肥（试验区 1）、沼渣 1 200 kg/ 亩 + 常规施肥（试验区 2）、白龙珠微生物有机肥 80 kg/ 亩（试验区 3）。试验结果表明，土壤有机质含量速效养分明显提高，土壤容重明显下降，茶鲜叶物理性状有较大提高，增产效果明显。每亩增产幅度达 61.3%、50% 和 38.6%，茶园加施沼渣 800 kg/ 亩更优于其他处理。

（二）沼肥种菜

对照组 1 000kg 厩肥作基肥，50% 人粪尿 600 ～ 800 kg 追肥 4 次；实验组用 1 000kg 沼渣作基肥，50% ～ 100% 浓度 600 ～ 800 kg 沼液追肥 4 次。试验结果表明，平均亩增产 28.4%，成熟早，蔬菜色绿光亮，病虫少。

研究猪粪厌氧、有氧发酵物氮源在结球甘蓝种植上的应用技术，及其对减少化肥投入的替代效果，并从植物营养学及土壤环境角度进行评价。研究结果表明：在等氮量供应的情况下，施用猪粪沼液不仅可以替代化肥为作物提供生长所必需的氮素，而且还能提高养分的利用效率，对甘蓝的增产效果显著，见表 5-2 和表 5-3。

表 5-2 不同施肥处理对甘蓝产量的影响

处理	小区产量 /kg	小区生物量 /kg	产量 / 生物量	单产 /t · hm^{-2}	增产率 /%
不施肥料	19.2e	37.5e	0.51	26.8	—
单施尿素	48.3bc	70.1bc	0.69	67.6	152
单施沼液	60.0ab	85.6ab	0.70	84.0	212
单施堆肥	23.6de	43.5de	0.54	33.1	23
尿素 + 沼液	64.1a	91.5a	0.70	89.7	234
堆肥 + 尿素	34.7cd	55.1cde	0.63	48.5	81
堆肥 + 沼液	39.5c	59.5cd	0.66	55.3	106
堆肥 + 尿素 + 沼液	45.8c	67.4c	0.68	64.1	138

注：同一列中不同字母表示在 $P < 0.05$ 水平上差异显著。

甘蓝单产计算公式：单产（t · hm^{-2}）= 小区产量（kg）÷4（m^2）×10000（m^2）×56%。因为甘蓝实际生产中需要起垄做沟，其实际生产面积一般为总面积的 56%。

表 5-3 不同施肥处理对甘蓝养分含量的影响

处理	全氮含量 /g · kg^{-1}	全磷含量 /g · kg^{-1}	全钾含量 /g · kg^{-1}
不施肥料	20.6e	11.5ab	41.7ab
单施尿素	25.3bc	10.6ab	35.2b
单施沼液	28.2a	12.2ab	43.7a
单施堆肥	21.5de	11.6ab	43.0ab
尿素 + 沼液	25.2bc	10.5ab	39.5ab
堆肥 + 尿素	26.5ab	13.0a	38.5ab
堆肥 + 沼液	23.9bcd	10.0b	39.6ab
堆肥 + 尿素 + 沼液	23.3cd	9.3b	36.6ab

注：同一列中不同字母表示在 $P < 0.05$ 水平上差异显著。

（三）稻田养鱼施用沼肥

以 10 亩稻田为试验面积。在大田最后一次犁田时用沼渣作为基肥施用 1 次，施用量 1 000 kg/ 亩～2 000 kg/ 亩，以增加水、土中有机质含量；试验田 6 月 14 日插秧，6 月 25 日放鱼苗 9 000 尾 · hm^{-2}（140 尾 /kg）。沼肥养殖处理投放鱼苗 5d 后（6 月 30 日）开始施沼液 1 200 kg · hm^{-2}，沼渣 600 kg · hm^{-2}，以后每隔 6d 施用 1 次。随鱼种不断生长，施用量可略增加。

试验结果表明：沼肥养殖稻花鱼产量为 462 kg · hm^{-2}，比常规养殖（CK）（322.5 kg · hm^{-2}）增产 139.5 kg · hm^{-2}，增幅 43.26%；稻谷产量为 8 181 kg · hm^{-2}，比常规养殖（7 002 kg · hm^{-2}）增产 1 179 kg · hm^{-2}，增幅为 16.84%。

（四）沼肥种橘柚

以 100 亩橘柚果园为试验面积。3 ～ 4 月每株施用沼渣 30kg 作春梢肥，施肥方法为沿树冠滴水线挖 2 条长 1.2m、宽 30cm、深 40cm 的沟填施，施后覆土。同时，在果树生长期间每隔 1 个月沟施沼液 1 次，沼液通过管道灌溉至果园。夏季使用前沼液用水稀释 2 倍，以防高温季节浓度过高，烧伤根系。试验结果表明：橘柚表皮光滑、颜色鲜艳、病斑较少、果型好、商品性高，一级果率比常规施肥增加 38.6%，二级果率比常规施肥增加 16.1%，施用沼肥的橘柚产量增幅为 15.8%，单果重增加 10.9%，果实甜度提高了 1.3°。

（五）沼液浸种

对照组用清水浸种，实验组用 50% 或 25%（因品种而异）沼液浸种 48 小时（早稻）或 36 小时（中晚稻）。试验结果表明，秧苗素质明显提高，秧苗高度、根系长度、百株鲜重均明显增加，发芽率提高 2.3%，成秧率提高 4.3%，亩产提高 5.3%，发芽整齐，秧苗返青快，抗寒能力强。

（六）沼肥种葡萄

以 100 亩葡萄园为试验面积。沼液施用量为 67.5t · hm^{-2}，分别在萌芽期、膨果期、着色期和采果后进行沟灌。沼渣于萌芽前作基肥沟施，施用量 22.5 t · hm^{-2}，施后覆土。化肥施用同当地常规施肥。试验结果表明，施用沼肥处理的叶片厚，叶面积大，浓绿，有弹性，新梢粗，基部比施化肥宽 0.03cm，且颜色浓绿。施沼肥的葡萄比施化肥的单株穗数增加 0.3 穗，单穗重增加 4.6g，产量增加 4.2%，糖度增加 0.5°。

二、沼肥应用实例分析

福建省农业科学院农业工程技术研究所林斌项目组结合山区经济特色，开展沼液施用对茶叶、脐橙、杭晚蜜柚等经济作物的品质、产量、土壤营养、重金属等积累影响研究，为沼肥回田及资源化循环利用提供了重要的科学依据和技术指导，保障和促进了生猪养殖和生态循环农业的可持续健康发展。

以上杭县通贤乡文坑村浩祥福茶场为例，该茶场海拔520m，2005年春季移栽种植铁观音品种，树龄4年。栽植方式为畦栽密植，即沿与梯台垂直方向整1.3～1.5m种植畦，株行距为30cm×25cm，畦栽4行，每公顷栽植6.75万～7.5万株。据上杭县土肥站取样检测，该片茶园主要养分含量为：有机质10.737mg · kg^{-1}、碱解氮60.5 mg · kg^{-1}、有效磷15.1 mg · kg^{-1}、速效钾23.5 mg · kg^{-1}。介绍从2008年秋冬季至2009年秋开展的沼肥在生态茶园的应用研究，探讨茶园施用沼肥的效应及施用技术。研究表明，茶园施用沼液，在有机氮含量相同的情况下，施用沼液有机肥对提高茶树发芽密度、芽梢百芽重及单位面积鲜叶产量与成品茶加工品质的效果最为显著，可显著提高春、夏、秋茶发芽密度9.4%以上、芽梢百芽重9.8%以上、全年提高单位面积茶叶鲜叶产量16.1%。比较沼液、沼渣，春秋季芽头密度、春季鲜叶产量差异显著，百芽重及夏秋季和全年产量的差异则不显著，两者对茶树新梢生长的影响差异不大，说明施用沼液、沼渣肥对增加芽梢内含物含量，提升鲜叶质量作用显著。沼液中水溶性有效养分含量高，肥效更快。比较沼液、沼渣与鸡粪、猪粪，除夏季外，春秋季的芽头密度、百芽重都表现出极显著差异，最终在产量上也呈现出显著差异，说明沼液、沼渣对茶树新梢生长及加工品质的影响比鸡粪、猪粪明显。由于沼渣在沼气池内经过充分发酵、分解，从沼气池捞取出后又经日光曝晒，虽然有效磷钾含量不及鸡粪、猪粪，但是否含有茶树可利用的其他有效成分有待进一步分析研究。

以将乐县某果园为例，施用沼液可提高杭晚蜜柚产量19%，单果重8.5%，提高土壤中有机质、碱解氮、速效磷的含量，改善果园土壤品质。利用沼渣作为杭晚蜜柚的有机肥，可有效地提高杭晚蜜柚的单株产量，且可提高单株的优果率；提高果糖，降低果酸，改善果实糖酸比，优化杭晚蜜柚的果实品质，提高杭晚蜜柚生产的经济效益。施用沼渣有机肥种植杭晚蜜柚的生产技术，可减少化肥施用量，同时沼渣中富含生物活性物还有减轻病虫害发生的作用，可降低使用化肥和农药造成在农产品中的残留量，是杭晚蜜柚绿色产品的生产技术保证之一。沼渣作为优质有机肥，其丰富的有机质含量、生物活性成分、可利用有效矿物质元素成分以及多种可溶性有机营养，除了供给植物根部的吸收利用，更有意义的重要功效在于为杭晚蜜柚栽培土壤提供了长效优质的养分，有利于土壤层的生物群落的培养发展、土壤团粒结构的改善、土壤可利用微量元素营养成分的持续释放，对农业资源的有效循环利用具有重要的意义。

以福建省上杭县新元果业和绿然生态农庄脐橙果园区（以下分别简称样地Ⅰ和样地Ⅱ）两脐橙园区中的美国纽荷尔脐橙为研究对象，对施用有机肥和沼肥的不同种植年限果园区中土壤性状、土壤微生物群落、脐橙果实品质进行检测分析，为科学合理的施肥管理提供理论指导，以达到提高脐橙果实品质的目的。其中样地Ⅰ位于上杭县才溪乡岭和村205国道旁，果园区海拔在300m左右，面积20hm^2，现有美国纽荷尔脐橙约1100株。果园长期以施用有机肥为主，每年5至6月谢花后与12月采果后沿树冠滴水线挖两条长1～1.5m，深约30～40cm的沟进行有机肥填施，每株脐橙每次需施用7.5kg。样地Ⅱ位于上杭县湖洋乡观音井文光村，果园区海拔在250m左右，面积26.67hm^2，现有美国纽荷尔脐橙约1500株。该果园区长期以施用沼肥为主，每年5至6月谢花后与12月采果后，会沿树冠滴水线挖两条长1.2m至1.3m，深约30～40cm的沟进行沼肥填施，每次每株约施用沼肥7.5kg。通过研究施用不同年限沼液对果园土壤和脐橙果实品质的影响，发现和施用8年的沼肥相比，施用13年沼肥后，脐橙总碳、还原碳、可溶性固形物含量和糖酸比分别提高了10.6%、7.9%、8.1%、15.6%。施用8年和13年沼肥后，脐橙果园土壤速效K分别提高了78.6%和159.4%，表明施用沼肥可显著提高土壤速效K含量，同时土壤有机质分别提高了60%和76.3%，水解N提高了87.9%和97.0%，沼肥的施用也提高了脐橙果园土壤微生物种类丰度和生态指数。施用13年沼肥的土壤未出现营养元素超标现象。项目还分析施用沼液对脐橙果实及土壤重金属含量的影响，发现施用沼肥 13 年后，土壤及脐橙 As、Cu、Cr、Pb 等重金属未见有显著增加趋势。

三、生态效益

沼液、沼渣的综合利用，通过微生物技术和废弃物资源化技术，从气、水、土等多方面改善美化人居环境，保障人民健康。其一，通过资源化后的沼肥返田，减少化肥、农药的使用，保证了土壤的安全、无污染，间接保障了农副产品和人民群众餐桌的安全。其二，起到节能减排效应，从污染源头加强控制、治理，各类污水经过标准化的污水处理技术进行处理，达标后排放或回用，大量减少了水资源的浪费和排放到自然河道的 COD、氨氮等。其三，可以帮助农业提标升级，发展生态农业，积极实现环保、农业等领域新产品新技术的产业化和市场化，产生良好的生态效益。

四、社会效益

通过大力推广实现沼液、沼渣的综合利用的微生物技术和废弃物资源化技术，有利于建立生态循环农业立体种养技术应用模式，发展无公害优质农产品，满足市场的需求。以养殖场 + 基地 + 农户形式，带动本地农户按照生态循环模式进行生产，推动符合本地实际的农业产业化发展，为现代农业建设提供了人才资源；积极推广应用配套无公害栽培技术，减少化肥、农药投入，显著保护和完善农田生态环境，促进了农业的可持续发展，取得了显著的社会生态效益。

第四节　沼液膜浓缩肥水分离资源化利用技术

沼气工程是目前养殖废弃物污染治理的最主要解决办法。然而，沼气工程所产生的沼液存在产量大、处理成本高、储存运输困难和营养物质含量偏低等问题，同时大量的沼液排放与农田季节性需肥不能匹配，而我国农田资源有限，养殖业也没有足够的土地面积来消纳日益增加的沼液，长距离运输且能耗大、成本高，无法实现资源化和产业化运行，使得沼液成了严重的污染源。沼液又是一种很好的肥料和天然生物农药，沼液中含有丰富氨基酸、糖类、生长活性物质、天然抗病虫害物质等小分子物质及有益微生物，若能将沼液中的有效物质进行浓缩，不仅能实现沼液的商品化、资源化利用，也能大大降低沼液达标排放的处理成本和环境保护压力，从根本上解决养殖业沼液污染。

开发沼液浓缩液态有机肥，实现沼液资源化利用。沼液膜浓缩肥水分离资源化利用技术，可将沼液浓缩 5 倍（100t 沼液变成 20t 浓缩液和 80t 透过液）至 10 倍，能使沼液经处理后 80% ～ 90% 的透过液达到排放和农田灌溉水标准，还有 10% ～ 20% 的浓缩液开发成符合农业行业标准的液体肥料，以解决沼液中营养物质浓度过低、沼液原液体积大、运输成本高以及就近实施农业消纳又存在消纳能力不够、冬季储存不配套等系列问题，从而实现沼液的循环利用。沼液膜浓缩肥水分离资源化利用技术具有系统自动化程度高、不改变组分构成和能耗低等特点，但一次性投入相对较大，适合在沼液社会化服务组织和大型规模养殖场中推广应用。

一、技术工艺流程

沼液经曝气吹脱部分氨氮并调整污泥性质后，经离心或气浮设备进行固液分离，并输送至沉淀池进行沉淀，沉淀去除沼液中含有的固体颗粒物，分离出的固形物用于堆肥发酵生产固体有机肥。

上清液经增压泵输送到高效过滤器等多级过滤系统，进一步去除小颗粒的悬浮物、胶体和机械杂质达到膜过滤处理标准。经过多级过滤的沼液在杀灭和抑制细菌和病毒后进入膜预处理装置进行预处理，然后进入膜浓缩设备进行浓缩。经一级膜浓缩设备处理后，得到的一级膜浓缩沼液调配后制成液体有机肥；透过液再经过二级膜浓缩设备，浓缩液与一级膜浓缩沼液进行调配，利用方向可作为植物营养液和土壤改良剂；透过液达到标准排放至人工湿地或经消毒后回用或用于种植水生植物。工艺流程如图 5-4 所示。

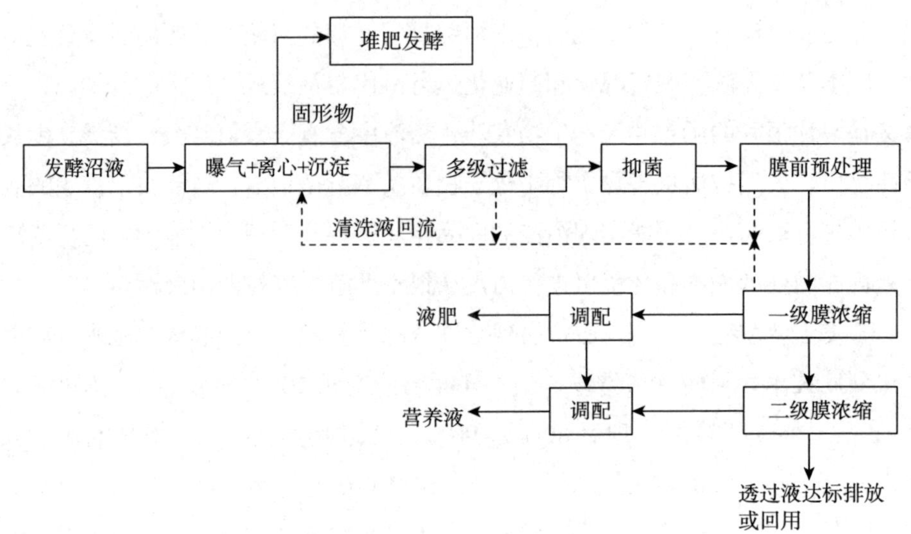

图 5-4　沼液膜浓缩肥水分离资源化利用技术工艺流程

二、技术要点

膜浓缩技术适用于畜牧饲养场沼气利用后产生的一般沼液的浓缩。

处理温度的增加使得沼液黏度下降，沼液中的有机物质扩散系数增大，降低了膜表面对物料的吸附，膜通量增大。但操作温度的选择还受到膜材料耐热性和物料热敏性等限制。建议处理沼液适合温度为 10 ～ 35℃，最佳温度范围为 20 ～ 28℃。

膜通量与操作压力呈线性相关。但是，操作压力的增加也会一定程度上改变纳滤膜的表面结构，长期在较高的操作压力下工作会导致纳滤膜的功能遭到破坏，膜的渗透功能下降，从而影响营养液浓缩和污染物的分离。另外，操作压力的增加使得能耗也逐渐增大，导致较高的处理浓缩成本。建议选取纳滤不大于 1.5 兆帕，反渗透不大于 5 兆帕的操作压力作为工作条件。

膜的污染主要来自污泥污染、无机盐结晶、有机物污染和微生物污染四大类，控制并有效清洗是直接影响沼液膜浓缩系统运行成本的主要因素。根据沼液的不同类型及形状，选择适用的固液分离工艺及设备，选择合适的运行参数不仅能保障系统的稳定、安全运行，而且能显著降低运行能耗和清洗药剂耗费。

对于无机盐结晶的控制，投加针对性开发的专用阻垢剂能有效地缓解污染，延长膜的清洗周期。对于有机物和微生物污染的清洗，也针对性地开发专用清洗配方和清洗剂，使用清洗剂能显著提高清洗的效果，减少药剂的用量。

三、适用范围

本沼液资源化处理技术适用于经畜牧饲养场正常产气后的一般沼液，处理的沼液适合温度为 5 ～ 35℃，最佳温度范围为 20 ～ 28℃。

由于核心浓缩分离部分采用模块化单元设计，因此本技术适用于各类大小养殖场，可为养殖场业主按实际所需量身定制。

本技术是沼液资源化利用技术，需和沼液肥料化和生态消纳技术相衔接，不适用于无法实现沼液生产有机肥以及沼液还田消纳的牧场。

沼液膜浓缩肥水分离资源化利用技术有利于沼液的资源化，可以使沼液中的固形物、水溶性有机质、清水都能实现资源化及回用。该技术出水稳定，几乎不受温度、气候的影响；浓缩倍率可调，可灵活用于生产不同的有机肥；处理效率高，占地面积小；设备运行各参数有表计，可直观并迅速了解设备运行状态。

另外，沼液膜浓缩肥水分离资源化利用技术属于工业化技术，初期投资略高。操作维护的复杂性高于生化处理，处理成本相对于生化处理更高，同时对操作人员要求较高，需有专人操作。

第五节　沼肥利用的重金属残留风险分析

一、沼肥利用过程中重金属残留风险分析

福建省农业科学院农业工程技术研究所沈恒胜、徐庆贤等依据植株体对重金属 Cd 的被动吸收与传输特点，选择地瓜叶作为主要试验材料，以施用清水和复合 NPK 肥为对照，沼肥施用期间，定期采集种植蔬菜，分析不同形态

沼肥（沼液、沼渣、沼液＋沼渣）对蔬菜中Cd残留动态积累的影响。沼液有机肥浇灌量：12 m^3/亩，每7d浇灌一次。沼渣施用方法及用量：以基肥施用，用量为150 kg/亩，每7d施用一次。沼液＋沼渣施用方法及用量：以沼渣为基肥，用量为150 kg/亩，沼液灌溉量为6 m^3/亩，每7d浇灌一次。在此基础上，进一步分析不同形态沼肥对地瓜植物的叶、茎中Cd残留分布的动态影响；通过浇灌沼液有机肥，动态分析叶用地瓜对几种重金属的累积吸收相关关系。

沈恒胜、徐庆贤等选择辣椒、茄子、黄瓜、番茄等蔬菜种类为瓜果类蔬菜试验材料，分析施用沼渣有机肥作为基肥，对蔬菜产品中Cd残留的影响。沼液有机肥用于辣椒：辣椒于2007年10月种植，种植间距为0.5 m×0.4m，每一大棚分成六畦，对照与施用沼液的样品各三畦，每一周用沼液浇灌一次，沼液浇灌量为1.2m^3/亩。沼液有机肥用于茄子：方法和用量同辣椒。沼渣有机肥用于黄瓜：黄瓜于2007年10月27日种植，沼渣施用量为500kg/亩。沼液有机肥用于番茄：番茄于2007年10月种植，种植间距为0.5 m×0.4m，每一大棚分成六畦，对照与施用沼液的样品各三畦，每一周用沼液浇灌一次，沼液浇灌量为1.2m^3/亩。沼肥施用试验结束时，结合分析施用沼肥蔬菜中的Cd残留，同时采集菜园土壤，分析沼肥施用后土壤中的Cd残留，为后续农作物种植的Cd残留风险提供依据。

沈恒胜、徐庆贤等重点围绕以畜禽排泄物为主要原料的沼气发酵残留物作为果蔬种植有机肥利用，其重金属镉在农产品中的分布特征、农产品安全性的利用依据进行研究，研究主要结论如下。①比较沼液、沼渣、沼渣＋沼液种植叶用地瓜和黄瓜、辣椒、茄子等蔬菜的Cd残留，结果显示：施用沼渣、沼渣＋沼液肥的农产品中，Cd累积含量高于仅施用沼液肥的产品含量。②比较对叶用地瓜和黄瓜、辣椒、茄子等蔬菜施用沼肥的Cd残留分析结果：叶菜类（地瓜叶）中的重金属镉累积含量高于瓜果类产品的Cd累积含量；两类成熟收获期蔬菜产品中的残留，均符合国家食品污染物残留限量标准，即：瓜果类产品$<0.05mg \cdot kg^{-1}$、叶菜类产品$< 0.2\ mg \cdot kg^{-1}$（GB 2762—2005）。③依据上述试验结果，以农作物和畜禽排泄物为主要沼气发酵原料的沼肥，在作为有机肥施用过程中，不应忽略沼渣残留物中的重金属累积残留对农作物安全标准

的影响。建议以沼液浇灌技术为宜，优于施用沼渣基肥，或一定混用比例的沼液＋沼渣基肥；以灌溉沼液施用于瓜果农产品优于施用于叶菜类农产品；依据沼渣残留时间，应有计划地安排分析测定沼肥有害重金属的累积残留，为沼渣有机肥安全施用提供依据。对于重金属含量较高的沼渣，建议采用生物降解或减量法技术进行有害重金属的排除。

二、近红外光谱（NIRS）技术快速检测沼肥镉含量

常规用于重金属镉的分析方法包括最传统的化学重量法、火焰原子吸收光谱法，以及采用现代高科技手段的等离子质谱法等。无论是传统的还是现代高科技手段的分析技术，无论是分析其无机态、有机态还是活性程度高的可迁移态的镉化合物，这些分析技术都无法回避一个重要环节，即均需要在对分析样品进行化学消化（或消解）的前处理基础上，方可开展后续的分析检测过程。近红外漫反射光谱分析法是一种快速、准确、对样品无需化学性破坏、无污染的简便分析方法，可弥补化学重量法、原子吸收光谱法测定重金属镉元素含量存在的缺陷。

福建省农业科学院农业工程技术研究所的沈恒胜、徐庆贤等重点围绕以畜禽排泄物为主要原料的沼气发酵残留物作为果蔬种植有机肥利用，其重金属镉在农产品中的分布特征、农产品安全性的利用依据以及近红外漫反射光谱技术对重金属镉二次污染快速检测的应用开展可行性研究。研究主要结论如下：从近红外漫反射光对建模样品的扫描光谱信息分析，显示此类样本相关成分的分布及其极值含量变化趋势；样本群定标建模的内部交叉验证分析结果显示，除样本群的蛋白质含量外，样本 Cd、Cu、Zn 含量预测模型的交互验证误差相关系数（1–VR）＜ 0.6，通过叶与茎样本亚群分类得以明显提高，说明地瓜叶与茎组织在这类重金属元素含量上有明显差异，所建模型样本群的含量分析值变异较大。试验结果表明，近红外漫反射光谱技术应用于预测蛋白质螯合重金属 Cd 在农产品中的残留，具备潜在技术应用可行性。由于 Cd 在植物中的含量低于 $mg \cdot kg^{-1}$ 级，在不同植株组织部位含量分布差异较大，因此对其定标建模样本群的代表性及分类、样本粒度的均匀性以及建模样本的化学值分析准确性都有较高要求，是建模优化的重要途径。

该研究利用近红外漫反射光谱技术对蛋白质含量建模定标预测的成熟应用技术，以有机物－金属的螯合作用为依据，分析验证了 NIRS 技术对沼肥农产品 Cd 残留快速预测的建标定模及预测技术应用的潜在可行性，并提出建模标样的样本群建立及优化条件。结论为进一步研发近红外漫反射光谱对沼肥有机农产品 Cd 农残二次污染的快速监测技术，以及开展对农产品重金属污染监测应用，提供了重要的理论与技术依据。

第六章
沼气工程实例

第一节 福建省优康种猪有限公司沼气工程

福建省优康种猪有限公司位于福州市闽侯荆溪镇，是一家生猪存栏数5 000头的规模化养猪场。养猪场污水属于高浓度有机污水，主要成分为大量的猪粪尿以及部分散落的残余饲料，其主要污染物是有机质、氮、磷等，并且含有较多的粪大肠杆菌群和蛔虫卵等寄生虫卵。猪场粪污前处理采用干清粪工艺，结合养猪场内母猪、育肥猪和保育猪的比例，确定全场产生污水量约75 m^3/d，其污水指标如下：COD_{Cr} 为9 751.3 ～ 13 412.5mg · L^{-1}、平均为12 574.1 mg · L^{-1}，BOD_5 为3 472.4 ～ 5 780.8mg · L^{-1}、平均为4 589.3mg · L^{-1}，SS为3 256.2 ～ 4 515.7 mg · L^{-1}、平均为4 148.4mg · L^{-1}，NH_3-N为972.5 ～ 1 275.6mg · L^{-1}、平均为1 156.7mg · L^{-1}，TP为72.7 ～ 96.9mg · L^{-1}、平均为86.7mg · L^{-1}，pH值为7.23 ～ 7.38、平均为7.31。

本节以该公司作为研究对象构建猪粪污处理和资源化利用模式，解决规模化猪场粪污治理与废弃物综合利用问题。

一、沼气工程工艺流程

本技术工艺最大特点是多项污水治理技术以及资源化利用技术的集成与创新，主要包括以下4个方面：①实施干清粪，应用福建省农科院自主研发FZ-12固液分离机作为前处理固液分离；②采用推流式厌氧发酵和微曝气生物滤池技术相结合处理粪污水；③厌氧发酵池产生沼气、沼液经过净化处理后进入温室大棚应用；④干清粪猪粪和固液分离后产生粪渣进行厌氧干发酵装置中进行堆肥发酵处理。

综上所述，根据循环经济原理，依据规模化养猪场粪污特性，本工艺技术采用沉砂池 – 固液分离 – 酸化池 – 厌氧发酵池 – 好氧池 – 沉淀池 – 氧化塘技术相结合以及沼气、沼渣、沼液的综合循环利用。其主要工艺流程如图6–1所示。

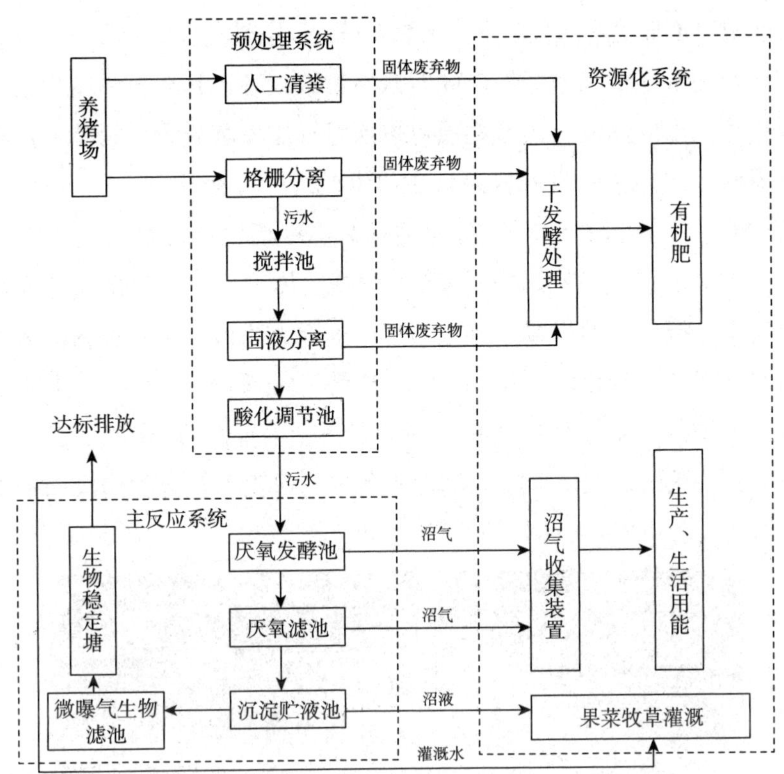

图 6-1　污水处理工艺流程

二、沼气工程系统构筑物

（一）预处理系统构筑物、设备及参数设定

预处理技术主要包括猪舍中人工清理猪粪、粪污分离技术以及污水酸化。其主要设施和设备有格栅池、沉砂池、固液分离机以及酸化调节池。格栅主要是分离去除猪场粪污中猪毛、杂草等杂物，防止阻塞污水泵以及影响后续处理单元的正常运行。格栅结构为砖混结构，设置有格栅 2 道、格网尺寸 20 mm、格栅倾角 65°。沉砂池为砖混结构，设置有 2 个，尺寸为 1.5m×1.5m×0.6m，主要作用是去除污水中的砂石和猪粪污水中较大颗粒。

固液分离机能够去除污水中大量的粗纤维等有机物质，用在规模化猪场粪污处理工艺前处理，可以有效降低排放污水有机物浓度，有效减少厌氧发酵池沉渣堆积，延长使用寿命，避免厌氧发酵池阶段性清池的麻烦，提高整个工艺系统运行的可靠性和稳定性，同时减轻后续处理工程压力和减少投资。固液分离机分离出的粪渣等固形物质可以通过堆肥发酵或者干发酵生产有机肥料。本系统中采用福建省农科院自主研发 FZ-12 型固液分离机（图 6-2），并配套建设了一个搅拌池。搅拌池结构为圆柱形钢筋混凝土结构，尺寸为 φ2.5m×H3.0m。该固液分离机设备可根据整体工艺和处理模式的要求，调节分离流量与振动筛网目数，滤取污水中的固态物，减少固态物的入池量，实现污水处理的减量化。其长 × 宽 × 高为 1.1m×1.2m×1.8m，电机功率为 0.75kW，处理污水能力为 15t · h^{-1}。在设计上，内置振动筛系统、螺旋送料系统和自动冲洗系统；在性能上，集污水的输送、固态悬浮物的振动筛选与挤压、筛网的自动冲洗为一体。

图 6-2　FZ-12 型固液分离机

酸化调节池采用钢筋混凝土结构，体积为 100 m^3，尺寸为 10.0m×5.0m×2.0m，水力停留时间 HRT 为 0.67d。其主要作用是对经格栅、沉砂池和固液分离池预处理后的污水进行混合、储存和调节，起到初步酸化水解作用，以满足后续厌氧发酵工艺的技术要求。

（二）厌氧发酵系统

厌氧发酵系统是去除规模化猪场污水有机物质的主要设施，本工艺主要包括推流式厌氧池、推流式厌氧滤池和沉淀贮液池。

厌氧反应池是沼气工程中关键的工艺装置之一。在厌氧发酵过程中，规模化猪场高浓度粪污中 80% 以上的 COD_{cr} 和 BOD_5 被消化去除。本项目工程选用地埋推流式厌氧池（图 6–3），厌氧池结构采用钢筋混凝土方形结构，并在池内设置破壳装置和排渣装置。采用覆土作为保温层，设计厌氧反应池有效容积 1000 m^3，水力停留时间 HRT 13.3 d，基本上可以做到常年产气，年平均产气率≥ $0.40m^3 \cdot m^{-3} \cdot d^{-1}$。经地埋推流式厌氧反应池后，污水进入推流式厌氧滤池。推流式厌氧滤池采用钢筋混凝土方形结构，并采用聚乙烯填料，填料间隔 0.5m。设计厌氧反应池有效容积 500 m^3，水力停留时间 HRT 为 6.7 d。

图 6–3　地埋推流式厌氧池

经厌氧发酵后的沼液直接排入沉淀池。沉淀池采用钢筋混凝土浇筑，有效容积 150 m^3，水力停留时间 HRT 为 2.0d。经厌氧发酵后的污水如果有机物浓度过高，可以在此池中投加絮凝剂，进一步去除污水中悬浮物和颗粒物。

（三）厌氧发酵后系统

好氧发酵系统是对厌氧发酵后的沼液进一步进行生化处理的设施设备。粪污中有机污染物在有氧条件下大部分被好氧微生物降解，最终出水接近或达到达标排放。本工艺设施主要包括微曝气生物滤池、混凝沉淀池、生物稳定塘。

微曝气生物滤池（图 6–4）采用混凝土浇筑，长方体结构，设计容积 100 m^3，长 × 宽 × 深为 20.0 m×2.5 m×2.0 m。采用聚丙烯 ZH901 弹性立体填料，安装间隔 150 mm，填料成膜后重量 60 ～ 80 mg，规格为直径 150 mm× 片距 60 mm。曝气方式采用底部微孔曝气，动能采用三相异步电动机（型号 Y100L2-4，电压 380 V，功率 8kW）。曝气设备采用 ZL 管式微孔曝气器（图 6-5），微孔为“V”字型，梅花形打孔可变性好、不易破裂。该曝气器采用日本进口的 EPDM（Ethylene Propylene Diene Monomer）三元乙丙橡胶、改良塑料增强化纤生产而成，规格 φ65 mm×650 mm，安装间隔 500mm。经特殊加工软管周径都有气孔，应用国外抗浮力先进技术，两头四点同时进气，进气量 2.5 $m^3 \cdot m^{-1} \cdot h^{-1}$，风压控制在 2.5kPa，曝气时在水中产生微小气泡，每天可处理水量 50t。该曝气器的优点是能耗低、动力效率高、服务面积大和氧利用率高。

图 6-4　微曝气生物滤池

图 6-5　ZL 管式微孔曝气器

经好氧处理后的污水直接排入混凝沉淀池。沉淀池采用钢筋混凝土浇筑，有效容积 50 m^3，水力停留时间 HRT 为 0.67d。可以在此池中投加絮凝剂，进一步去除污水中悬浮物和颗粒物。

经过微曝气生物滤池和混凝沉淀池后，污水水质基本能达到《畜禽养殖业污染物排放标准》（GB 18596—2001）规定的排放要求。但如果规模化猪场离居民区比较近的话，需要达到《城镇污水处理厂污染物排放标准》（GB 18918—2002）中的二级以上污水排放标准，部分指标可能无法达标。因而后续处理中设置生物稳定塘（图 6-6），合计 4 667m³，在水体顶部设置有 6 台叶轮增氧机，促进好氧微生物进一步消耗污水中的有机物质。

图 6-6　生物稳定塘

三、沼气工程处理效果

该规模化猪场粪污处理采用达标排放与废弃物资源化利用相结合的治理模式。2013 年 1 月 1 日至 2013 年 12 月 31 日期间，每月上、中、下旬分别对测试点进行多点取样、检测污水中 pH、COD_{Cr}、BOD_5、SS、NH_3-N 和 TP。COD 测定采用《水和废水监测分析方法》（第三版）中重铬酸钾法；pH 值测定采用电子 pH 计；NH_3-N 测定采用《水和废水监测分析方法》（第三版）中纳氏试剂光度法；BOD_5 采用《水和废水监测分析方法》（第三版）五日生化需氧量测定方法；TP 采用《水和废水监测分析方法》（第三版）钼锑抗分光光度法；SS 采用过滤烘干法。

根据结果来看，运行效果较稳定，出水水质良好。通过对固液分离预处理系统、厌氧发酵系统以及好氧发酵系统等出口多次监测，污水处理基本达到了预设目标。见表 6-1。

表 6-1 污水处理水质的检测结果

项目	污水指标					
	pH	SS $mg \cdot L^{-1}$	COD_{Cr} $mg \cdot L^{-1}$	BOD_5 $mg \cdot L^{-1}$	NH_3-N $mg \cdot L^{-1}$	TP $mg \cdot L^{-1}$
固液分离预处理系统出口	7.18	1623.2	5685.4	1821.8	839.6	58.3
去除率 /%	—	60.9	54.8	60.3	27.4	32.8
厌氧发酵系统厌氧滤池出口	7.37	618.3	796.4	592.1	442.2	45.7
去除率 /%	—	61.9	86.0	67.5	47.3	21.6
好氧处理系统生物稳定塘出口	7.42	27.2	72.6	27.3	24.9	4.7
去除率 /%	—	95.6	90.9	95.4	94.4	89.7

注：⑴各单元出口值为下一单元入口值；⑵去除率为单元去除率；⑶各项指标均为多点、多次检测平均值。

表 6-1 显示各主要单元处理效果。从污水水质主要指标参数 COD_{Cr}、BOD_5、SS、NH_3-N 和 TP 来看，在预处理系统中，猪场粪污通过格栅、固液分离等技术处理后，去除率分别达到 60.9%、54.8%、60.3%、27.4% 和 32.8%，说明固液分离大大降低了后处理单元的负荷，起到系统减负的关键作用。在厌氧发酵系统中，COD_{Cr} 和 BOD_5 的去除率分别达到 86.0%、67.5%，而对于 NH_3-N 和 TP 的处理效率都很低，说明该系统主要是去除粪污中的有机物质，同时也表明该系统是污水处理中的关键环节。根据好氧处理系统对各种主要指标参数的降解情况来看，整个好氧阶段对于有机物质、NH_3-N 和 TP 的去除率都很高，说明了该工艺系统中，好氧阶段是污水后续处理的重要组成部分，也是污水达标排放的关键技术。

从污水处理的整体效果上来看，最终出水水质的各项指标均符合《畜禽养殖业污染物排放标准》（GB 18596—2001），除 TP 达到《城镇污水处理厂污染物排放标准》（GB 18918—2002）中的三级污水排放标准外，其余污水指标均达到《城镇污水处理厂污染物排放标准》（GB 18918—2002）中的二级污水排放标准，说明该工艺在技术上是可行的。

四、沼液利用系统

沼液是一种速效有机肥，富含 17 种氨基酸、活性酶、微量元素以及 N、P、K 等营养物质。示范规模化猪场沼液利用主要有两个方面。

第一，用于猪场 160m² 温室大棚内无土栽培滴管用水。建设了 1 个容积 12.5m³ 的长方体结构沼液过滤池，长 × 宽 × 深为 2.5m×2.5m×2m。沼液滴灌管道材质为 EPDM 橡胶，设置水压 1 500mm 水柱，滴灌管道定时冲洗，每隔 7d 用清水缓冲冲洗，滴灌管道间隔 0.7m，管径 2cm，滴灌孔间隔 30cm。

第二，作为猪场周边千亩橄榄树、茶树等经济林施肥灌溉用水。根据猪场地形自然坡度和种植结构特点，建设了 1 个容积为 150 m³ 的钢筋混凝土储液池，利用泵将沼液从沉淀池处直接抽至储液池。通过沼液集水井缓冲系统，可以实现雨污分流，还可以通过控制沼液的流量、流速和流向，实现远程灌溉，节省大量的劳动力成本，同时保证所有的沼液通过沼液输送管道，输送到经济林和大田中，替代化肥节约大量的种植成本，效益十分显著。

五、粪渣、沼渣利用系统

粪渣、沼渣利用系统主要是应用厌氧干发酵装置，对干清粪扫出的猪粪、固液分离机分离出粪渣以及厌氧发酵池和沉淀池排出沼渣进行厌氧堆肥熟化，形成有机肥料。

根据产业化生产的厌氧干发酵装置结构的优化设计要求，除必须保证发酵工艺基本条件要求外，更要考虑到装置制作的难易程度、成本的高低以及力学性能、运行管理等综合因素。厌氧干发酵装置实物如图 6-7 所示。厌氧干发酵装置设计要点：①厌氧干发酵装置采取上半部分球筒冠体和下半部分筒体镶嵌粘合，容积 10m³，上池高 1.765m，下池高 0.3m，筒直径 2.48m，设计压力 600mm 水柱；②上半部分球筒冠体和下半部分筒体镶嵌粘合采用橡胶圈和铁件密闭，橡胶圈宽 10cm，安装于凹凸槽内，铁件通过工厂定制，密闭采用活动螺丝件旋紧；③厌氧干发酵装置底层设置固液过滤层和沼液储存层，过滤板采用玻璃钢木板结构，厚 20mm，孔隙采用倒梯形结构，上孔隙 Φ5mm，下孔隙 Φ8mm，沼液储存层高 30mm；④厌氧干发酵装置外部设置沼液回流池，沼液回流池采用长方体结构，长 × 宽 × 高为 1m×1m×2m。沼液通过污水泵和淋浴头喷灌回流。

图 6-7　厌氧干发酵装置

示范规模化猪场应用厌氧干发酵装置，一次性投资较少，运行费用低，并且循环利用了沼气，有效杜绝了甲烷气体对大气臭氧层的破坏。同时，有助于解决集约化养猪场猪粪便带来的环境污染问题，促进农业生态平衡，杜绝病原微生物和寄生虫的传播，有利于养猪场的可持续发展，并且生产出的有机肥有利于改善土地结构，减少化肥施用量。

干发酵装置对于粪便处理，特别是中小型猪场的粪便资源化、无害化和肥料化有很好的应用前景。本装置创新性在于材料、结构、工艺。①材料上：应用由玻璃加强纤维、不饱和树脂、固化剂、促进剂和添加剂等原料经过特殊配方制作而成的玻璃钢材料。②结构上：干发酵装置采用组装式设计，可以实现工厂化生产，并且在进出料口进行了特殊的橡胶凹凸槽密封及加强设计，同时，增加沼液自循环装置，缓解酸化。③工艺上：利用厌氧干发酵替代好氧翻堆堆肥，节省能源，在对粪污进行处理的同时实现了猪场粪便的资源化、肥料化。

六、沼气能源智能控制温室大棚

沼气利用系统包括贮气设备、脱硫器、阻火器、输配管道以及用能设施、设备。猪场粪污经厌氧发酵后产生的沼气，通过气水分离器脱水后进入脱硫装置进行脱硫，脱硫后的沼气计量后进入贮气设备贮存，经输配系统，用于猪场内温室大棚示范生产以及职工生活用能。

温室环境控制的重点主要就是针对土壤和空气的光照、CO_2浓度、温度以及湿度等要素进行调控与管理，为作物的生长发育创造适宜环境。以沼气为温室环境控制要素调控提供能源，以沼液作为温室环境土壤调控肥料是温室环境控制的新课题。建立温室智能监控系统，能够推动温室设施园艺现代化。作物生长过程中受众多环境因素的影响制约，这些环境因素之间也相互影响和相互制约。由于单因子温室智能控制只针对某一因素进行控制，不考虑其他因素的变化和影响，因而其控制的局限性比较明显。只有采取多因子温室智能控制，才能达到环境因素的优化组合，可不同程度弥补单因子温室智能控制的缺陷。

针对温室设施农业环境数据的监测与环境控制需要，设计了一套以 LJD-51-XA+ 单片机为控制核心的智能监控系统。该系统综合运用传感器技术、自动检测技术和通信技术等实现对温室温度、湿度、光照度、CO_2浓度的采集、存储、显示、监测和控制，以沼气为能源实现温室温度和CO_2浓度的控制，实现了温室大棚低成本、高效、高产的可持续运营。

（一）ZJK-1 型智能温室控制系统构成

针对智能温室的特点，智能温室控制系统应是一种具有良好控制系统、较好的动态品质和良好稳定性的系统，对植物生长不同阶段的需求制定出检测的标准。对温室环境进行检测，并将测得的参数比较后做相应的调整。

温室生态环境控制系统由三个部分组成：①信息采集信号输入部分，它包括室内、室外温度、湿度、CO_2浓度及光照等；②信息转换与处理，主要功能是将采集的信息转换成计算机可以识别的标准量信息进行处理，输出决策的指令；③输出及控制部分，控制风机、喷雾系统、遮阳系统及灯的开关等系统，使植物的生长实现车间化的生产控制过程。

（二）ZJK-1 型智能温室控制系统工作原理

智能温室自动控制系统工作原理如图 6-8 所示。

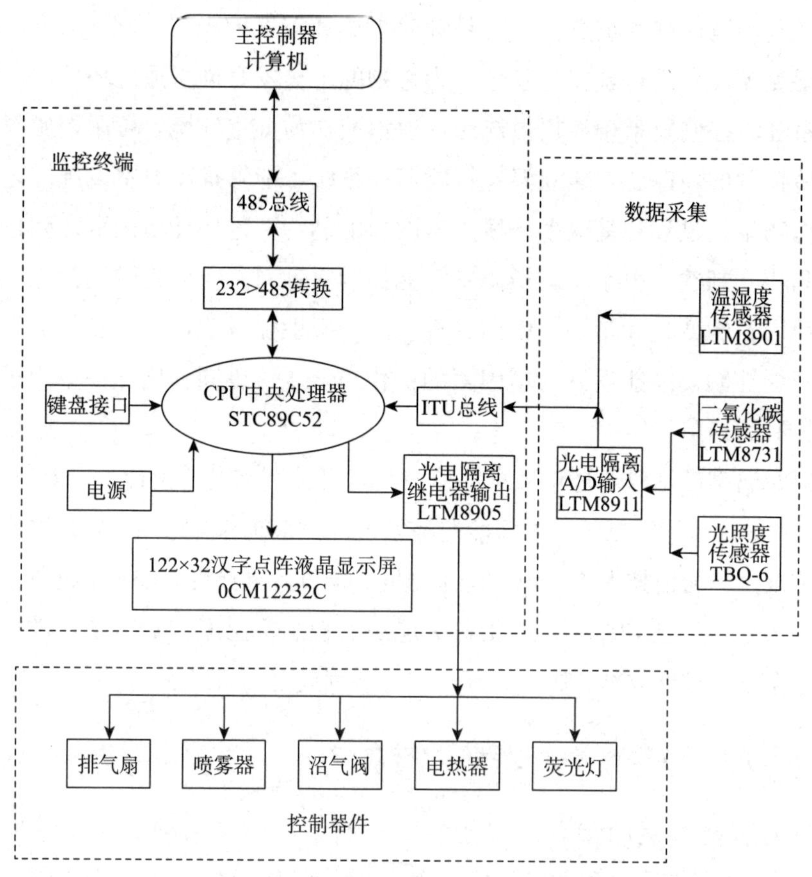

图 6-8　智能温室自动控制系统原理

如图 6-8 所示，采用目前通用的 STC89C52 作为 CPU 中央处理器，负责采集温湿度传感器、CO_2 传感器、光照度传感器数据，将采集到的数据显示在 LCD 屏上，同时通过 RS232 转换 485 模块将数据传送给上位机。另外该处理器通过光电隔离器件及继电器驱动执行机构包括排气扇、喷雾器、沼气阀、电热器、荧光灯等。

PC 即个人计算机是本系统的另外一个核心，它不但负责显示下位机送上来的现场数据，而且根据数据做出决策，将需要让执行机构动作的命令通过 485 处理，这样就完成了整个智能控制。LCD 主要用来分时显示温湿度、CO_2、光照度以及执行机构所处的位置，显示间隔约 5s，适合大部分人的眼睛反应。

（三）ZJK-1 型智能温室控制系统方案设计

智能温室自动控制系统总体结构主要分为上、下位机部分，数据采集及测量部分以及执行部分。主程序流程如图 6-9 所示。

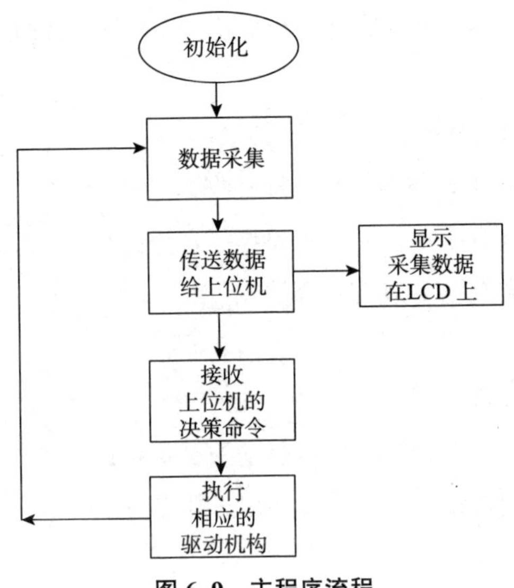

图 6-9　主程序流程

1．上位机部分

上位机系统选用个人计算机，主要用于记录每天的各种采集数据，实时显示及修改各种控制数据，进行系统控制及通信。本系统应用可用 VC（可视化语言）作为开发工具，不但可以实现多输入、多输出、大滞后的非线性控制变量，还能实现实时、有效的人机接口（HMI）的可视化界面。通过分析下位机传上来的数据，调节灯、喷雾器、通风等开关，使智能温室环境达到作物生长需求条件。

2．下位机部分

下位机系统选用单片机和 DSP（数据通信信号处理机），主要用于智能温室环境因素检测及控制，完成数据处理，同时将控制及测量结果传到上位机，并接受上位机指令。

本系统选用的单片机为 LJD-51-XA+ 单片机。LJD-51-XA+ 是一款带下载调试软件和在线测试软件的控制板，带 128K SRAM，2 路独立的标准

RS232/RS485 串行接口，带 40 路标准可编程 I/O 口，8 路 12 位高速 A/D，1 路 10 位 D/A 输出，LCD 液晶接口，键盘 / 显示接口，打印机接口。能满足本系统的要求。

利用上位软件，将温室内各传感器采集到的数据通过总线传到上位机，再通过 RS232/485 转换器传输给上位机和执行机构动作完成各项控制功能。

3. 数据采集及测量部分

各种高性能传感器对外界气候环境数据以及智能温室内的温湿度、CO_2 含量及光照进行实时数据采集，并将测量结果通过接口送至上位机中，上位机根据控制要求对整个智能温室进行综合控制。

4. 执行部分

执行部分包括 CO_2 施肥机、分机、加热机，水暖混水调节控制、灯光补光设备，通过上位机输出的控制信号驱动执行机构以实现上述功能。各执行部件的限位开关的常闭点都接在电机线路里，用常开点作为上位机的输入信号，可以保证执行机构的安全。

（四）ZJK–1 型智能温室控制系统特点

ZJK–1 型智能温室控制系统特点主要包括以下 3 点。

（1）两种现场数据显示方式：可以在现场通过 LCD 看到实时数据显示，也可以通过远程计算机看到采集数据。

（2）采用 RS485 通信：方便现场安装，通信距离较远，方便系统扩展。

（3）采用单总线结构：只需将数据线接到单总线上，就可以连接硬件，而且易于扩展其他传感器。

（五）ZJK–1 型沼气智能调控系统数据采集系统电缆连接

1. 面板左侧连接器

面板左侧连接器标识从左到右为 1 ～ 12，见表 6–2。数据采集盒端子排列如图 6–10 所示。

表 6-2　面板左侧连接器

引脚	名称	说明	引脚	名称	说明	引脚	名称	说明
1	T+	—	5	GND	电线接地端	9	GND	电线接地端
2	T-	—	6	+5V	电源正极 +5V	10	+24V	电源正极 +24V
3	R+	R+ 和 R- 已经连接了一个 120Ω 的电阻	7	GND	电线接地端	11	DQ	单总线的数据接口端
4	R-	—	8	+12V	电源正极 +12V	12	NC	无连接

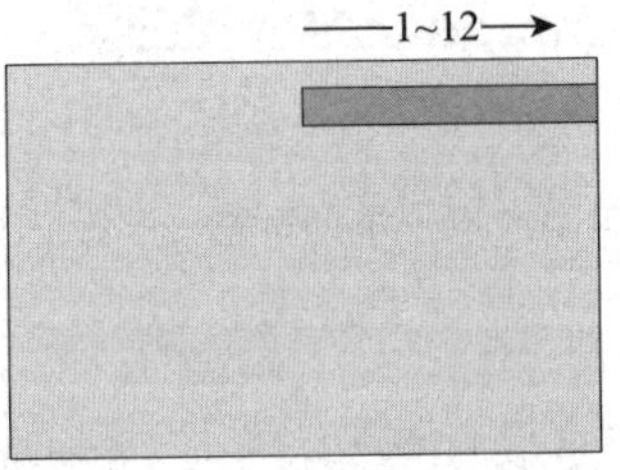

图 6-10　数据采集盒端子排列示意

2. 主机面板右侧连接器

主机面板右侧连接器见表 6-3、表 6-4。继电器输出对应关系见表 6-5。数据输出盒端子排列如图 6-11 所示。

表 6-3　主机面板右侧 12pin 连接器

引脚	名称	说明	引脚	名称	说明	引脚	名称	说明
1	GND	这个接点接大地	5	OUT4		9	OUT6	
2	火线		6	OUT4-x	接零线	10	OUT6-x	接零线
3	OUT3		7	OUT5		11	OUT7	
4	OUT3-x	接零线	8	OUT5-x	接零线	12	OUT7-x	接零线

注：每个 COMx 和 OUTx 为一对开关触点，所有 COMx 都连接火线

表 6-4　主机面板右侧 6pin 连接器

引脚	名称	说明	引脚	名称	说明
1	OUT0		4	OUT1-x	接零线
2	OUT0-x	接零线	5	COM2	
3	OUT1		6	OUT2	（5-6 是一对开关输出）

注：每个 COMx 和 OUTx 为一对开关触点，所有 COMx 都连接火线

表 6-5　继电器输出对应关系

名称	说明
fluorescent—out0.1	荧光灯
gas_lamp_ignition—out2	沼气灯点火
fan—out3	排气扇
gas_valve—out4	沼气阀门
sprayer—out5	喷雾器
elecheating—out7	电热器需要在外面连接一个交流接触器，然后才能推动电热器

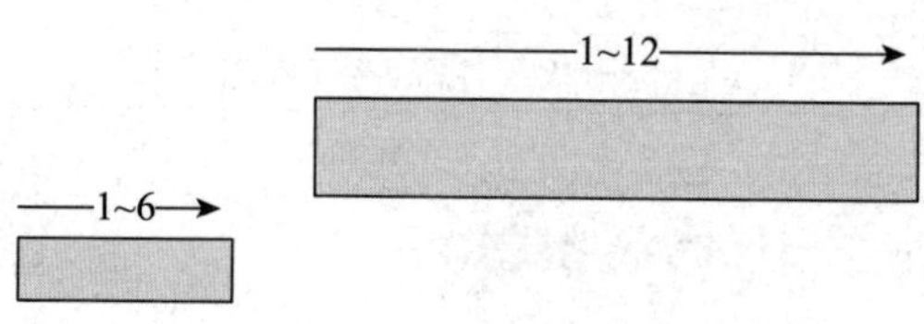

图 6-11　数据输出盒端子排列示意

3．大盒子和小盒子之间的配线

配线采用标准的以太网电缆进行，长度不能超过5m。配线如图6-12所示。

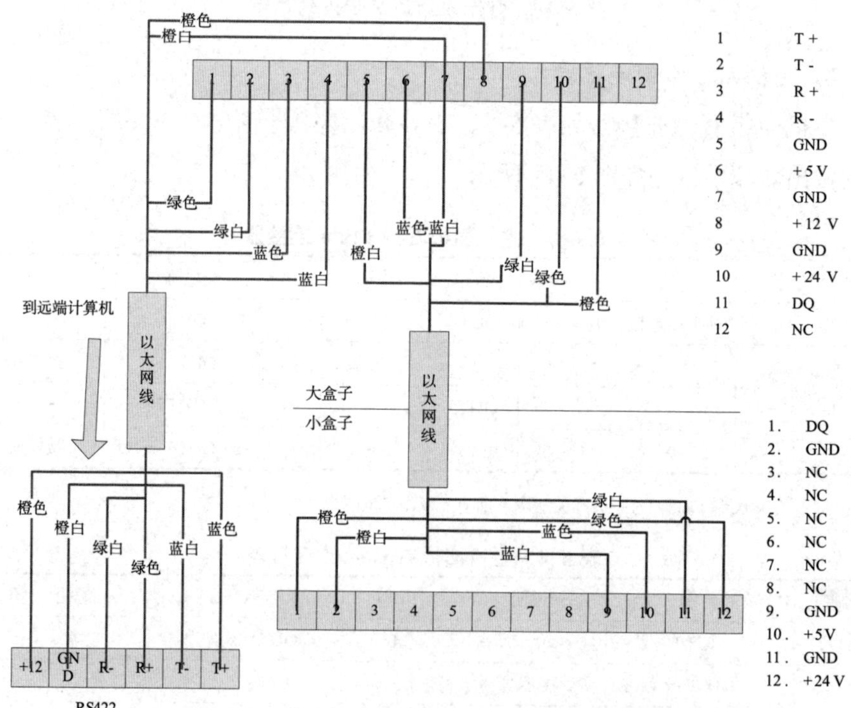

注：这里的T+、T−、R+、R−应该分别连接到通信对端的R+、R−、T+、T−

图 6-12　大盒子和小盒子之间的配线示意

4. 强电系统配线

强电系统配线如图 6-13 所示。

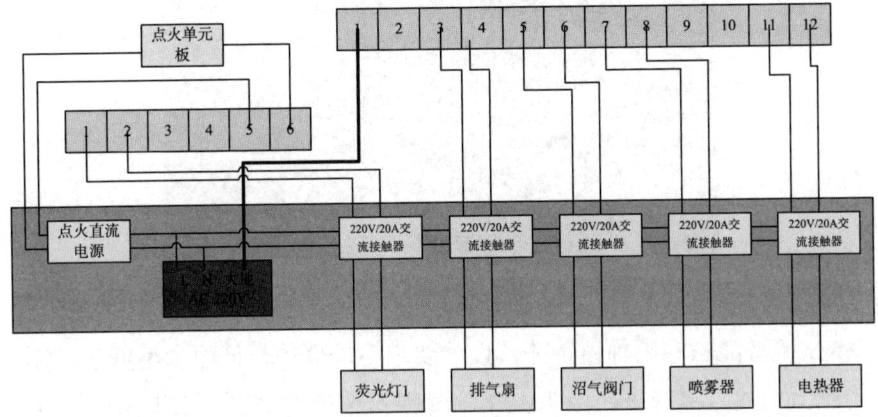

图 6-13　强电系统配线示意

强电配电接线注意事项如下。

（1）点火单元板子连接使用机内 12V 电源，和 220V 的电线不得交叉连接。

（2）电热器由于功率巨大，不得使用本机直接推动，而要先推动一个交流接触器（220V/20A），让交流接触器去推动更大的负载。其他电器也应该先推动一个交流接触器。

（3）所有交流接触器应放在一个单独的配电箱内。

（4）本机到交流接触器配电箱的连线，使用细的软线就可以了，载流量不需要很大，这样便于布线。

（5）以上黄色的连接器端子就是表所描述的连接器。位于主机右侧。

（6）绿色部分就是安装交流接触器的配电箱。

（六）沼气能源智能控制温室大棚应用

猪场内温室大棚为智能控制系统温室（图 6-14），面积 160m^2，棚内设置有 10 盏沼气灯。该温室以厌氧发酵池所产沼气为能源，为温室点沼气灯增加作物光照时数，并提供 CO_2 气肥，结合应用微机“单片机”来实现对温室的光、温、湿、CO_2 浓度的调控。

图 6-14　沼气能源智能控制温室大棚

本试验智能温室内种植番茄，设计要求冬季棚内最低温度不低于 8℃，光照大于 100 LX，实现夜间照明 10 h，湿度不小于 65%。温室大棚夜间调控进行对比试验结果见表 6-6。

表 6-6　温室大棚夜间调控对比

项目		测试时间（时：分）					
		18：00–20：00	20：00–22：00	22：00–24：00	0：00–2：00	2：00–4：00	4：00–6：00
点燃沼气灯数 / 盏		6	8	10	10	10	10
温度 /℃	棚内	14	13	12	10	8.5	9.5
	棚外	12	11.5	10	8.5	6	6.5
光照度 / LX	棚内	160	150	140	150	150	180
	棚外	0.4	0.1	0.1	0.1	0.2	0.3
湿度 /%	棚内	81	80	78	74	70	73
	棚外	75	75	76	77	77	78

①试验数据为 2013 年 12 月 20 日—12 月 29 日 10 天数据的平均值，温度、湿度、光照度测定为棚内、外各取 10 个点测得的平均值；②由于探头问题，CO_2 浓度没有测出。

同样条件大棚，以电加热为能源，如果每天照明 10 个小时，则要耗电 100kW · h，每千瓦时按市价 0.6 元计算，则一天需花费 60 元。以沼气为能源的生态大棚，则只需要智能监控系统耗电约 5kW · h，花费 3.0 元 /d，在福州地区，一年需加热时间约 5 个月，则一年可节约费用 8 550 元。

针对规模化养猪场，建立合适的粪污治理工程，促进粪便污水达标排放，避免环境污染，同时还可以通过废弃物资源化利用，实现农业循环经济。项目组根据可持续发展的理念，以实现粪污达标排放为目标，辅以资源化利用最大化为原则，进行技术集成，建立规模化养猪场粪污治理工艺技术模式。通过工程实例进行关键技术分析总结，为规模化猪场建立实用达标排放生态型技术模式提供参考。

本案例构建的规模化养猪场粪污治理与资源化利用模式，是以达标排放为主的集成工艺技术，辅以沼气、沼渣、沼液以及猪粪渣的资源化利用工艺技术，主要通过物质流和能源流的循环利用进行规划设计。通过福建省优康种猪有限公司规模化养猪场的实践应用，结果表明：通过优化工艺流程、集成技术创新以及配套废弃物资源化利用设施和途径，可以实现规模化猪场粪污达标排放以及废弃物资源有效利用，解决猪场粪污治理可持续化发展，有望为规模化养猪场建立一种实用达标排放生态型技术模式。该模式主要有以下几种特点：①预处理中采用干清粪清洁生产与固液分离相结合的方法，有效减轻后续处理工程处理压力；②主反应系统采取二级厌氧处理与二级好氧处理相结合，处理后的污水中 NH_3-N、COD_{Cr}、BOD_5 等的去除率均达到 90% 以上；③ ZJK-1 型沼气智能温室调控系统为多因子控制型综合控制机，采用先进的嵌入式控制技术，运行速度快，可以实时采集多路传感器，综合分析数据处理结果，以优化的方式控制温室内设备的运行，为作物的生长创造适宜的环境，有效提高作物的产量与质量，是高效农业发展的一个方向，无论是对新建或改造智能温室都有很好的应用前景；④资源化利用系统因地制宜地对沼肥、沼液和沼气资源化利用进行试验示范探索，整个污水治理系统工程不仅能实现达标排放，而且实现了资源与生态化。

第二节　福建省永润农业发展有限公司沼气工程

近年来，我国规模化养殖产业蓬勃发展，为中国的经济做出了重要贡献，然而养殖场排放大量废水，大多未经妥善处理，如果废水不经过净化处理而直接排放，将长期对周围环境造成严重的压力及破坏。养猪污水属于高浓度有机废水，含有大量的有机物，含有有机物的废水在自然环境下将产生大量的甲烷及其他有害物质，产生的甲烷气体是造成温室效应的主要因素（甲烷的温室效应是二氧化碳的 21 倍）。产生的其他有害物质含有碳、氮、磷等元素，随意排放或被雨水冲刷会使自然水体中的 SS、COD、BOD_5 升高，就会发生严重的水体富营养化现象，水色变黑，发臭，污染环境。除此之外，猪场废水中还会含有各种各样的病原微生物，如果这些病原微生物得不到有效控制，将会导致猪病的蔓延，威胁养猪行业的发展。

目前，国内外猪场粪污的处理模式可总结归纳为 3 种模式：还田模式、自然处理模式以及工厂化处理模式。还田模式是指将畜禽粪污施用于农田的一种传统的、经济有效的处理模式。这种模式可以达到零排放，但是需要有足够的农田消纳能力。自然处理模式是指采用氧化塘、人工湿地等自然处理方式对养殖场粪便污水进行处理，适用于乡村经济欠发达、土地宽广且廉价的地区，养殖场规模一般不能太大，以人工清粪为主，水冲为辅，冲洗耗水量中等。工厂化处理模式是指让畜禽粪便经历预处理、厌氧处理、好氧处理、后处理等几个阶段，使得排放污水达到国家污水排放标准。但是这种模式成本比较高，对机械设备的要求高，对技术工人的知识化水平要求高。因此寻找一种既经济又有效的污水处理模式对养殖业的发展是至关重要的。

猪粪含有 15% 有机质，易被微生物分解释放出可为作物吸收利用的养分。尿液在一定的温度、湿度、酸度及厌氧条件下，经微生物厌氧发酵作用生产的甲烷是一种清洁燃料；沼气池产生的沼渣富含氮、磷、钾等元素，并含有机质、腐殖酸、微量营养元素、多种氨基酸、酶类和有益微生物，质地疏松、保墒性能好、酸碱度适中，能满足作物生长的需要及起到很好的改良土壤的作用。为此，探讨研究一种经济、有效的实现粪污资源化利用达到零排放的处理模式，将利于进一步推进我国生猪规模化养殖产业绿色可持续发展。

一、规模化养猪场概况

福建省永润农业发展有限公司是一家集种猪繁殖、生猪饲养、农业综合开发与技术推广、农林作物新品种的研发及花卉水果种植为一体的生态农业园。

该公司养殖基地位于南平市松溪县郑墩镇双源村，占地面积 50 亩，主要建筑物面积 1 5000m²，实际养殖规模为年存栏生猪 2 355 头，其中种猪 720 头，商品猪 1 635 头。猪舍建造采用机械刮粪板模式，粪便及尿液从漏缝板掉入斜坡道和排沟，粪便与尿液分离。猪舍栏下安装牵引调整架、拉杆、刮粪板、侧板等装置，粪便刮至储粪池（如图 6–15）。通过机械化清粪，可降低人力劳动强度，同时减少污水排放量 80% 以上。该公司员工 36 人，其中生产工人 26 人，管理、技术人员 10 人，均住在场内，年养殖天数 365 天，单班制。场内污水主要为养猪过程产生粪污水、猪舍冲洗用水以及员工生活污水。养殖基地已建有 CSTR+ 红泥厌氧沼气工程和综合污水处理工程，该综合污水处理工程存在缺陷，处理能力不能满足要求。根据环保要求，需进行整套粪污处理系统优化方案设计，使得优化后养殖污水出水达到《农田灌溉水质标准》（GB 5084—2005）旱作模式指标，经植物氧化塘储存、进一步降解后，回用于农田灌溉，实现零排放。

图 6–15　储粪池

二、原养猪场粪污处理工程工艺流程及系统分析

（一）原粪污处理工艺流程及主要构筑物

该公司养殖基地原粪污处理系统中厌氧发酵采用 CSTR+ 红泥塑料沼气池，污水深度处理采用 A/O 工艺，所产生的沼气进行发电自用。原养猪场粪污处理工艺流程如图 6–16 所示，主要构筑物及参数设计见表 6–7。

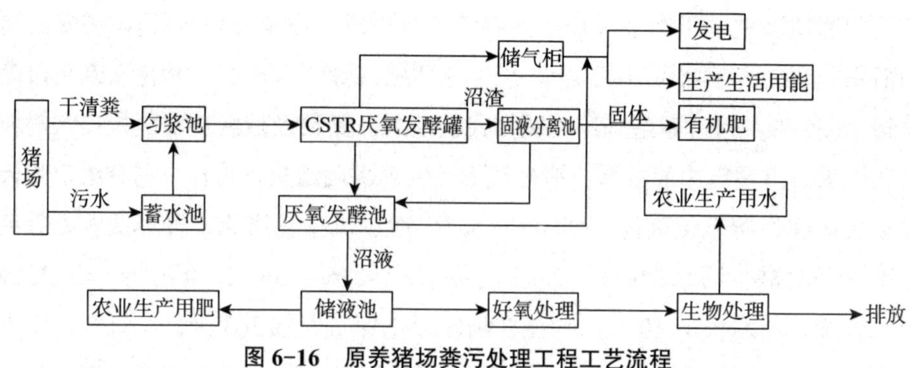

图 6-16　原养猪场粪污处理工程工艺流程

表 6-7　主要构筑物及设计参数

项目名称	规格	结构方式
匀浆池	D×H=Φ6.0 m×3.4m	砖混结构
沉砂池	D×H=Φ2.5 m×3.0m	砖混结构
CSTR 厌氧发酵罐	2 座，总容积 2814m^3	搪瓷拼装罐结构
固液分离池	L×B×H=8.25 m×6.0 m×5.0m	钢混结构
厌氧发酵池	L×B×H=9.75 m×6.0 m×6.0m	钢混结构
红泥塑料厌氧发酵池	L×B×H=15.25 m×3.0 m×5.5m×8 座	钢混结构
沉淀分离池	L×B×H=6.5 m×2.5 m×3.5m	钢混结构
二沉池	L×B×H=3.0 m×2.5 m×3.5m	钢混结构
接触氧化池	L×B×H=6.5 m×4.875 m×6.0m×3 座； L×B×H=4.75 m×4.875 m×6.0m×1 座	钢混结构
中沉池	L×B×H=4.875 m×1.5 m×6.0m	钢混结构

（二）原养猪场粪污处理系统存在问题分析

随着养殖基地规模增长以及政府对于环保要求提高，原有的粪污处理工艺系统已经不能满足处理能力要求，其存在问题总结如下。

（1）工程为了确保沼气产量，干清粪与部分污水调配均匀后进入 CSTR 发酵罐，产生沼气量较大，但产生的沼液有机物浓度也很高，会同冲栏污水进入污水处理系统处理，对系统的冲击负荷大。

（2）处理工艺针对性不强，处理设施零散，工艺单元处理效能不足，缺乏整体连贯性。

（3）污水预处理不到位，沼气厌氧出水携带浮泥直接进入生化系统，影响污泥活性。

（4）生化处理系统进水有机负荷高，而生化系统池容不足，难以处理达标。

（5）生化系统采用一级 A/O，功能单一，容易导致污泥膨胀，生化处理效果差。

（6）未配置风机。

三、针对原养猪场粪污处理系统工艺优化

由于原有的粪污处理工艺系统已经不能满足处理能力要求，因此需要对其进行工艺优化。优化工程必须统筹考虑，优化工艺路线，针对 COD、NH_3-N、P 等增加设置针对性强、处理效率高的工艺单元，保证每级功能单体处理效率，保证出水水质符合设计要求。

（一）设计原则

（1）统筹考虑，依据因地制宜原则，合理优化整个污水处理系统。

（2）充分利用现有处理设施、设备，经核算确实不能符合使用要求的，新增一套设备，原有设备作为备用。

（3）尽可能不新建土建构筑物，选择高效、稳定处理单元，提高生化处理能力。

（4）合理安排工序，减少提升次数，降低动力消耗及药剂投加量，降低运行成本。

（5）优化工艺路线必须是针对养殖污水经过实践验证的成功、成熟工艺，保证优化工程处理出水一次达标。

（二）优化方案

针对原养猪场粪污处理系统存在问题，根据总体设计原则，提出整改思路如下。

（1）以确保污水处理出水稳定达标为主，产沼气发电为辅。

（2）为了降低污水处理系统进水负荷，干清粪外运作有机肥，在源头上大大减少进入污水系统的粪污量。

（3）强化预处理，在进厌氧发酵前通过格栅 + 固液分离，有效去除大部分悬浮物，减轻厌氧发酵罐的进水负荷。

（4）根据厌氧罐进水出水水质、现场条件，增设适宜的溶气气浮一体机作为生化处理系统前的物化处理段，确保进生化前污水中 SS 有效去除。

（5）针对运行负荷太高的问题，采用两级生化工艺，根据两级生化段的进水负荷，选择合适的生化形式，合理设计缺氧池和好氧池比例，在去除 COD_{Cr} 的同时，能够有效发挥脱氮除磷的作用。

（6）增设生化后的混凝物化处理，确保出水达标。

（7）最大化利用原有设施，不造成原有设施的浪费，从而减少改造投资。

（8）原污水处理系统处理能力达不到设计要求，考虑本改造工程迫在眉睫，在现阶段尽可能减少土建建设的基础上先对已有设施进行改造，加快改造工程进度，尽快进水运行，改造工程处理能力设计为 300t/d。

（三）优化后粪污处理系统工程及工艺

1. 优化后粪污处理工艺流程

根据本项目的水质特点、污水处理要求及现场调研的实际情况，本项目优化工程整体处理工艺采用集水调节池 + 固液分离 +CSTR 厌氧发酵罐 + 溶气气浮 1+A/O+BBAF+ 溶气气浮 2+ 消毒工艺，处理出水经植物氧化塘储存及进一步降解后全部回用于 1 071 亩苗圃、茶果林地浇灌，实现零排放。优化后工艺流程如图 6–17 所示。

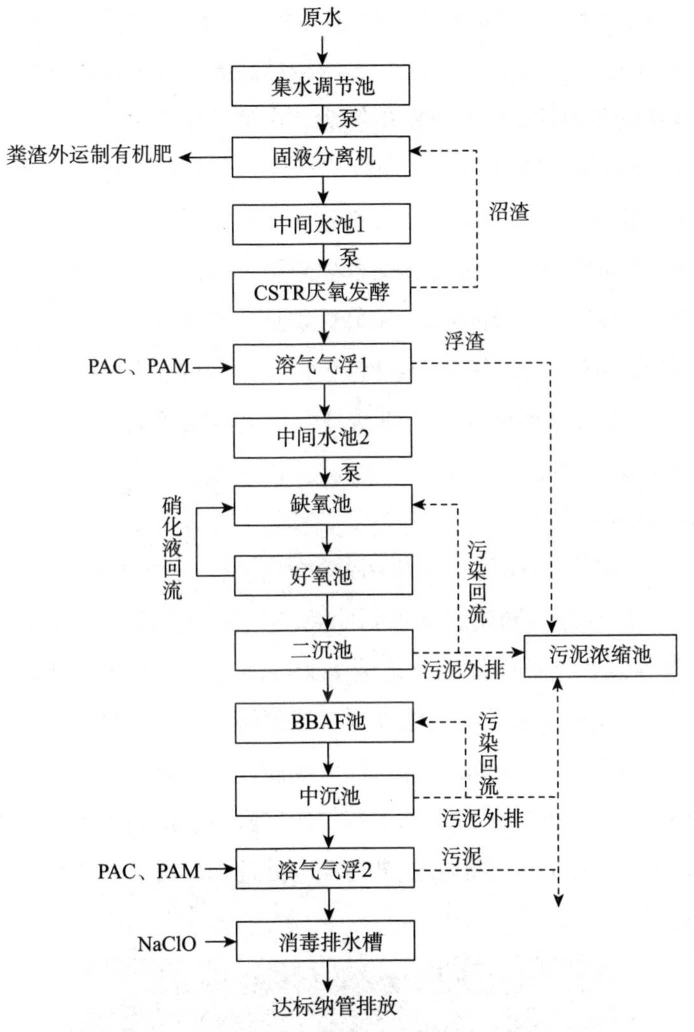

图 6-17　优化工艺流程框

该优化工艺具有以下特点。

（1）工艺路线针对性强，在明确养殖污水高有机、高氨氮、高磷浓度特性基础上设置专门处理单元。

（2）干清粪不进入处理系统，而是外运做有机肥，从源头上减少了污水处理系统的粪污量，大大降低处理难度。

（3）强化预处理，在沼液进生化处理前设置高效气浮，降低生化处理负荷。

（4）生化处理采用 A/O+BBAF，有效解决常规处理系统氨氮超标问题。

（5）污水生化后进一步深度处理，经过高效气浮或混凝终沉，可有效去除污水中残留的不溶性 COD、SS 和色度，确保出水达标。

（6）本项目新增物化段均采用溶气气浮，气浮机占地小、效率高、启动快，省去了土建施工，节约时间，比较适合本改造项目。

（7）一级 A/O 中的好氧池曝气系统采用可提升式曝气软管代替传统水下微孔曝气盘，充氧率高、省动力、检修无需放空池子。

（8）具有多项成功应用案例，经济性、可靠性高。

（9）成功进行技术集成、一体式高效反应器设备的工程化应用，具备施工周期短、见效快的优点。

2．改造工程构筑物

养殖场猪粪由抽渣车从厂区集污池抽入进料斗入匀浆池（图 6–18）。场区污水溢流至蓄水池。利用蓄水池污水将匀浆池中发酵物干物质浓度调配至 8%，匀浆池内设有立轴搅拌机及抗堵塞撕裂结构的潜水式提升泵，待物料充分搅拌均匀后，发酵料液泵入高浓度厌氧发酵罐处理。经过高浓度反应器厌氧消化后产生的沼肥经过固液分离池，固体物质制成有机肥，液体物质和蓄水池内多余污水一起排入低浓度沼气池进行二次发酵，发酵后产生的沼液流入储液池，做成农业生产用肥，多余沼液进行深度处理，再流入人工生态湿地，后排放至氧化塘。

图 6–18　匀浆池

改造工程的新增改造构筑物详见表 6–8。下面介绍优化工艺中主要构筑物。

表 6–8　新增改造构筑物一览表

构筑物	规格	结构方式	备注
格栅渠	L×B×H=4.0 m×1.0 m×2.0m	地下式，钢混	新建
集水调节池	L×B×H=12.0 m×7.0 m×5.0m	地下封闭式，钢混	新建
固液分离＋粪渣钢棚	L×B×H=15.5 m×12.5 m×5.0m	钢棚＋砖砌	新建
中间水池 1	D×H=Φ6.0 m×3.4m	半地下式，砖混	利用原匀浆池优化
溶气气浮机钢棚 1	L×B×H=8.0 m×4.5 m×4.0m	地上式，钢棚	新建
中间水池 2	L×B×H=8.25 m×6.0 m×5.0m	半地下式，砖混	利用原固液分离池优化
缺氧池	L×B×H=9.75 m×6.0 m×6.0m	半地下式，钢混	利用原厌氧池优化
好氧池	L×B×H=15.25 m×3.0m×5.5m×8 座	半地下式，钢混	利用原红泥厌氧池优化
二沉池	L×B×H=13.24 m×2.5 m×6.0m	半地下式，钢混	利用原选择池、二沉池和沉淀分离池优化
BBAF 池	L×B×H=6.5 m×4.875m×6.0m×3 座 L×B×H=4.75m×4.875m×6.0m×1 座	半地下式，钢混	利用原接触氧化池优化
中沉池	L×B×H=4.875 m×1.5 m×6.0m	半地下式，钢混	利用原有沉淀池
消毒排水槽	L×B×H=5.5 m×1.5 m×2.0m	半地下式，砖混	新建
污泥浓缩池	L×B×H=10.0 m×5.0 m×4.0m	地下式，钢混	新建
溶气气浮机钢棚 2	L×B×H=7.0 m×4.5 m×4.0m	地上式，钢棚	新建
加药电控房	L×B×H=6.0 m×4.5 m×3.3m	地上式，砖混	新建
风机房	L×B×H=4.2 m×4.5 m×3.3m	地上式，砖混	新建

（1）CSTR 高浓度厌氧发酵罐。

完全混合式厌氧消化器（complete stirred tank reactor，CSTR）采用上进料下出料方式，并带有水力搅拌，产气率视原料和温度不同在 0.8 ～ 1.0 之间，沼渣沼液 COD 浓度和 TS 浓度含量高，是典型的能源生态型沼气工程工艺。CSTR 反应器的特点是适用于高悬浮物、高浓度（高温）废液，运行稳定性好、产气率较高，因此非常适合处理畜禽养殖粪污。

本项目中全部粪污进入厌氧发酵罐，物料的浓度调配至 8.0%。其发酵温度为中温发酵，物料的停留时间为 7d。CSTR 高浓度厌氧发酵罐为搪瓷拼装罐结构，由 2 个发酵罐并联，总容积 2 814m^3，实物如图 6–19 所示。

图 6-19 CSTR 高浓度厌氧发酵罐

（2）气浮装置。

气浮机是集絮凝、气浮、撇渣、刮泥于一体的气浮装置（图 6-20），运用了“浅池理论”及“零速原理”进行设计，停留时间仅需 3 ～ 5min，强制布水，进出水都是静态的，微气泡与絮粒的黏附发生在包括接触区在内的整个气浮分离过程，浮渣瞬时排出，水体扰动小，出水悬浮物含量低，出渣含固率高，悬浮物去除率可达 90% ～ 99.5% 以上，COD 的去除率可达到 65% ～ 90%，色度的去除率可达到 70% ～ 95%。气浮池 1 主要是在生化处理前设置高效气浮，强化预处理；气浮池 2 设置在废水生化后，作为进一步深度处理，可有效去除废水中残留的不溶性 COD、SS 和色度，确保出水达标。

图 6-20 气浮设备

（3）缺氧池/好氧池（A/O）。

A/O 工艺具体是缺氧—好氧循环操作完成硝化反应和反硝化反应。本工艺中，缺氧池利用原红泥塑料厌氧池优化，采用半地下式钢混结构，规格为：L×B×H=9.75m×6.0m×6.0m。好氧池（图 6-21）利用原红泥塑料厌氧池优化，采用半地下式钢混结构，规格为：L×B×H=15.25 m×3.0m×5.5m×8 座。

图 6-21　好氧池

（4）折流式生物流化池（BBAF 池）。

BBAF 工艺全称为折流式生物流化池（Baffling Biological Aerated Filter），在研发时充分借鉴 SBR 法、AO 法、A_2O 法、氧化沟等活性污泥法，以及生物滤池、生物转盘、生物接触氧化法等生物膜法和厌氧消化、水解酸化、CSTR 等厌氧生物处理法等设计手法和二级或三级污水处理工艺而开发研制出来的集约化污水处理新工艺、新技术，使污水在同一个处理池内完成曝气—沉淀—二次曝气—二次沉淀等过程，特别在连续进水条件下实现进水—曝气—沉淀—出水的间歇曝气，同时实现污泥回流。BBAF 工艺与传统活性污泥法相比较，其优缺点见表 6-9。

本工艺中，BBAF 池利用原接触氧化池优化，采用半地下式钢混结构，规格为：L×B×H=6.5 m×4.875m×6.0m×3 座，L×B×H=4.75m×4.875m×6.0m×1 座。BBAF 工艺的运行分为三个阶段，各阶段 COD、SS 的去除率都保持良好，但是氮磷去除效果存在差异。第一阶段，周期总时长为 6h 以上，厌氧/好氧交替运行，氨氮去除率高，但反硝化不完全，因此TN的去除效果差，TP的去除率也比较低；第二阶段，周期总时长可达10h以上，运行方式不变，各种污染物去除效果最好；第三阶段，周长可达8h以上，运行期间发生轻微污泥膨胀，氨氮去除较差，但TN、TP去除率很高。

表 6-9　BBAF 工艺与传统活性污泥生化法的比较

技术参数	BBAF 工艺	传统活性污泥生化法
菌种载体	固态（多孔有机无机复合材料）	液态（活性污泥）
菌种特性	自养、异养微生物菌群多层分布	厌氧菌、兼氧菌、好氧菌分区域培养驯化，不易控制
温度条件	反应介质载体为多孔复合材料，全地下结构，菌种温度耐受性高，活性温度控制区间宽泛，可在低温（0℃以上）保持良好的生物活性	反应介质载体为水，由于水的热传递性能很好，受环境温度影响较大。低温下生物活性急剧下降，温度低于10℃下系统运行极其不稳定，需要投加营养液来维持生物活性，增加成本
负荷特性	基于生物载体超大的离子交换容量和非稳态菌种驯化条件，系统抗水力和有机物负荷冲击能力较强，高低浓度变化运行对系统影响微乎其微	微生物菌种是在水力和有机物负荷逐步提升条件下，缓慢接种驯化的，需要30d以上的驯化期适应某一有机物浓度水平值。抗负荷冲击能力差
运行方式	生物菌种在非连续条件下培养，运行时连续或间歇运行都无影响	生物菌种较为脆弱，生存条件一旦发生改变，生物活性影响较大，无法实现间歇运行，再次启动周期30d以上
系统控制	一键启动，无需专人运行	设备繁多，专业化强
工艺单元	流程短，单元少	流程长，单元多
运行成本	1～3元/t水	6～15元/t水
建设周期	施工简单，2个月	施工技术要求较高，2～4月
总时间	60～70d	120～180d

四、优化后工程工艺运行效果与分析

（一）取样和测试方法

2017年9月19日至2017年9月20日期间，每间隔2h分别对粪污处理工程进出水口进行多点取样，采样依据HJ 494—2009水质采样技术指导，检测污水中pH值、悬浮物浓度（SS）、化学需氧量（COD）、五日生化需氧量

（BOD_5）、水温、全盐量、氯化物、硫化物、汞、总镉、砷、六价铬、铅、粪大肠杆菌、阴离子表面活性剂、氨氮（NH_3-N）和总磷（TP）。水质测试方法见表 6-10。

表 6-10　水质监测方法

样品类别	监测项目	监测依据
水和废水	采样	HJ 494—2009 水质采样技术指导
水和废水	pH 值	水质 pH 的测定玻璃电极法 GB 6920—86
水和废水	悬浮物	水质悬浮物的测定重量法 GB 11901—89
水和废水	化学需氧量	水质化学需氧量的测定快速消解分光光度法 HJ/T 399—2007
水和废水	五日生化需氧量	水质五日生化需氧量（BOD_5）的测定稀释与接种法 HJ 505—2009
水和废水	水温	水质水温的测定温度计或颠倒温度计法 GB13195—91
水和废水	全盐量	水质全盐量的测定重量法 HJ/T 51—1999
水和废水	氯化物	水质氯化物的测定硝酸银滴定法 GB 11896—89
水和废水	硫化物	水质硫化物的测定亚甲基蓝分光光度法 GB/T 16489—1996
水和废水	汞	《生活饮用水标准检验方法》金属指标原子荧光法 GB/ T 5750.6—2006
水和废水	镉	《生活饮用水标准检验方法》金属指标原子荧光法 GB/T 5750.6—2006
水和废水	砷	《生活饮用水标准检验方法》金属指标氢化物原子荧光法 GB/T 5750.6—2006
水和废水	六价铬	水质六价铬的测定二苯碳酰二肼分光光度法 GB 7467—87
水和废水	铅	《生活饮用水标准检验方法》金属指标氢化物原子荧光法 GB/T 5750.6—2006
水和废水	粪大肠菌群	水质粪大肠菌群的测定多管发酵法和滤膜法（试行）HJ/T 347—2007
水和废水	阴离子表面活性剂	水质阴离子表面活性剂的测定亚甲蓝分光光度法 GB 7494—87
水和废水	氨氮	水质氨氮的测定纳氏试剂分光光度法 HJ 535—2009
水和废水	总磷	水质总磷的测定钼酸铵分光光度法 GB 11893—89

（二）运行效果分析与探讨

1. 污水水质监测结果

该规模化猪场粪污处理采用达标排放与废弃物资源化利用相结合的治理模式，根据测试结果来看，运行效果较稳定，出水水质良好。通过对污水处理系统进出口监测，污水处理达到了预设目标，污水处理水质的检测结果均值见表6-11、表6-12。

表 6-11　污水处理水质的检测结果

项目	水温 /℃	pH	COD_{cr} mg · L^{-1}	BOD_5 mg · L^{-1}	NH_3-N mg · L^{-1}	TP mg · L^{-1}	SS mg · L^{-1}	粪大肠杆菌 个 · L^{-1}
进口	20.0 ～ 21.0	7.75 ～ 7.84	1275	422.5	700.5	58.1	475.0	3.0×10^7
出口	20.0 ～ 21.0	6.67 ～ 6.87	50.6	16.8	0.5	0.2	35.0	6.9×10^3
去除率 /%	—	—	96.0	96.0	99.9	99.7	92.6	
总出口	20.0 ～ 21.1	6.82 ～ 6.89	30.7	10.4			25.0	7.2×10^3
去除率 /%	—	—	97.6	97.5			94.7	

注：①进口为缺氧池进水；②出口为消毒排水槽；③总出口为氧化塘出水；④去除率均为总去除率；⑤各项指标均为多点、多次检测平均值。

由表 6-11 可知，COD_{cr} 和 BOD_5 的去除率分别都达到了 96%，可能是由于在处理工艺中有活跃的微生物存在，通过微生物的氧化降解作用消耗掉污水中的有机物，从而高效去除 COD_{cr} 和 BOD_5。氨氮和总磷的去除率分别达到了 99.9% 和 99.7%，可能是因为 A/O 工艺中的细菌进行了硝化和反硝化作用。具体是将污水在好氧条件下使含氮有机物被细菌分解为氨，然后在好氧自养型亚硝化细菌的作用下进一步转化为亚硝酸盐，再经好氧自养型硝化细菌作用转化为硝酸盐，至此完成硝化反应；在缺氧条件下，兼性异养细菌利用或部分利用污水中的有机碳源为电子供体，以硝酸盐替代分子氧作电子受体，进行无氧呼吸，分解有机质，同时将硝酸盐中氮还原成气态氮，至此完成反硝化反应，从而去除氨氮的效果极佳。通过 BBAF 池＋沉淀工艺和溶气气浮 2 工艺，总磷去除率也很高，可能是因为 BBAF 池以及溶气气浮 2 中的微生物例如聚磷微生物，在厌氧环境下可以吸收环境中的磷元素产生能量供其生长繁殖，因此在整个工艺流程中总磷的去除效果非常好。

表 6-12　污水处理水质的检测结果

项目	污水指标								
	全盐量 mg/L	阴离子表面活性剂 mg/L	氯化物 mg/L	硫化物 mg/L	汞 mg/L	砷 mg/L	镉 mg/L	六价铬 mg/L	铅 mg/L
进口	392.0	0.9	234.0	8.6	3.3×10^{-4}	4.4×10^{-3}	＜ 0.0005	0.068	2.7×10^{-3}
出口	29.5	＜ 0.05	2.7	＜ 0.005	＜ 0.0001	3.4×10^{-3}	＜ 0.0005	＜ 0.004	2.5×10^{-3}
总出口	34.0	＜ 0.05	2.9	＜ 0.005	＜ 0.0002	2.0×10^{-3}	＜ 0.0005	＜ 0.005	2.3×10^{-3}

注：①进口为缺氧池进水；②出口为消毒排水槽；③总出口为氧化塘出水；④去除率均为总去除率；⑤各项指标均为多点、多次检测平均值。

综合表 6-11、表 6-12 可以看出，从污水处理的整体效果上来看，最终消毒排水槽出水水质的各项指标均符合《畜禽养殖业污染物排放标准》（GB 18596—2001）。各生化指标去除率均达到 90% 以上。经氧化塘总出口出水水质的各项指标均符合《农田灌溉水质标准》（GB 5084—2005）“旱作”标准。总出水口出水用于浇灌 1 071 亩苗圃、茶果林地，基本可实现污水零排放。

2．*沼肥应用效果*

经过高浓度反应器厌氧消化后产生的沼肥经过固液分离池，固体物质制成有机肥，液体物质和蓄水池内多余污水一起排入低浓度沼气池进行二次发酵，发酵后产生的沼液流入储液池（图 6-22），做成农业生产用肥，多余沼液至曝气池进行好氧处理，再流入人工生态湿地，后排放至氧化塘。发酵所产生的沼气经过气水分离器、脱硫塔、阻火器等一系列净化处理，可以给企业、农户用气以及沼气发电机组发电；产生的沼渣沼液可制作成有机肥料用于农业生产，沼渣、沼液用于农田施肥（沼液输送管道如图 6-23 所示），在保持和提高土壤肥力的效果上远远超过化肥。其中的磷属有机磷，肥效优于磷酸钙，不易被固定，相对提高了磷肥肥效；沼渣、沼液中含有大量腐殖质，调节土壤的水分、温度、空气和肥效，适时满足作物生长发育的需要，并可改良土壤，提高作物产量；沼渣沼液还可调节土壤的酸碱度，形成土壤的团粒结构，延长和增进肥效，提高土壤通透性，促进水分迅速进入植物体，并有催芽、促进根系发育等作用。同时，沼液还是高效的叶面肥，具有较强的抗病虫害作用。

图 6-22 沼液储液池

图 6-23 沼液输送管道

固体粪污和气浮产生的浮渣以及好氧处理的污泥（叠螺式污泥脱水机如图 6-24 所示）可制作有机肥，实现粪污资源化利用，提升耕地质量，并带来可观的经济效益，同时降低污水处理系统进水负荷，解决污水处理设施投资过于庞大的问题。通过厌氧处理后产生的高溶度沼液可通过沼液车运输到远距离的田间储液池经调配后使用。经过好氧处理后达到旱作排放标准的沼液可直接抽取用于周边农田灌溉，剩余部分污水通过近万立方米的各类人工湿地的自然净化，完全达标排放。以上方式完全解决养殖与种植业不匹配的问题，粪污收集及储运能力与农作物季节性施肥不对称的问题。

图 6-24　叠螺式污泥脱水机

当前，规模化、集约化养殖业蓬勃发展，但同时其排放的污染物尤其是废水能否得到妥善处理成为该行业能否长足发展的影响因素。因此，研究其污染物的回收循环利用和最终的处理处置技术有一定的应用价值。

本文优化设计的规模化养猪场粪污处理系统工程工艺，是以达标排放为主，辅以沼气、沼渣、沼液以及猪粪渣的资源化利用的集成工艺技术。优化污水处理工程最大化利用了原有设施，不造成原有设施的浪费，从而减少改造投资。优化工艺改进粪污进料方式，降低进水负荷，引入两级生化工艺，增加气浮处理，同时，调整了 A/O 处理系统缺氧池和好氧池比例，增设消化液回流和污泥回流，增加生化后的混凝物化处理，确保了出水达标排放。

通过福建省永润农业发展有限公司南平市松溪县郑墩镇双源村规模化养猪场的实践应用，结果表明：通过优化工艺集成技术利用设施和途径，可以实现规模化猪场粪污达标排放，促进猪场粪污治理可持续化发展。

第三节　福建省新星种猪育种有限公司沼气工程

随着畜牧业的发展，集约化养殖场所占的比重越来越大，随之而来的是畜禽粪便和冲洗污水的大量增加并集中排放，对周围环境造成极其严重的影响，制约了农业生产的可持续发展。利用沼气发酵进行粪污处理是解决环境污染、建立新的生态平衡、实现农业生产系统整体良性循环的一条最佳途径。针对大型养猪场，建立规模化沼气池，既可以有效处理养猪排泄物，避免污染环境，同时也可以通过沼气生产向周围用户提供清洁能源，对开发可再生能源及发展农业循环经济都具有重要意义。

一、项目概况

本项目按照农业循环经济的要求，根据福建省新星种猪育种有限公司养猪场的地理条件和污水排放特点，建立猪粪污水沼气净化工程，达到节能减排、废弃资源再利用和清洁生产的目的，解决能源、资源和环境问题。结合周边种植结构，因地制宜地采用以固液分离、厌氧中温发酵工艺技术以及好氧发酵与资源化利用技术相结合的工艺，探索出一种低投入、低运行成本的规模化养殖场污水处理的能源生态处理模式（图 6–25），即利用养殖场猪粪生产沼气，沼气用于农户做饭、照明和发电，实现沼气零排放；沼气生产的沼渣和沼液用于果园施肥，实现沼液零排放；果园或农田的主产品再供人食用，副产品再供养猪，实现农业循环经济。

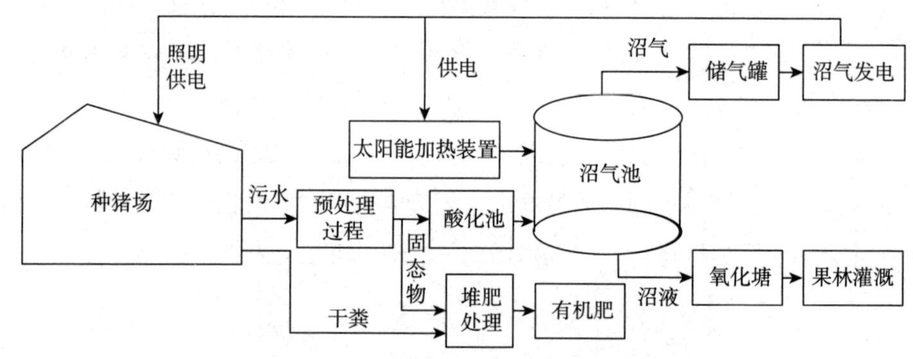

图 6–25　养猪场污水处理能源生态处理模式

福建省新星种猪育种有限公司养殖场现年存栏生猪 5 000 头，沼气工程建设选用福建省农科院设计容积为 700 m³ 的上流式沼气池，沼气池采用太阳能加热装置。养殖场污水经沼气池发酵后产生的沼气，通过沼气收集装置、脱硫装置、气水分离装置经输配系统供应。安装 75kW 沼气发电机，利用沼气进行发电。依托周边 2 000 亩菜地、茶园、橘园对沼液进行综合利用，猪粪便经堆肥后出售给周边种植户作有机肥料，形成粪污利用零排放。该项目充分利用现有资源，创建一个集种养加技术一体化的“猪—沼—菜 / 果”生态循环农业模式，对整个沼气生产全过程进行自动化监控系统建设，并预留今后自动化系统的扩展接口，把生产过程的基础运行数据进行采集与集成，实现自动监控，通过有效的自动化控制提高沼气产量，以提升经济效益，实现沼气沼液零排放，对周边畜牧场起到示范作用。

（一）项目目的

对沼气生产过程实施自动化监测与控制系统，使之具备参数监测、设备控制和报警功能，以提高沼气产量，保证设备安全可靠运行，实现废液零排放。

通过实施自动化监测与控制系统，沼气生产过程的数据能实时传输到种猪场主控室和省农科院，实现信息互联和远程监控。

（二）项目目标

对沼气生产设备（粪污前处理系统、厌氧发酵系统、沼气利用系统）实施自动化监测与控制系统，通过 PLC 实现对各设备的实时数据（如泵参数、厌氧发酵罐参数、污水环境指标参数）的采集，使关键设备具备自动控制、参数报警等功能，保证系统安全可靠运行，提高产气量。

实时显示各设备参数、提供控制操作界面，对重要设备参数能进行历史记录，并建立良好的统计分析报表系统，实现各种基础数据报表形成、管理与打印；把沼气生产过程相关数据传送到指挥中心，并能够根据指挥中心的要求，实现对沼气生产的各种控制。除当地监控点外，系统支持远程监控，授权操作人员可以通过 VPN 网络、INTERNET 网络查看设备的运行信息。

（三）项目架构

沼气生产自动化监测与控制系统包括：现场控制设备、种猪场监控系统、农科院中央监控管理系统。种猪场监控系统核心采用 PLC 控制器，沼气生产过程的各项数据采集和控制均由 PLC 来协调完成。上位机配置有组态软件和数据采集服务器 IOServer。组态软件负责进行参数画面的显示和提供操作画面。数据采集服务器则负责通过 OPC 通信协议从组态软件读取实时监测数据或输出控制指令，并通过以太网 /Internet 分别送至种猪场主控室和农科院监控中心，实现与现场的数据交换和控制信息传递。沼气自动化监测和控制系统架构如图 6–26 所示。

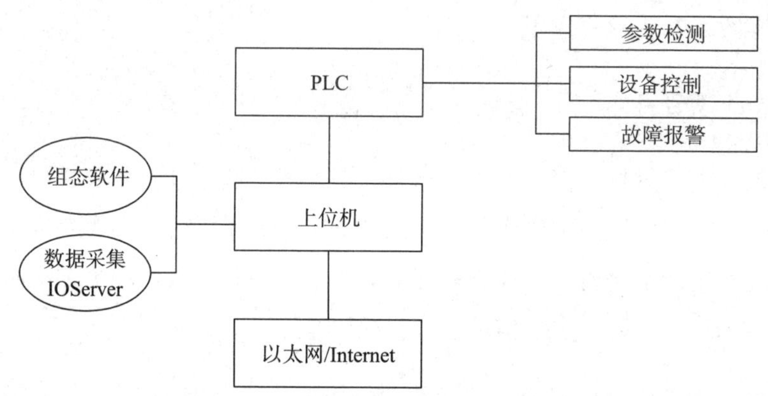

图 6–26　沼气自动化监测和控制系统架构

二、工艺流程及单元介绍

针对福建省新星种猪养殖场，养猪场沼气生产自动化监测与控制系统具备参数采集、设备控制、参数报警等功能，保证系统安全可靠运行，提高沼气的产气量，并能自动报送生产运行数据至种猪场监控中心和省农科院。

福建省新星种猪育种有限公司养猪场现年存栏生猪 5 000 头，根据《畜禽养殖业污染物排放标准》（GB 18596—2001）的集约化畜禽养殖业干清粪工艺最高允许排水量规定，确定全场产生污水量约 $75m^3 \cdot d^{-1}$（100 头猪产 1.5t 污水）。养猪场污水含有大量的猪粪尿以及部分散落的饲料残余，其主要污染物是有机质、氨氮等，属于高浓度有机污水，并且含有较多的粪大肠杆菌群和蛔虫卵等寄生虫卵。通过监测（表 6–13），可知污水水质远高于排放标准（表 6–14）。

表 6-13　监测项目及分析方法

项目	方法依据	分析方法
pH	GB 6920—86	玻璃电极法
SS	GB 11901—89	重量法
COD_{cr}	GB 11914—89	重铬酸盐法
BOD_5	GB 7488—87	稀释与接种法
NH_3-N	GB 7479—87	钠氏试剂比色法

表 6-14　猪场粪污水质指标

项目	COD_{cr}（$mg \cdot L^{-1}$）	BOD_5（$mg \cdot L^{-1}$）	SS（$mg \cdot L^{-1}$）	NH_3-N（$mg \cdot L^{-1}$）	pH
污水水质	17896.5	11582.3	14248.3	1165.0	7.31
排放标准（≤）	400	150	200	80	6～9

根据养殖场污水的水质特性，本设计采用固液分离—厌氧生物技术—好氧发酵技术相结合以及沼气、沼渣、沼液的生态循环利用，实现“回收沼气＋达标排放＋沼肥利用”的目标。

采用的主要技术：①上流序批式沼气池；②多传感器信息融合及远程监控技术；③可调压玻璃钢沼气贮气柜及远距离集中供气技术。针对传统水压式沼气池在冬季寒冷地区产气少甚至不产气的问题，应用福建省农科院研发的玻璃钢材料作为沼气池保温材料，冬季取得了不错的效果。针对很多规模养猪场沼气工程的可持续运行不稳定性和不连续性，研发上流序批式沼气池。可调压玻璃钢贮气柜研发有利于实现企业不同用途用气，同时实现用气安全；通过工艺组合，与沼液、沼肥后续利用结合，形成了资源化沼气工程循环利用模式。

该模式由预处理系统、主反应处理系统和资源化生态利用系统等组成，主要建设内容包括：上流式玻璃钢沼气池 700m^3、水解酸化池 100m^3、中间沉淀池 200m^3、污泥干化场 60m^2、果园贮液池 1 000m^3、沼液灌溉管道 3 000m（UPVC 管 200mm）、生物氧化塘 10 000m^3、贮气柜 200m^3、堆肥发酵车间 400m^3、购置固液分离机 2 台、污泥泵 2 台，以及多传感器信息融合及远程监控技术、可调压玻璃钢沼气贮气柜及远距离集中供气技术沼液灌溉系统和沼气输送系统等其他配套设备。新星养猪场沼气工程设施与设备工艺参数见表 6-15。

表 6-15　沼气工程设施与设备工艺参数

名称	规格	面积或体积	单位	数量
沉砂池			口	1
固液分离池			口	2
酸化调节池		$200m^3$	口	1
太阳能加热装置		$300\ m^3$		1
上流式玻璃钢沼气池（UBF）		$700\ m^3$	座	1
贮气柜		$200\ m^3$		1
脱硫装置			个	1
干式阻火器			个	1
沼气发电机	75kW		台	1
氧化池				3
氧化塘		$5000\ m^2$		2

全场采用干清粪、雨污分流，使用半漏粪或全漏粪地板及全自动刮粪系统，少冲水或不冲水，减少污水排放。猪粪干清后全部用于生产有机肥，猪尿经厌氧发酵池处理后，进入沼液池、曝氧池、氧化塘，经由沿线预埋的沼液管道，全部输送到周边 2 000 亩的果蔬基地灌溉及周边农户使用，达到零排放。主要工艺流程（图 6-27）描述如下：养猪场污水通过沟管自然流入沉砂池，去除污水中的砂石；污水流入固液分离池，通过中间筛网去除污水中的悬浮物体；固液分离后的污水流入水解酸化池进行水解酸化，降解部分悬浮物质；污水经水解酸化后通过提升泵进入厌氧消化反应器进行发酵，制取沼气；沼气经气水分离器脱水后进入脱硫装置进行脱硫，脱硫后的沼气计量后进入贮气柜贮存。沼气可用于养猪场生产和生活用能、集中供气以及沼气发电，沼渣经加工处理后制成颗粒有机肥，沼液通过氧化池、氧化塘进行需氧生物处理还原后用以灌溉林果等。

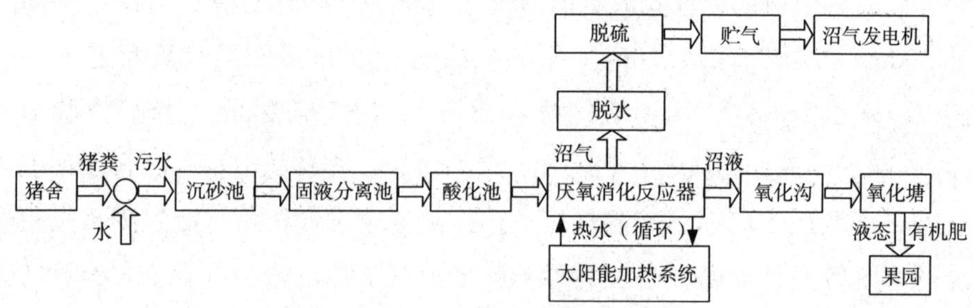

图 6-27　沼气生产过程工艺流程

（一）粪污预处理系统

人工清扫固态物与格栅分离：畜禽养殖污水内的大量固态物含有各种病原菌和寄生虫卵，未经处理直接排放会产生严重的二次污染，若直接冲洗入池，势必增加后处理负荷和处理成本。因此，本系统实行人工清扫固态物，日产日清，猪场实现雨污分流，剩余猪栏猪粪和尿液用水一起冲入下水道变成污水。

沉砂池（平流式）：养猪场污水通过沟管自然流入沉砂池，去除污水中的砂石。平流式沉砂池是平面为长方形的沉砂池，采用重力排砂。在重力作用下，污水中比重大于 1 的悬浮物下沉并使悬浮物从污水中去除，达到净水目的，沉淀猪粪污水中较大颗粒砂粒定期清理。

固液分离池：为保证进入的发酵原料能够充分用于发酵产生沼气，并去除其中的杂质，采用固液分离技术。固液分离池中间安装固定式筛网。大于筛网孔径的固体物留在筛网表面，而液体和小于筛网孔径固体则通过筛网流出，根据发酵物料的粒度分布状况进行固液分离。本系统固液分离池共 2 个，上游污水从沉砂池通过两个入水管分别流入两个固液分离池，通过筛网实现固液分离。固液分离池筛网下部连通，分离后污水通过两个无堵塞立式阀（管路为 PVC160 管）分别控制污水流入酸化池 1 和酸化池 2。固液分离池侧端设粗格栅，防止污泥堵塞出水阀，固态粪渣通过人工定期清理进行粪渣处理。

酸化调节池：酸化调节池对固液分离池分离后的污水进行混合、储存和调节，起到初步酸化水解作用，以满足厌氧发酵工艺的技术要求。调节污水水量、水质（温度、浓度、酸碱度），使集中、间歇性进水变成均衡、连续性进水。酸化调节池的结构采用钢筋混凝土结构，设计容积为 200m^3，分为 5 个池，可以较好地调节水力停留时间（设计 0.5 ～ 1.0d），避免产甲烷菌在酸化池内将乙酸转化为甲烷。

（二）厌氧反应器

在沼气工程中，厌氧反应器是最关键的工艺装置。本项目厌氧反应器采用上流式玻璃钢沼气池（UBF），它是在厌氧滤器（AF）和上流式厌氧污泥床（UASB）的基础上开发的新型复合式厌氧流化床反应器。它整合了 UASB 与

AF的技术优点，相当于在UASB装置上部增设AF装置，将滤床（相当于AF装置）置于污泥床（相当于UASB装置）的上部，由底部进水，于上部出水并集气。它具有水力停留时间短、产气率高、对COD去除率高等优点。

UBF由布水器、污泥层、填料层、分离器组成，外部包覆有混凝土保护层的封闭式玻璃钢罐体，罐体上部设有排气管，侧部设有排液管，下部设有进料管，底部设有排渣管，所述进料管伸入池体内腔的管段上设有有利于进料分布均匀的布水器。有机污水从反应器的底部通过布水器进入，依次经过污泥床、填料层进行生化反应后，从其顶部排出。反应器的下面是高浓度颗粒污泥组成的污泥床，上部是填料及其附着的生物膜组成的滤料层。处理出水通过设备上面的分离区固、液、气三相分离后，水流出设备外，甲烷集气后在设备顶端排出，长满微生物的截体仍然留在设备中。

UBF底部进水上部出水可增强对底部污泥床层的搅拌作用，使污泥床层内的微生物同进水基质得以充分接触，从而达到更好的处理效率并有助于颗粒污泥的形成。在反应器上部设置的填料层（滤床）中，微生物可附着在滤床的填料（滤料）表面得以生长形成生物膜，滤料间的空隙可截留水中的悬浮微生物，从而可进一步去除水中的有机物质。由于滤料的存在，加速了污泥与气泡的分离，从而极大地降低污泥的流失，反应器容积可得到最大限度的利用，反应器积聚微生物的能力大为增强，可使反应器达到更高的有机负荷。

UBF容积设置为700m³，高10m，设计水力停留时间取6d，预留20%容积作为储气空间，填料填充在反应器上部1/3处，填料体积占反应器有效容积的1/5～1/3。UBF上流式玻璃钢沼气池的实物如图6-28所示。

上流式玻璃钢沼气池

填料

图6-28　UBF上流式玻璃钢沼气池

本项目中 UBF 采用中温发酵工艺，为提高沼气池的保温效果，沼气池表面由混凝土玻璃钢整体刷涂制成的玻璃钢沼气池，保温效果好。厌氧发酵池底部（约 2m 高）预埋热交换盘管，通过太阳能集热装置对发酵池底部循环管内水进行加热，通过热交换对厌氧发酵池内的污水进行温度调节（图 6–29）。

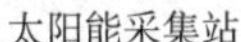
太阳能采集站

热交换盘管

图 6–29　厌氧发酵太阳能加热装置

（三）资源利用系统

1．沼气利用系统

养殖场污水经厌氧发酵后产生的沼气，通过气水分离器脱水后进入脱硫装置进行脱硫，脱硫后的沼气计量后进入贮气柜贮存，经输配系统供应，作为养殖场内生产或生活的补充能源，多余的气体用于发电。沼气锅炉加热水和沼气发电冷却水余热回收交换给沼气生产系统增温，再生产沼气。

沼气利用系统包括贮气柜、脱硫器、阻火器、输配管道以及用能设备（如沼气发电机、沼气锅炉等）。沼气池日产沼气 200m^3 左右，安装 75kW 沼气发电机一台，可保证沼气零排放。

（1）可调压玻璃钢贮气柜。

可调压玻璃钢贮气柜采用分离浮罩贮气，使发酵部分和贮气部分分开。整个贮气柜由两部分组成，半地下式的圆柱型水池和玻璃钢圆柱型浮罩（图 6–31）。基础池底用混凝土浇制，两侧为进、出料管，池体呈圆柱状。浮罩大多数用钢材制成，或用薄壳水泥构件。该玻璃钢贮气柜采用有机玻璃钢和钢结构作为贮气柜主体材料，浮罩外安装镀锌管，管内装水，通过开关来控制水位，从而控制浮罩重量，达到控制沼气压力的目的。该结构设计便于现场安装和调整储气压力。浮罩既是储存沼气的装置，又具有压送沼气的功能。沼气池产气时，沼气通过输气管道输入浮罩内，随着沼气不断增加，浮罩不断上升；用气时，在浮罩的重量产生的压力下将沼气压出，产气、用气过程气压恒定，气压由浮罩重量决定。

本沼气贮气柜柜体容积150m^3，设计基础压力800～1 500 mm水柱。可调压玻璃钢贮气柜使用有机玻璃钢为主体结构材料，使用寿命长，容易检修，而传统的贮气柜使用铁制，容易被腐蚀，检修不方便。

图 6-30　可调压玻璃钢贮气柜

（2）沼气脱硫装置。

沼气中含有一定量的硫化氢（H_2S），硫化氢的腐蚀性很强，如果含有硫化氢气体的沼气采用内燃机发电机组进行发电，会腐蚀内燃机的汽缸壁，还会使内燃机的润滑有变质，加快了内燃机的磨损。为此，在沼气能源化利用之前，要对含有硫化氢的沼气进行脱硫处理，使沼气中的硫化氢含量在我国标准允许的范围之内。脱硫常常采用干法脱硫工艺，目前常采用氧化铁法对沼气进行脱硫。在氧化铁脱硫过程中，沼气中的硫化氢气体在固态氧化铁（$Fe_2O_3 \cdot H_2O$）的表面进行反应，沼气在脱硫装置内的流速越小，接触的时间越长，反应进行得越充分，脱硫效果越好。福建新星种猪育种有限公司沼气脱硫装置如图6-31所示。

图 6-31　沼气脱硫装置

（3）沼气利用途径。

①沼气集中供气：建设单位已经与建瓯市徐墩镇山边村民委员会签订供气协议，项目产生的沼气除了供养猪场内使用外，剩余部分向山边村 150 户村民供气。沼气池至输配沼气管采用架空敷设，并以 5% 坡度输入配室，输配室至贮气柜及输气干管均埋地敷设，过路采用沟管，并在最低处安装凝水器，管道管径不小于 DN30，坡度不小于 1%，管道采用 UPVC 管，总长达到 3km 以上。

②沼气发电：沼气经干式阻火器后可用于发电。通过压力传感器检测，当沼气压力达到 80kPa 时，且在每天的早上 6:30 ～ 7:30，中午 11:00 ～ 12:30 和下午 17:30 ～ 19:00 三个时间段以外的时间段，PLC 通过 Modbus 总线向沼气发电机发送启动命令，使得沼气发电机启动运行。

2．*沼液利用系统*

沼液利用系统包括沉淀池、氧化池（图 6-32）和氧化塘（图 6-33）。该项目建设沉淀池 100m^3，曝气氧化池 500m^3，氧化塘 10 000m^3。

图 6-32　氧化池

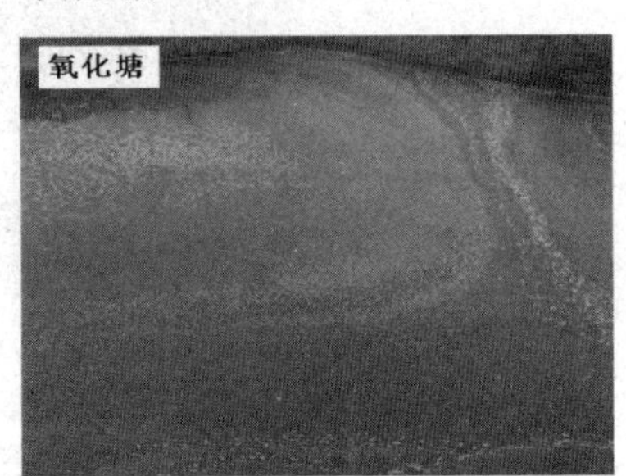

图 6-33　氧化塘

经发酵后的沼液直接排入沉淀池，该沉淀池除起过滤作用外，还有二次发酵去除氨氮的效果。沉淀池内的污水进入氧化池进行好氧处理，使污水与空气充分接触，增加水中溶氧量，进一步促进厌氧发酵后污水的充分氧化。后续处理中设置生物氧化塘，污水在塘内滞留过程中，水中的有机物通过好氧微生物的代谢活动被氧化，或经厌氧微生物分解使污水中的 COD_{Cr}、BOD_5 和 SS 达到《畜禽养殖业污染物排放标准》规定的排放要求。达标排放的污水最后通过预埋管道输送到周边果、茶园。一亩橘园日可浇灌 150kg 沼液，周边有 2 000 亩橘园和茶园。沼液浇灌管道铺设如图 6-34、图 6-35 所示，沼液管道灌溉如图 6-36 所示。

图 6-34　沼液灌溉铺设管道

图 6-35　沼液灌溉主管道预留口

图 6-36　沼液综合利用

如果遇上雨季或者不需要太多沼肥的季节，可能导致沼液二次污染，于是课题组提出实施沼肥运输车运营新模式。该模式通过商业化运作，利用沼肥运输车，延伸了沼液应用范围，是沼液利用的有效补充。因此，基本可以满足沼液利用零排放。

3．沼渣利用系统

建设堆肥车间 400m²，堆肥处理后出售给周边种植户。有机肥生产途径如下：一是从猪舍内人工清扫的固体猪粪，添加锯末后堆肥发酵并晒干后装袋出售；二是通过固液分离机滤取的固态物，以及将沉淀调节池和沼气池污泥中分离的沼渣输入中温发酵塔，经发酵烘干后装袋出售。

三、技术方案

（一）自控系统概述

系统整体构思：将工程设计成集现场控制、数据采集、数据处理、生产管理于一体的自动化系统。系统拓扑如图 6-37 所示。

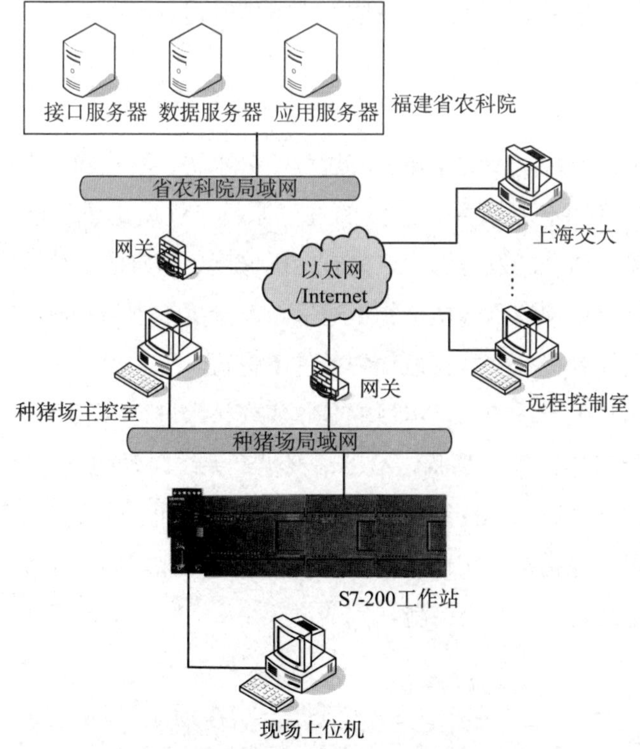

图 6-37　沼气自动化监测和控制系统

自控系统主要由 1 个现场上位机和 1 套现场 S7-200 PLC 工作站构成，远程的种猪场主控室、省农科院、上海交大以及其他控制室，均可通过以太网 / Internet 远程监控 S7-200 PLC 工作站。根据实际需要，也可只通过以太网 / Internet 远程监控，而省去现场上位机。

控制系统负责整个工艺过程的监控，实现数据检测、存储、报表打印、故障声光报警、动态画面显示等数据处理及过程监视、控制功能。提供运行汇总表、设备开关记录、设备运行时间记录、工艺池和反应罐的运行参数表、沼液排放统计表、各工艺设备运行异常报警记录等，并通过优化控制策略提升沼气的产气量。

现场 S7-200 工作站可以对现场设备以及仪表的主要参数进行监测和优化控制，并把这些信号传送到现场上位机和远程控制室。

现场上位机和远程控制室接收各在线检测仪表传输的信号及受控对象的手 / 自动状态、运行状态、故障报警信号，经现场 S7-200 工作站进行运算和程序控制，所传输的信号能反映所有被监控设备即时运行状态。

（二）控制策略

沼气发酵是一种复杂的生化反应过程，分水解、酸化和产甲烷三个阶段。产沼气的基本条件包括碳氮比适宜的发酵原料、优质足量的沼气微生物、严格的厌氧环境、适宜的发酵温度、适宜的酸碱度、适宜的发酵浓度、持续的搅拌。这些条件有一项令沼气微生物不适应，就产生不了沼气或沼气产量很低。需要实施自动控制保证发酵在最佳的条件下进行。

养猪场沼气生产系统的基本目的是收集粪污水进行厌氧反应处理后产生沼气，并排放沼液进行果林灌溉。给出沼气生产系统自动控制方案如图 6-38 所示。从整体角度来看，其控制策略主要包括三个方面：①提高产气量——质量控制；②满足环保指标，实现污染物零排放——环保控制；③确保整个粪污处理系统的安全运行——安全控制。

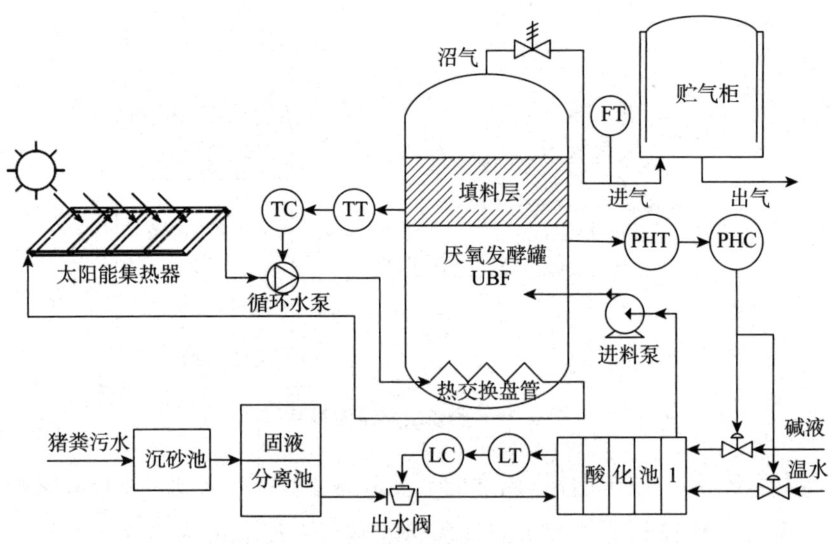

图 6-38　沼气生产设备自动控制方案

1．厌氧发酵温度控制

发酵温度是影响产气效率的最大因素，因为不仅微生物菌体本身对温度十分敏感，而且涉及菌体生长和产物合成的酶都必须在一定温度下才能具有高的活性，因此沼气生产厌氧反应过程的温度控制非常重要。

温度适宜则细菌繁殖旺盛，活力强，厌氧分解和生成甲烷的速度快，产气多。研究发现在 10 ～ 60 ℃环境下都可以进行沼气发酵。通常将其分为高温发酵（50 ～ 60℃），中温发酵（30 ～ 35℃），常温发酵（10 ～ 30℃）。沼气发酵的产气量随温度的升高而提高。

本系统提高沼气池的发酵温度主要是利用太阳能加热方式控制厌氧反应罐内温度，即利用太阳能集热系统对厌氧反应罐内部热交换盘管内的水进行加热，控制热交换盘管内的水温，进而使得料液升温发酵，产生沼气。通过太阳能集热装置、热交换盘管（换热器）对沼气系统进行保温、增温，以保证厌氧反应罐内温度夏天运行在中温 33℃左右，冬天运行在低温 15℃左右（图 6-39）。

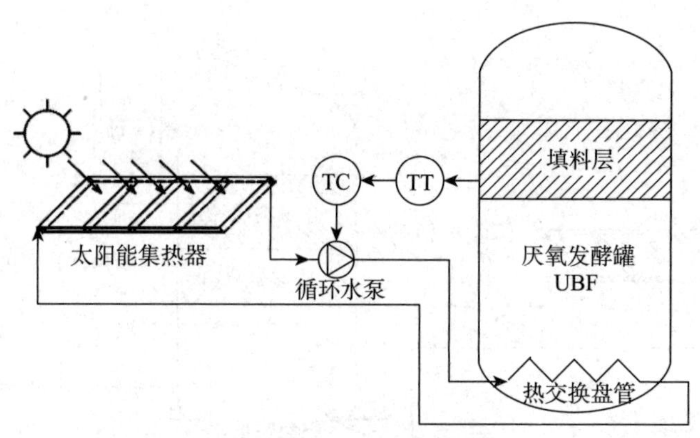

图 6-39　厌氧发酵罐温控系统

当温度传感器感知罐体内温度低于设定温度值时，启动厌氧反应罐侧循环水泵，通过温度控制器加大太阳能集热器和厌氧反应罐内热交换盘管（换热器）的循环流量，太阳能集热装置内的热水通过罐内热交换盘管加热沼气池内发酵料液，达到增温效果。

厌氧发酵反应罐 UBF 温度控制采用单回路 PID 控制器，由温度测量元件、控制器、调节阀和被控过程（UBF）四部分组成。在污泥层、填料层和悬浮层分别安装温度检测器，温度测量值取平均，反馈至温度控制器进行调节。本系统中沼气池温测量采用西安仪器厂防爆型 PT100 温度计，如图 6-40 所示。

图 6-40　温度测量仪

2．厌氧发酵 pH 值控制

沼气微生物的生长、繁殖要求发酵原料的酸碱度保持中性或者微偏碱性，过酸、过碱都会影响产气。测定表明：pH 值在 6 ～ 8 之间均可产气，以 pH 值 6.8 ～ 7.4 产气量最高；pH 值低于 6 或高于 8 时均不产气。

沼气池发酵初期由于产酸菌的活动，池内产生大量的有机酸，pH 值下降。随着发酵持续进行，氨化作用产生的氨中和一部分有机酸，同时甲烷菌的活动使大量有机酸转化为甲烷和二氧化碳，pH 值逐渐回升到正常值。所以，在正常的沼气发酵过程中，沼气池内的酸碱度变化可以自行调节，一般不需要人为调节。当正常发酵过程受到破坏，才可能出现有机酸大量积累，发酵料液过于偏酸的现象。

本系统检测厌氧反应罐内 pH 值，以保证运行在 pH 值为 7.3 左右，设置 pH 值高低报警阈值进行监控。厌氧发酵罐 pH 值控制系统示意如图 6-41 所示。pH 在线测试仪器如图 6-42 所示。当 pH 值＜ 6.6 时，在进料处适当加入碱液（草木灰或澄清石灰水）；当 pH 值＞ 8 时，在进料处适当加入温水。通过调节进料 pH 值进而将反应罐内料液的 pH 值控制在 7.3 左右。

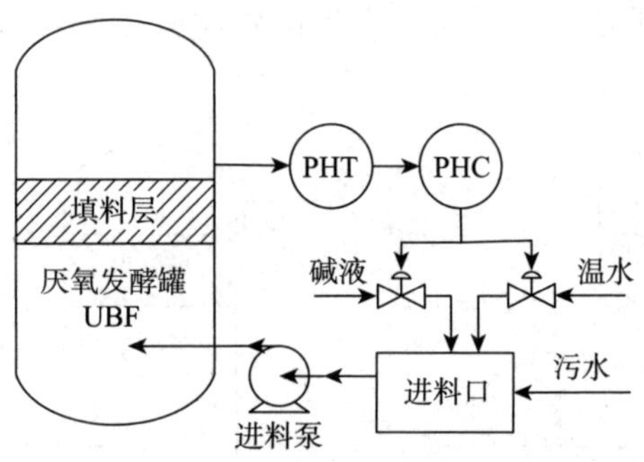

图 6-41　厌氧发酵罐 PH 值控制系统

厌氧发酵反应罐 UBF 的 pH 值控制采用分程控制，由 pH 值测量变送元件、pH 值控制器、2 个调节阀（碱液调节阀和温水调节阀）和被控过程（UBF）四部分组成。pH 值测量采用 pH 分析仪（电化学式分析仪），安装在填料层上部。当 pH 值偏高时，关闭碱液调节阀，开大温水调节阀，减低 PH 值；当 pH 值偏低时，关闭温水调节阀，开大碱液调节阀。

图 6-42　pH 值在线测试仪

3．厌氧发酵进料控制

在沼气发酵中保持适宜的发酵料液浓度，对于提高产气量、维持产气高峰是十分重要的。发酵料液浓度是指原料的总固体（或干物质）重量占发酵料液重量的百分比。夏季由于气温高、原料分解快，料液浓度一般为 8% ～ 10%。冬季由于原料分解缓慢，浓度一般为 10% ～ 12%。为保证发酵充分，需对进料进行控制，按照“勤出料，勤进料，出多少进多少”的进料基本原则，以保持发酵料液总体的平衡。本项目结合实际情况采用两种进料方式，如图 6-43 所示。

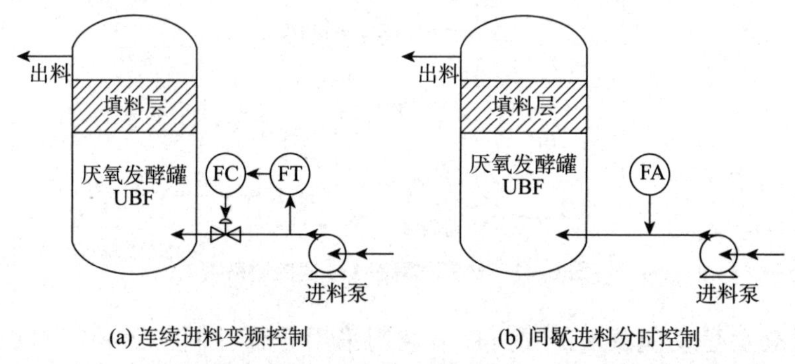

图 6-43　厌氧发酵罐进料流量控制系统

（1）连续批量进料变频控制：每天或随时连续地添加发酵原料，沼气池能长期连续正常发酵。此种发酵方式产气量高，反应充分，BOD_5 和 COD 去除率高，而且每次进料量不多，对发酵池温度影响不大。要实现连续进料发酵，需要增设一台变频器和流量计（如图 6-44 所示），日排粪污量除以 24

小时作为设定值，通过控制实现进料流量恒定。

（2）半连续（间歇）进料分时控制：污水通过开关泵分时进入厌氧发酵罐，可每天分时分段开启泵，通过时间控制污水进料。目前进料泵为开关泵，在进料泵的入口处安装 1 台管径 DN100 的电磁流量计，用于计量物料进量，流量的计量数据传至 PLC 也可就地显示。

图 6-44　电磁流量计

4．辅助控制

（1）猪粪进料水量控制。

为了保证厌氧发酵原料浓度，同时减少处理负荷和处理成本，猪场实现雨污分流，猪舍实施干清粪工艺，日产日清。剩余猪栏猪粪和尿液用水一起冲入下水道变成污水。一般 100 头生猪夏天进水量为 $1.8m^3$，冬天水量为 $1.2m^3$。通过手动调节进水量，实现进料浓度的控制。

（2）固液分离池出水控制。

固液分离池出水控制系统示意如图 6-45 所示。固液分离池共两座，每个固液分离池设两台出水阀，分别控制两个酸化池的进料。如果酸化池进水量大于抽取量，上游没有及时采取溢流措施，可能导致酸化池溢出；反之则酸化池储量不够，进料泵处于干运转状态，损坏设备。固液分离池的出水阀开停可根据酸化池的液位进行自动控制，同时固液分离池设计水力停留时间为 0.5 ～ 1.0d，也可由 PLC 按时间周期控制出水阀的启停。

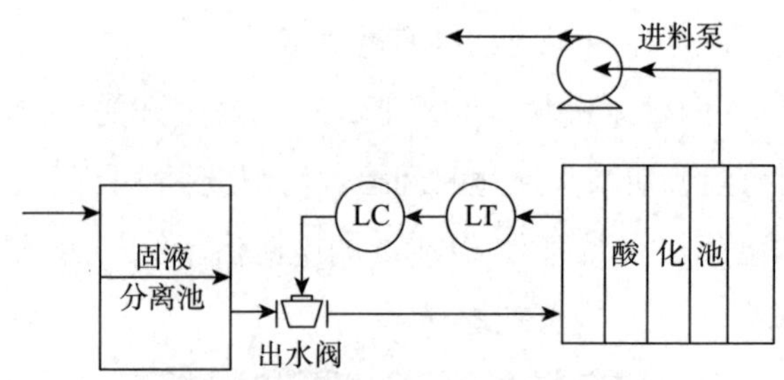

图 6-45　固液分离池出水控制系统

四、沼气生产自动监测与控制系统详细设计方案

福建新星种猪养殖场沼气生产系统包括地下折流式沼气池（ZDW）和上流式厌氧反应罐（UBF）两条沼气生产线。本方案只设计基于上流式厌氧反应罐（UBF）的沼气生产系统的自动化监控系统，列出相关工艺设备信息，按各处理工艺提供实施自动化监测与控制系统所需要增加配置的设备清单。

（一）各处理工艺控制描述

1. 粪污预处理系统

猪舍实施干清粪工艺，日产日清。剩余猪栏猪粪和尿液用水一起冲入下水道变成污水。养猪场污水通过沟管自然流入沉砂池，经过沉砂池后流入 #1 和 #2 固液分离池，通过筛网实现固液分离。固液分离池筛网下部连通，分离后污水通过两个无堵塞立式阀分别控制污水流入酸化池 #1 和酸化池 #2。安装 2 个电动出水阀代替无堵塞立式阀，管路为 PVC160 管。固液分离池的出水阀开停可根据酸化池的液位进行自动控制，同时固液分离池设计水力停留时间为 0.5 ～ 1.0d，酸化池间歇进水，也可由中控室根据延续时间进行设定。

酸化调节池对固液分离池分离后的污水进行混合、储存和调节，起到初步酸化水解作用，以满足厌氧发酵工艺的技术要求。调节污水水量、水质（温度、浓度、酸碱度），使集中、间歇性进水变成均衡、连续性进水。增设 pH 计 1 台，液位计 1 台，测量数据经传感器送至中控室显示。监控的设备及相关的 I/O 点信息见表 6-16。

表 6-16　监控的设备及相关的 I/O 点信息

系统名称	系统数量	系统内监控设备	设备数量	DI	DO	AI	AO
固液分离池	2	出水电动阀	2	手动 / 自动			
				开到位	开		
				关到位	关		
				故障			
酸化池	1	液位计	1			液位	
		pH 计	1			pH 值	

（1）主要设备控制功能。

固液分离池出水调节需满足以下功能及原则。

第一，保证酸化池保持高液位，实现系统高负荷运行。

第二，应保持 1# 或 2# 固液分离池出水阀交替运行。

第三，1# 或 2# 固液分离池的投运次数及运行时间应均匀。

第四，能够及时监视判断故障的隐患，并及时采取保护措施。

（2）固液分离池出水电动阀。

实时监测其运行、故障等状态，通过监控画面上不同的颜色显示。

具有就地、远程手动和自动三种控制方式。①就地：将控制柜上的转换开关转为手动脱离 PLC，由就地操作按钮实现电动阀的开、停操作。②远程手动：将控制柜上的转换开关转为远程，通过监控画面上的开、停按钮在上位机手动操作。③自动：转入自动后，当酸化池液位高于设定值时根据时间间隔控制固液分离池出水电动阀的启停时间，当酸化池液位低于设定值时采用液位控制器控制固液分离池出水电动阀的启停，两电动阀自动交替运行。

（3）参数检测。

液位计用于监测酸化池中的液位。画面实时显示数值并通过曲线显示。设置数值的下限警告、上限警告和报警，并录入报警清单。

pH 计用于监测酸化池中的 pH 值。画面实时显示数值并通过曲线显示。设置数值的下限警告、上限警告和报警，并录入报警清单。

PLC 检测到设备的故障信号，立即送信号至中控室计算机声光报警，记忆并打印故障，同时 PLC 对被控设备进行保护控制。

2．厌氧反应器

污水通过泵提升从厌氧反应器（UBF）的底部通过布水器进入，依次经过污泥层、填料层、悬浮层进行生化反应后，沼气自动从其顶部排出，沼液从侧面溢流管自动溢出，沼渣自动从底部排出。在 UBF 进口管道安装流量计（DN80），UBF 反应器的污泥层、填料层和悬浮层分别安装 3 个温度传感器，在填料层上部安装 1 个 pH 值传感器。厌氧反应器侧面取样口可进行人工取样，离线测量 SS、COD_{cr}、BOD_5、NH_3–N、TP 值。监控的设备及相关的 I/O 点信息见表 6–17。

表 6–17　监控的设备及相关的 I/O 点信息

系统名称	系统数量	系统内监控设备	设备数量	DI	DO	AI	AO
厌氧反应器	1	流量计	1			流量	
		PT100	3			温度	
		pH 计	1			pH 值	
		进料泵	1	故障			
				手动 / 自动	开		
				运行	关		
太阳能集热器	1	循环水泵	1	故障			
				手动 / 自动	开		
				运行	关		

（1）主要设备控制功能。

反应罐的调节需满足以下功能及原则。

第一，保证系统高负荷运行。

第二，进料泵的开停次数不宜过于频繁。

第三，能够及时监视判断故障的隐患，并及时采取保护措施。

第四，通过温度计可实时监测反应罐中的温度，三个采样点温度取均值，通过控制太阳能集热器管道循环水泵的开启，进行增温。

第五，通过 pH 计可实时监测反应罐中的 pH 值，通过在进料口手动开启碱液阀或温水阀，进行 pH 值调整。

（2）进料泵。

实时监测其运行、故障等状态，通过监控画面上不同的颜色显示。

具有就地、远程手动、自动三种控制方式。①就地：将控制柜上的转换开关转为手动，脱离 PLC，由就地操作按钮实现对泵机的开、停操作。②远程手动：将控制柜上的转换开关转为远程，通过监控画面上的开、停按钮在中控室手动操作。③自动：当该泵转入自动后，由 PLC 程序根据管道流量、运行时间及相应的控制策略，进行进料泵的启停控制。

泵机开启过程：有开泵指令（远程指令，PLC 根据管道流量、运行时间及相应的控制策略判定开泵指令，故障切换开泵指令）；检查主令开关是否全闸送电；主令开关合闸送电后，启动。

（3）循环水泵。

实时监测其运行、故障等状态，通过监控画面上不同的颜色显示。

具有就地、远程手动、自动三种控制方式。①就地：将控制柜上的转换开关转为手动，脱离 PLC，由就地操作按钮实现对泵机的开、停操作。②远程手动：将控制柜上的转换开关转为远程，通过监控画面上的开、停按钮在中控室手动操作。③自动：当该泵转入自动后，由 PLC 程序根据反应器温度及相应的控制策略，进行循环水泵的启停控制。

泵机开启过程：有开泵指令（远程指令，PLC 根据反应器温度及相应的控制策略判定开泵指令，故障切换开泵指令）；检查主令开关是否全闸送电；主令开关合闸送电后，启动。

（4）参数检测。

流量计用于监测进料泵流量；3 路 PT100 传感器用于监测发酵罐不同层的温度；PH 计用于监测发酵罐污泥层 pH 值的变化。

画面实时显示数值并通过曲线显示。设置数值的下限警告、上限警告和报警，并录入报警清单。

PLC 检测到设备的故障信号，立即送信号至上位机声光报警，记忆并打印故障，同时 PLC 对被控设备进行保护控制。

3．沼气利用系统

沼气利用系统包括贮气柜、阻火器、脱硫器、输配管道和沼气发电机。沼气经气水分离器脱水后进入脱硫装置进行脱硫，脱硫后的沼气计量后进入贮气柜贮存。沼气经干式阻火器后可用于发电。浮罩式贮气柜恒压，可自动进气和排气。安装压力传感器检测贮气柜压力，在进气管道安装流量计进行沼气计量。监控的设备及相关的 I/O 点信息见表 6-18。

表 6-18　监控的设备及相关的 I/O 点

系统名称	系统数量	系统内监控设备	设备数量	DI	DO	AI	AO
贮气柜	1	压力传感器	1			压力	
		流量传感器	1			流量	

压力传感器用于监测贮气柜中的压力，流量传感器用于测量产出的沼气量。

画面实时显示数值并通过曲线显示。设置数值的下限警告、上限警告和报警，并录入报警清单。

PLC 检测到设备的故障信号，立即送信号至上位机声光报警，记忆并打印故障，同时 PLC 对被控设备进行保护控制。

4．沼液利用系统

沼液利用系统包括沉淀池、储液池和氧化塘。沼液通过预埋管道输送到周边果、茶园。在氧化池和氧化塘出口进行人工取样，通过离线测量 pH、SS、CODcr、BOD_5、NH_3-N、TP 值，手动输入传送至监控平台。

（二）自控系统性能指标

1．PLC 工作站

现场 PLC 工作站设置可编程控制器（图 6-46）PLC 一套，PLC 盘柜的室内挂壁安装，布置在柴油发电机室内。并配置现场上位机，可通过菜单或图形选调显示屏幕画面，操作控制辖区内各设备的运行，还通过 I/O 模块对各检测点数据进行集中采集，同时将数据传送到远程控制室。

PLC 独立工作，完成自己的功能而不依赖通讯网，在上位机或通信有故障时，保护及监控装置能可靠工作。PLC 控制柜主要描述如下。

（1）尺寸为 500mm×400mm×250mm，整体造型、盘面布置美观大方，柜体正面开门。柜体结构合理，而且具有很高的机械强度和刚度，表面采用喷塑处理，柜内布线整齐、美观，柜内有专门设计的走线槽和扎线板，使导线固定方便，造型美观。

（2）带柜内照明系统。

（3）接线端子采用魏德米勒或菲尼克斯公司的产品。

（4）柜体的电缆进出口下应有 10 ～ 15cm 高度的夹层，以存留多余电缆，电控柜为底部进线，底部出线。

2．控制点数及特点

（1）I/O 点数：DI：40；DO：24；AI：16；AI RTD：4。I/O 点数应有一定备用量，并留一定空槽位。

（2）CPU 内置程序存储器 24KB，数据存储器 10KB。

（3）经 UL、FM 及制造业认证。

3．系统硬件一般要求

（1）系统硬件采用有西门子 S7-200 PLC、使用以微处理器为基础的分散型的硬件。

（2）所有模块均应是固态电路，标准化、模块化和插入式结构。

（3）模块的插拔应有导轨，以免造成损坏或引起故障。模块的编址不受在机柜内的插槽位置的影响（通过软件定义），而是在机柜内的任何插槽位置上都应能执行其功能。

（4）模块的种类和尺寸规格应尽量少，以减少备件的范围和费用支出。

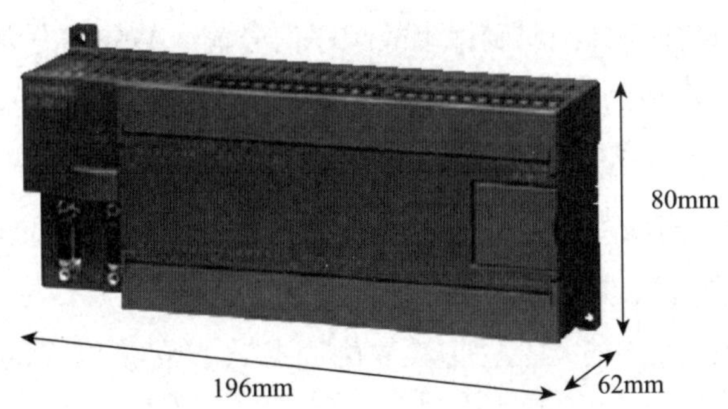

图 6-46　S7-200 可编程逻辑控制器

4．CPU 处理器

（1）CPU 内置工作存储器不小于 24KB，数据存储器 10KB，内置 MPI 接口。工作环境温度：-25℃至 +70℃，允许有冷凝。

（2）CPU 处理器应使用 I/O 处理系统采集的过程信息来完成模拟控制和数字控制。

（3）CPU 处理器应清晰地标明各元器件，并带有 LED 自诊断显示。

5. I/O 通道

（1）I/O 处理系统应“智能化”，以减轻控制系统的处理负荷。I/O 处理系统应能完成扫描、数据滤波、数字化输入和输出、线性化、过程点质量判断、工程单位和量程换算等功能。

（2）所有 I/O 模块都应有标明 I/O 状态的 LED 指标和其他诊断显示，如模块电源指示等。

（3）分配控制回路和 I/O 信号量，应使一个控制器或一块 I/O 的通道板损坏时对机组安全运行的影响尽可能小。

（4）当控制器 I/O 电源故障时，应使 I/O 处于对工艺系统安全的状态（即所有开关量和模拟量应保持断电前的状态不变），不出现误动。

（5）系统供货商和其他供货商提供的控制及保护系统之间的信息交换采用 I/O 通道时，应有电隔离措施。

（6）所有 I/O 通道的各路信号通路之间应相互隔离。

（7）所有接点输入模块都应有防抖动滤波处理。如果输入接点信号在 4ms 之后仍抖动，模块不应接受该接点信号。卖方应详细说明采取何种措施，来消除接点抖动的影响并同时确保事故顺序信号输入的分辨力为 1ms。

（8）应采用相应的手段，自动地和周期性地进行零飘和增益的校正。

（9）控制执行回路的开关量输出信号宜采用带继电器输出的 I/O 通道或另外装设继电器。自控与执行机构以模拟量信号相连时，二端地或浮空等的要求应相匹配，否则应采取电隔离措施。

（10）每个模拟量输入有一个独立的固态 A/D 转换器，每个模拟量输出点应有一个单独的 D/A 转换器。

（11）监视、保护、控制系统的信息享用应按如下原则处理：①监视和控制系统可共享信息，此时，输入信号应首先引入控制系统的输入通道，并通过通讯总线送至监视系统；②控制和保护系统均要使用的信息应通过各自的输入通道分别送入；③触发 MFT 及重要联锁的信号，应使用硬接线。

（12）I/O 类型。自控应能根据买方要求接受或输出以下各类信号。

①模拟量输入。直流电流信号：4 ～ 20mA。

② RTD 模拟量输入。热电阻信号：分度号 Pt100 Ni100 等。

③开关量输入。逻辑电平：24 VDC，输入阻抗＞ 1000Ω。触点输入：常开、常闭、干触点。

④开关量输出。触点输出：常开、常闭、干触点。220VDC，3A。电压输出：24VDC。

（13）通信模块。通信模块选用 CP 243-1 以太网模块（图 6-47），用于远程通信和控制功能。

图 6-47　CP243-1 以太网通信模块

（14）卖方应对外部输入自控及自控输出信号的屏蔽提出建议，以满足其系统设计要求。但是自控系统应能接受采用普通控制电缆（即不加屏蔽）连接开关量输入信号。

（15）卖方除提供规定的输入 / 输出通道外，还应满足自控对输入 / 输出信号的要求，如模拟量与数字量之间转换的检查点，电源检测及各子系统之间的硬接线接点。

6．环境

（1）系统应能在电子噪声、射频干扰及振动都很大的现场环境中连续运行，且不降低系统的性能。

（2）系统设计应采用各种抗噪声技术，包括光电隔离、高共模抑制比、合理的接地和屏蔽。

（3）在距电子设备 1.2m 以外发出的工作频率达 470MHz、功率输出达

5W 的电磁干扰和射频干扰，应不影响系统正常工作。

（4）系统应能在环境温度 5 ～ 45℃，相对湿度 10% ～ 95%（不结露）的环境中连续运行。

7. 电子装置机柜和接线

（1）电子装置机柜的外壳防护等级，室内应为 IP20 或 IP30，主厂房现场应为 IP54，露天现场应为 IP56。

（2）机柜门应有导电门封垫条，以提高抗射频干扰（RFI）能力。柜门上除触摸屏外不装设任何系统部件。

（3）机柜的设计应满足电缆由柜底引入的要求。

（4）机柜内的端子排应布置在易于安装接线的地方，即为离柜底 300mm 以上距柜顶 150mm 以下。上下左右的端子排之间应有 300mm 以上的间隔。

（5）机柜内所有开关、继电器、电源等设备须有明显的标识，每个端子排和端子都应有清晰的标志，并与图纸和接线表相符。

（6）端子排、电缆夹头、电缆走线槽及接线槽均由“非燃烧”型材料制造。

（7）组件、CPU 处理器或 I/O 模块之间的连接没有手工接线。

（8）机柜内预留充足的空间，使买方能方便地接线、汇线、布线，汇线槽大小应充分考虑电缆粗细和根数，并留有 30% 的空间。

8. 计算机控制系统软件

所提供的所有软件（包括操作系统）具有合法的授权使用证书。

（1）WINCC 监控软件。

控制软件包括系统软件和二次开发所必需的软件。这些软件必须是成熟的商品软件，具有类似工程的应用业绩。

监控系统软件应该具有全图示化界面、全集成、面向对象的开发方式，使得系统开发人员使用方便、简单易学。功能覆盖广，软件组合灵活，高效性、内在结构和机制的先进性应该确保用户可快速开发出实用而有效的自动化监控系统（图 6-48）。

监控系统软件应该采用当前最先进的技术，系统的配置和画面的组态具有方便性，而且系统的体系结构应该是灵活的和开放的。

系统根据工艺的要求，监视和控制软件实时运行，应符合如下要求：监控系统应该是开放的、灵活的，可以对控制系统进行监测、控制，具有动态画面显示功能、报警、报表输出功能、趋势预测功能、实时历史数据存储功能；软件应采用全中文操作模式，能够组态中文显示画面等；具有使用方便、简单易学、软件组态灵活的特性，应该确保用户可快速开发出实用、可靠、有效的自动控制系统。

SCADA 系统监控软件采用自控领域工业级的监控软件 WINCC V6.22，与 PLC 同属于西门子自动化产品，上位机与 PLC 之间的无缝通信及全自动化的集成。

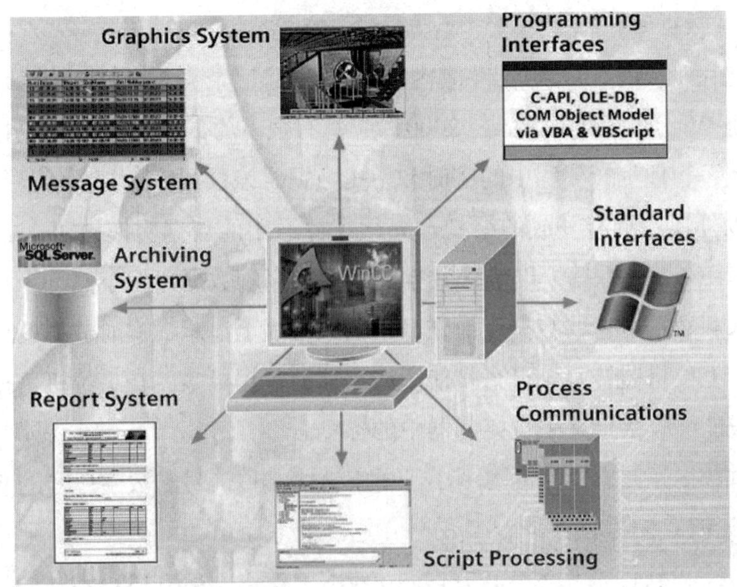

图 6-48　自动化监控系统

WINCC 监控软件还满足以下要求。

人机交互软件必须是具备深厚影响力的自动化领导品牌，必须具备很高的可靠性及实时性，与整个自动化系统高效和无缝集成。

采用成熟的基于 Microsoft Windows 2003 Server R2/SP2 或者 Microsoft Windows XP ＋ SP2/Windows Vista 的开发平台。

采用多任务工业标准技术，保证其开放性及可扩展性，使得系统的开发和集成变得十分简便：①支持多种脚本系统（VBS/VBA，C-Script）；②内置高效的 I/O 驱动；③内置历史数据记录系统（Historian）SQL Server，无需单独购买；④内置报表系统，支持 Web 报表；⑤全集成自动化功能，变量可方便从底层控制器自动导进 HMI 系统；⑥设计符合标准化、规范要求，广泛采用分布性处理技术和冗余技术，具有良好的可移植性、可扩展性和联网功能，便于功能和系统的扩展及升级；⑦全面支持 OPC 规范（DA、HDA、A&E、XML）。

支持全集成自动化。要求有统一的数据管理系统，控制器的信号标签可以自动导进 HMI 系统中；系统具有系统诊断及过程诊断，以便在出故障时能及时进行故障定位，可以在 HMI 系统中弹出该控制回路。

（2）数据库。

所选用 HMI SCADA 软件应内置历史数据记录系统（Historian），数据库最好是 Windows SQL Server 2000，应具有强有力的关系数据库支撑，以收集、存储、管理生产流程中的实时和历史数据。该数据库除具备常规的数据管理功能以外还应具有开放的结构，必须支撑通用的数据交换协议（如 DDE、OPC、ODBC、SQL 等）以确保数据的有效利用。数据库用于储藏来自控制器的最新采集数据。这些数据应能在显示器或报表上显示，实时数据的采集周期应可调。上位机监控系统可直接使用控制器的数据标签。在上位机监控系统的画面上应能够直接定义来自控制器中的标签。

实时数据库数据存储能力不小于所安装的模拟信号和数字信号的 3 倍。

（3）PLC 编程软件。

PLC 编程软件选用 STEP 7-Micro/WIN，符合 IEC61131 标准。编程软件采用中文界面，在线帮助、注释都能够支持中文，这样可以方便现场维护人员迅速掌握编程软件的使用，提高控制程序的可读性，最终保障系统的稳定运行。

五、硬件配置

（一）PLC I/O 点

PLC I/O 信息见表 6-19。

表 6-19　PLC I/O 信息

系统名称	系统数量	系统内监控设备	设备数量	DI	DO	AI	AO
固液分离池	2	出水电动阀	2	手动 / 自动			
				开到位	开		
				关到位	关		
				故障			
酸化池	1	pH 计	1			pH 值	
		液位计	1			液位	
厌氧反应器	1	流量计	1			流量	
		PT100 温度计	3			温度	
		pH 计	1			pH 值	
		进料泵	1	故障			
				手动 / 自动	开		
				运行	关		
太阳能集热器	1	循环水泵	1	故障			
				手动 / 自动	开		
				运行	关		
沼气贮气柜	1	压力传感器	1			压力	
		流量传感器	1			流量	
总的控制点数				14	6	9	

（二）PLC 控制系统设备

PLC 控制系统设备见表 6-20。

表 6-20　PLC 控制系统设备

序号	设备名称	规格	厂家	数量
1	计算机	380MT 商用台式电脑	戴尔	1
2	CPU 模块	S7-226CN 继电器输出	西门子	1
3	4 点模拟量输入单元	EM231 4 路模拟量输入	西门子	2
4	2 点热电阻输入单元	EM231 2 路 RTD 输入	西门子	2
5	以太网模块	CP 243-1	西门子	1
6	扩展电缆	6ES7 290-6AA20-0XA0	西门子	1

续表

序号	设备名称	规格	厂家	数量
7	空气开关	NB1-63 C32 3P	正泰	1
8	空气开关	NB1-63 C10 3P	正泰	8
9	空气开关	NB1-63 C10 2P	正泰	4
10	接触器	NC1-09 10	正泰	4
11	热继电器	NR2-11.5 7-10A	正泰	1
12	热继电器	NR2-11.5 0.63-1A	正泰	3
13	中间继电器	MY2NJ DC24V	欧姆龙	15
14	中间继电器底座	PYF08A-	欧姆龙	15
15	PLC 柜（含辅材及成套）	500×400×250	国产	1

（三）沼气工程分析测试相关设备

沼气工程分析测试相关设备见表 6-21。

表 6-21　沼气工程分析测试相关设备

序号	设备名称	规格	安装位置	厂家	数量
1	出水电动阀	DN160，PVC 管	固液分离池	国产	2
2	pH 计	pH221	酸化池 厌氧反应器	国产	2
3	液位计	XY-200U2-05 DC24V（0 ～ 5m）	酸化池	西仪	1
4	流量计	FM-100GTUJ	进料管道	西仪	1
5	温度计	PT100，L=10m	厌氧反应器	国产	3
6	沼气流量计	DN50	沼气贮气柜	国产	1
7	压力传感器	3151SG3S22M0B1Da（0 ～ 1.6MPa）	沼气贮气柜	西仪	1
8	BOD 分析仪	BOD TraKTM	氧化塘出口	哈希	1
9	COD 分析仪	UVAS plus sc	氧化塘出口	聚光	1
10	总磷分析仪	PHOSPHAX Sigma（0.01 ～ 10mg/L）	氧化塘出口	聚光	1
11	SS 分析仪	Pro-2 RD240（0 ～ 10g/L）	氧化塘出口	哈希	1
12	氨氮分析仪	Amtax compact（0.2 ～ 12mg/L）	氧化塘出口	聚光	1
13	pH 计	pH221	氧化塘出口	巴森泵业	1

六、智能化上流式玻璃钢沼气池运行流程及界面图

（一）工艺流程

智能化上流式沼气工程与普通沼气工程的工艺流程一致（图 6–50），包括进料前处理、进料、发酵、储存和净化、输送、沼液沼渣处理等，但在运行过程中的技术装备存在较大差异，使得沼气工程管护从普通工程模式的手工操作转变为智能化操作。智能化上流式沼气工程技术系统具有显著的先进性：安装了酸化池和沼气池的 pH 值监测计、酸化池水位监测计、分批进料抽液计、温度自动控制系统、太阳能加热系统、沼气搅拌系统、沼气流量监测计、互联网远程控制系统（电脑、PLC 控制柜、宽带、数据储存系统等）等，使得沼气池实现智能化自动分批进料、自动控制沼气池沼气搅拌工作、自动为沼气池发酵液加热。电脑实时记录酸化池水位、沼气池温度、酸化池和沼气池的 pH 值、沼气池和贮气柜气压值，并将以上数据实时传至养猪场管理负责人的电脑和技术服务机构，通过智能系统自动调整运行状态达到提高产气的目的，方便养猪场进行沼气工程的远程控制与管理以及技术服务机构对工程运行的远程控制和技术服务。智能化上流式沼气工程的工艺运行流程如图 6–49 所示。上流式沼气工程智能化控制系统 In Touch 软件在线监测仿真平台实际运行界面如图 6–50 ～图 6–54 所示。

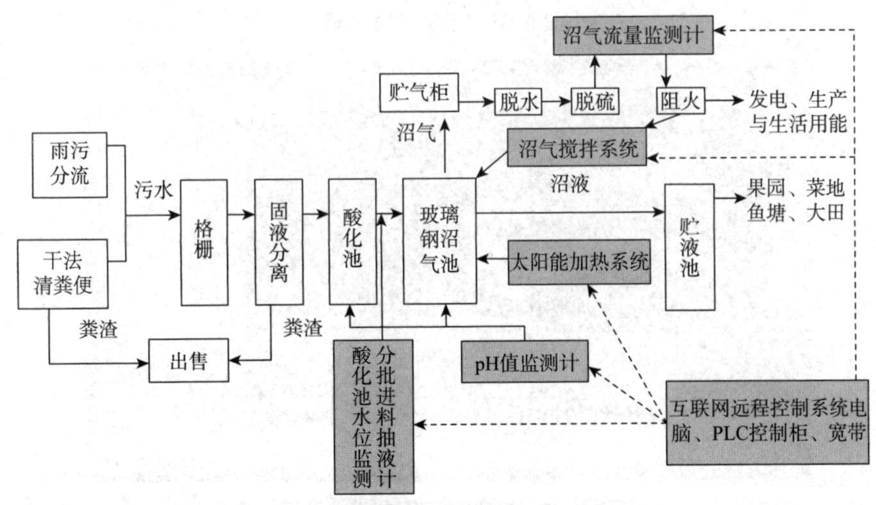

图 6–49　智能化沼气工程的工艺运行流程

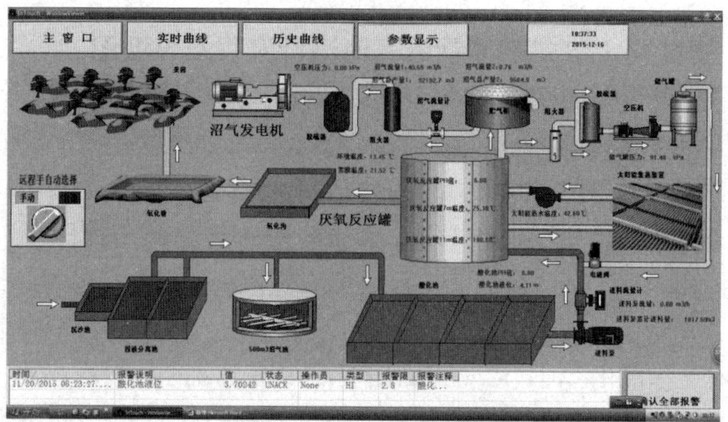

图 6-50　软件运行主界面

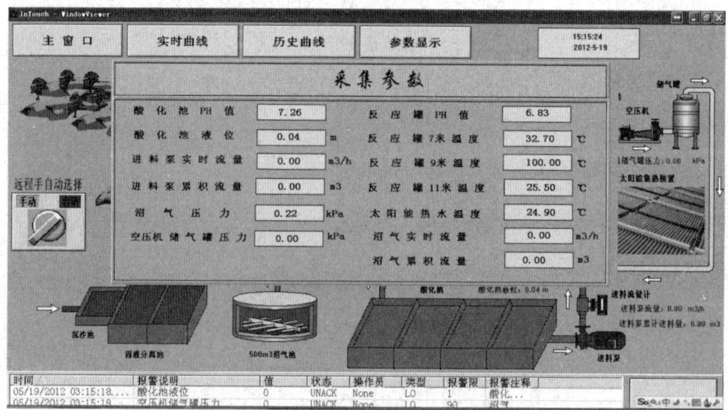

图 6-51　采集参数界面

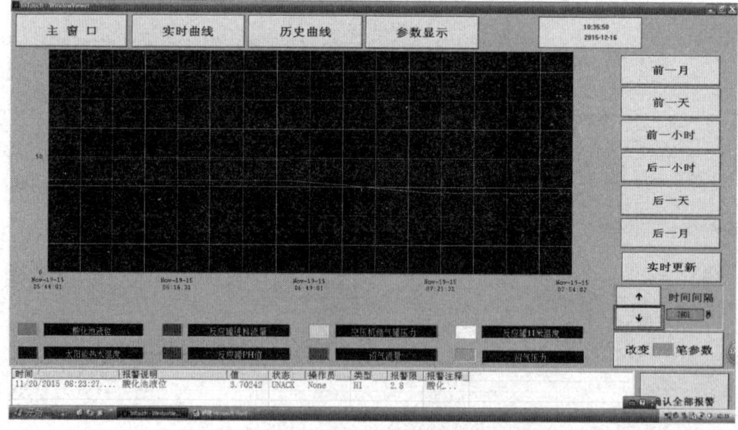

图 6-52　软件运行历史曲线界面

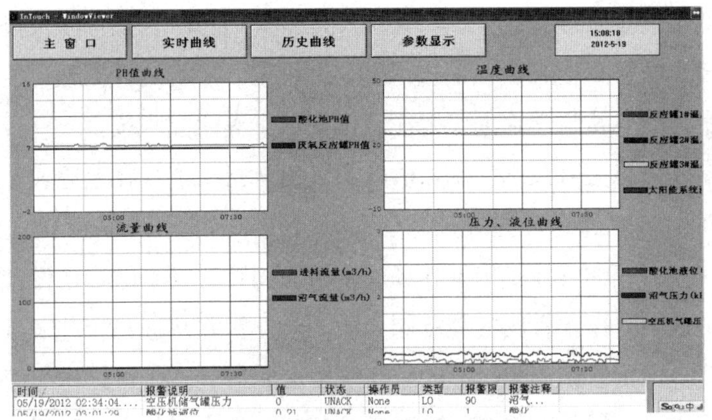

图 6-53 软件运行实时曲线

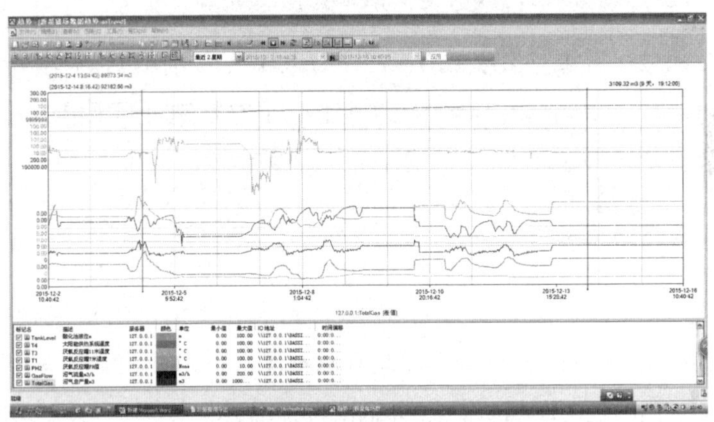

图 6-54 软件运行数据趋势

（二）技术特点

多源信息融合作为一种可消除系统的不确定因素、提供准确的观测结果综合信息的智能化数据处理技术，在工业监控、智能检测、机器人、战场观测、自动目标识别和多源图像复合等领域获得广泛应用。

多源信息融合过程充分利用并合理分配多传感器资源，检测并提取数据信息，然后把多传感器在时间或空间上的冗余、竞争、互补和协同信息，在领域知识的参与指导下，依据相关准则来指导及管理传感器以最佳能效比进行融合。相比单个传感器以及系统各组成部分的子集，整个系统不但具有更精确、更明确的推理以及更优越的性能，而且还具有减少状态空间的维数、改善量测精度、降低不确定性等特点。从广义出发，多源信息融合技术涉及传感器、信号处理、概率统计、信息论、模式识别、决策论、不确定性推理、估计理论、最优化技术、计算机科学、人工智能和模糊数学等研究领域。

通过多源信息融合技术应用，改变沼气池运行工艺：在上流式玻璃钢沼气池上安装第二出水管道，通过多源信息融合技术控制，形成序批式沼气反应器。该上流序批式沼气池是依据猪场粪便污水间歇式排水的特点设计的。通常运行过程中，第二出水管路的控制阀关闭。粪便污水从进料管进来后，经厌氧发酵后从第一出水管路流出。此时，污水浓度相对较高，可以作为肥料灌溉农田和林地等。当不需要用肥时，进料后关闭第一出水管路的控制阀，同时，通过回流气泵等设备将沼气回流至反应器主体中对发酵料液进行搅拌，等充分发酵后静置分层，打开第二出水管路阀门，将上层清液排除进入后续处理设施，上层清液排出后，沼气池内气压会发生变化，通过控制可调压沼气贮气柜，保证池内不会产生负气压。

（三）应用效果分析

2010 年 1 月 1 日—2010 年 12 月 31 日上流式玻璃钢沼气池运行效果如图 6–55、图 6–56、图 6–57 所示。全年平均环境温度为 25.2℃，全年平均沼气发酵温度 27.0℃；全年沼气池平均进料 COD 7 886.2 mg · L^{-1}，全年沼气池平均出料 COD 1 343.6 mg · L^{-1}，COD 去除率 83.0%；全年沼气池沼气产气率为 0.93 m^3 · m^{-3} · d^{-1}。

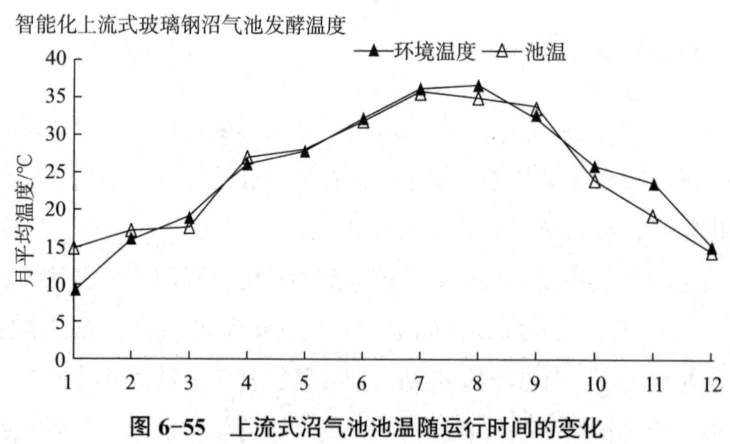

图 6–55　上流式沼气池池温随运行时间的变化

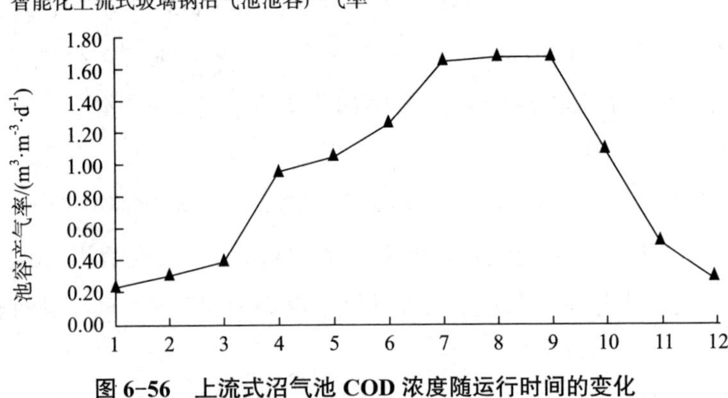

图 6-56　上流式沼气池 COD 浓度随运行时间的变化

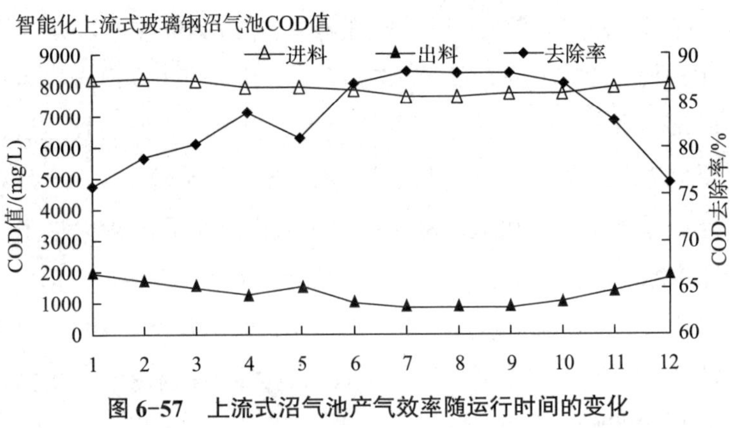

图 6-57　上流式沼气池产气效率随运行时间的变化

七、实施成效

福建省新星种猪育种有限公司沼气工程以养殖业为龙头，以沼气建设为中心，联动果草，实现物流、能流的良性循环和资源多层次、多途径利用，减少了林木砍伐，有效地保护森林植被，改善和保护当地的生态环境，优化了农村能源结构和对肥料合理使用。农村沼气项目正常使用，可解决养殖场生产生活用能和周边 100 户农户生活用能源，为当地提供就业岗位 4 个，在解决生活生产用能的同时，解决了周边的人、畜的生存生活环境问题，并有效促进种植业和养殖业的发展，提高了农村生活质量，促进了企业和农户增收节支，实现了农业生态良性循环。

该沼气工程建成后，日产沼气 600m³ 左右，年产气 365d，沼气用于沼气燃烧智能热水锅炉，进行保育舍地暖循环仔猪保温，可增加仔猪的成活率1%，供场内职工和周边100户农户集中供气，作生活能源，年燃气收入效益21.9万元；年产有机肥2 000吨，每吨出售100元（“净利润”），年收入20万元；沼肥包销，50元/亩，年收入5万元；三项合计46.9万元。项目运行成本：人工费4人4.8万元，年用电费计4.38万元，基建维护费0.7万元，设备维护费2.13万元，土建设备折旧费等11.74万元，其他费用1.08万元，合计24.83万元，则年运行收益22.07万元。投资利润率9.51%，具有较好的经济效益。

循环经济是人类社会发展的必然选择。福建省新星种猪育种有限公司沼气生态循环农业模式的建成，年可处理鲜粪便10 000t左右，减少污水排放7.3万t，生产沼气22万m^3，年节157t标煤，其中供100户农户生活用能，年节柴500 m^3，相当于500亩林地的年生物蓄积量，减少411t二氧化碳的排放。通过项目建设，开展清洁生产，净化水、土、气环境，生态环境得到有效保护，一年四季无臭味，厌氧发酵后杀灭了有毒有害病菌96%以上，牲畜的死亡率由原来的5.6%下降到了0.6%。项目以养殖业为龙头，以沼气建设为中心，联动果草，实现物流、能流的良性循环和资源多层次、多途径利用，大大改善和保护了生态环境。特别是沼气的利用，减少了林木砍伐，有效地保护森林植被，生态效益明显。

智能化上流式玻璃钢沼气池高效产气及远程控制自控系统，通过自主开发的智能化上流式玻璃钢沼气池高效产气与远程监控系统软件，采用了pH传感器、温度传感器、沼液流量传感器、压力传感器、沼气流量传感器等多传感器进行数据采集。基于多源信息融合技术，对沼气池进料流量、进料浓度、发酵液温度、发酵液pH值及沼气产气量实现在线监测，通过多源信息融合技术，提高信息采集的准确性，并得到沼气池产沼气最佳运行条件，使系统具备参数采集、设备控制、自动监测、参数报警以及远程诊断功能，保证系统安全可靠地运行，实现沼气池高效产沼气，并能自动报送生产运行数据至种猪场监控中心和省农科院，实现了专家不用到沼气池运行现场就可以解决沼气池运行中发生的问题。

参考文献

［1］董越勇，聂新军，王强，等．不同养殖规模猪场沼气工程沼液养分差异性分析［J］．浙江农业科学，2017，58（12）：2089-2092.

［2］王成己，李艳春，刘岑薇，等．福建省规模化养猪场温室气体减排效益评估［J］．福建农业学报，2019，34（4）：465-470.

［3］沈忠杰，汪鹏．广东省沼气资源潜力与养殖场沼气工程效益分析［J］．可再生能源，2021，39（4）：449-454.

［4］刘波，刘筱，韩宇捷，等．规模化养猪场典型沼气工程各排放节点氨排放特征研究［J］．农业工程学报，2018，34（23）：179-185.

［5］陈贵，孙达，鲁晨妮，等．规模化养猪场沼气工程沼液特性研究［J］．中国沼气，2020，38（3）：57-64.

［6］高茹英，林聪，王平智，等．养猪场粪污水生物处理工艺技术研究［J］．农业环境科学学报，2004，23（3）：599-603.

［7］梁鹏，谢英，邱俊．养猪废水处理工艺应用研究［J］．江西畜牧兽医杂志，2012（6）：24-26.

［8］韩伟铖，颜成，周立祥．规模化猪场废水常规生化处理的效果及原因剖析［J］．农业环境科学学报，2017，36（5）：989-995.

［9］王荣昌，李赛超，王楠，等．典型规模化畜禽养殖粪污处理工艺的温室气体减排［J］．中国给水排水，2016，32（21）：137-142.

［10］孟海玲，董红敏，黄宏坤．膜生物反应器用于猪场污水深度处理试验［J］．农业环境科学学报，2007，26（4）：1277-1281.

［11］杨迪，邓良伟，郑丹，等．猪场废水厌氧－好氧处理出水的深度处理［J］．中国沼气，2015，33（5）：16-22.

[12] 金小琴 . 大中型沼气工程发展存在的问题及对策研究 [J] . 南方农业，2020，14（27）：170-171.

[13] 乔玮，李冰峰，董仁杰，等 . 德国沼气工程发展和能源政策分析 [J] . 中国沼气，2016，34（3）：74-80.

[14] 周玮，李冰峰，王海 . 德国沼气工程相关政策法律与产业现状 [J] . 中国农学通报，2015，31（32）：117-122.

[15] 屠云章，吴兆流，张密 . 借鉴德国经验推动我国沼气工程发展 [J] . 中国沼气，2012，30（2）：31-32.

[16] 党锋，毕于运，刘研萍，等 . 欧洲大中型沼气工程现状分析及对我国的启示 [J] . 中国沼气，2014，32（1）：79-83+89.

[17] 陈子爱，邓良伟，王超，等 . 欧洲沼气工程补贴政策概览 [J] . 中国沼气，2013，31（6）：29-34.

[18] 邓良伟，陈子爱 . 欧洲沼气工程发展现状 [J] . 中国沼气，2007，25（5）：23-31.

[19] 孙振锋 . 沼气工程装备研究应用现状与展望 [J] . 中国沼气，2018，36（4）：66-69.

[20] 刘畅，王俊，浦绍瑞，等 . 中德万头猪场沼气工程经济性对比分析 [J] . 化工学报，2014，65（5）：1835-1839.

[21] 徐慧，韩智勇，吴进，等 . 中德沼气工程发展过程比较分析 [J] . 中国沼气，2018，36（4）：101-108.

[22] 徐晓秋，王钢，刘伟，等 . 畜禽粪便厌氧消化沼气发电行业的现状分析 [J] . 应用能源技术，2011（6）：1-3.

[23] 张国治，吴少斌，王焕玲，等 . 大中型沼气工程沼渣沼液利用意愿现状调研及问题分析 [J] . 中国沼气，2010，28（1）：21-24.

[24] 朱荣 . 沼气发电并网工程技术集成与推广应用 [J] . 农业与技术，2020，40（12）：39-40.

[25] 陈廷贵，赵梓程 . 规模养猪场沼气工程清洁发展机制的温室气体减排效益 [J] . 农业工程学报，2018，34（10）：210-215.

[26] 仇焕广，井月，廖绍攀，等.我国畜禽污染现状与治理政策的有效性分析［J］.中国环境科学，2013，33（12）：2268-2273.

[27] 王飞，蔡亚庆，仇焕广.中国沼气发展的现状、驱动及制约因素分析［J］.农业工程学报，2012，28（1）：184-189.

[28] 王淑彬，王明利.中国生猪养殖场种养一体化综合效益评价研究——基于8省的实地调研［J］.中国农业资源与区划，2022，43（2）：43-54.

[29] 殷仁豪，卢海勇，龚春景.不同种类畜禽粪污沼气产气量优化计算方法［J］.中国沼气，2023，41（3）：91-96.

[30] 陈春琳，王明明，贾吉秀，等.第三方运营下规模化畜禽沼气工程运行与管理［J］.农业工程学报，2023，39（5）：256-264.

[31] 房志阳.规模化生物质热电联产沼气发电系统工程管理应用研究——以某生物质热电联产沼气发电工程为例［J］.中国沼气，2023，41（3）：79-84.

[32] 周健驹，金晖，丁少华，等.绍兴市猪粪沼液成分特征及其在农田的安全利用分析［J］.浙江农业科学，2022，63（9）：2138-2143.

[33] 杨子森，程彩虹，张亚强.畜禽粪污沼液肥料化利用及优化途径［J］.中国畜牧业，2022（18）：26-27.

[34] 彭思毅，蒲施桦，简悦，等.规模养殖场粪污资源化利用技术研究进展［J］.中国畜牧杂志，2022，58（12）：47-54.

[35] 张婷，李宁，侯立安，等.发酵沼液深度处理与资源化利用技术研究进展［J］.水处理技术，2022，48（6）：7-12.

[36] 伍梦起，秦文婧，陈晓芬，等.猪粪沼渣用作育苗基质的效果研究［J］.中国土壤与肥料，2022（3）：119-125.

[37] 戴婷，章明奎.重金属对猪粪在茶园土壤中矿化的影响［J］.浙江农业科学，2010（3）：645-647.

[38] 邓良伟，蔡昌达，陈铬铭，等.猪场废水厌氧消化液后处理技术研究及工程应用［J］.农业工程学报，2002，18（3）：92-94.

[39] 邓良伟，陈子爱，袁心飞，等．规模化猪场粪污处理工程模式与技术定位［J］．养猪，2008（6）：21-24+3.
[40] 陈斌，张妙仙，单胜道．沼液的生态处理研究进展［J］．浙江农业科学，2010（4）：872-874.
[41] 甘寿文，徐兆波，黄武．大型沼气工程生态应用关键技术研究［J］．中国生态农业学报，2008，16（5）：1293-1297.
[42] 高红莉．施用沼肥对青菜产量品质及土壤质量的影响［J］．农业环境科学学报，2010，29（S1）：43-47.
[43] 陈庆隆，桂伦，杨丽芳，等．我国沼气工程发展概况及对策［J］．江西农业学报，2012，24（5）：201-203.
[44] 陈晓夫，钱名宇．持续高速发展的德国沼气产业［J］．可再生能源，2012，30（6）：111-112+117.
[45] 陈永生．欧洲沼气工程原料预处理装备技术［J］．中国沼气，2010，28（5）：18-23.
[46] 陈长卿，林雪，郑涛，等．规模化养殖场畜禽粪便固液分离技术与装备［J］．农业工程，2016，6（3）：10-12.
[47] 邓良伟．规模化猪场粪污处理模式［J］．中国沼气，2001，19（1）29-33.
[48] 邓良伟，陈子爱，龚建军．中德沼气工程比较［J］．可再生能源，2008，26（1）：110-114.
[49] 洪峡．美国可再生能源政策研究［J］．全球科技经济瞭望，2008，23（2）：20-26.
[50] 高其双，彭霞，卢顺，等．三种固液分离设备处理猪场粪污的效果及成本比较［J］．湖北农业科学，2016，55（22）：5879-5881.
[51] 黄惠珠．红泥塑料在规模化畜禽养殖场沼气工程中的应用——介绍福建省永安文龙养殖场沼气工程［J］．中国沼气，2007，25（3）：23-24+26.
[52] 江滔，温志国，马旭光，等．畜禽粪便固液分离技术特点及效率评估［J］．农业工程学报，2016，32（S2）：218-225.

［53］孔凡克，邵蕾，杨守军，等 . 固液分离技术在畜禽养殖粪水处理与资源化利用中的应用［J］. 猪业科学，2017，34（4）：96-98.

［54］李宝玉，毕于运，高春雨，等 . 我国农业大中型沼气工程发展现状、存在问题与对策措施［J］. 中国农业资源与区划，2010，31（2）：57-61.

［55］李景明，颜丽 . 关于沼气发电设备生产行业发展情况的调研报告［J］. 可再生能源，2006（3）：1-5.

［56］林代炎，翁伯琦，钱午巧 . FZ-12 固液分离机在规模化猪场污水中的应用效果［J］. 农业工程学报，2005，21（10）：184-186.

［57］林代炎，叶美锋，吴飞龙，等 . 规模化养猪场粪污循环利用技术集成与模式构建研究［J］. 农业环境科学学报，2010，29（2）：386-391.

［58］鲁秀国，饶婷，范俊，等 . 氧化塘工艺处理规模化养猪场污水［J］. 中国给水排水，2009，25（8）：55-57.

［59］刘继芬 . 德国农村再生能源——沼气开发利用的经验和启示［J］. 中国资源综合利用，2004（11）：24-28.

［60］刘亮东，王书茂，代峰燕 .PLC 多级控制在粪水资源再生系统中的应用［J］. 中国农业大学学报，2005，10（6）：84-87.

［61］时璟丽，李俊峰 . 英国可再生能源义务法令介绍及实施效果分析［J］. 中国能源，2004，26（11）：38-41.

［62］孙振锋 . 沼气工程装备研究应用现状与展望［J］. 中国沼气，2018，36（4）：66-69.

［63］陶红歌，李学波，赵廷林 . 沼肥与生态农业［J］. 可再生能源，2003（2）：37-38.

［64］屠云章，吴兆流，张密 . 借鉴德国经验推动我国沼气工程发展［J］. 中国沼气，2012，30（2）：31-32.

［65］王宇欣，苏星，唐艳芬，等 . 京郊农村大中型沼气工程发展现状分析与对策研究［J］. 农业工程学报，2008，24（10）：291-295.

［66］王建，周祖荣，叶振宇 . 规模化养猪场排泄物治理沼气工程实例［J］.

中国沼气，2008，26（6）：31-32.
［67］王明，孔威，晏水平，等．猪场废水厌氧发酵前固液分离对总固体及污染物的去除效果［J］．农业工程学报，2018，34（17）：235-240.
［68］杜连柱，梁军锋，杨鹏，等．猪粪固体含量对厌氧消化产气性能影响及动力学分析［J］．农业工程学报，2014，30（24）：246-251.
［69］樊京春，赵勇强，秦世平，等．中国畜禽养殖场与轻工业沼气技术指南［M］．北京：化学工业出版社，2008.
［70］王允妹．规模化畜禽养殖场废水处理技术研究进展［J］．科技创新导报，2015（23）：144-145+148.
［71］吴军伟，常志州，周立祥，等．XY 型固液分离机的畜禽粪便脱水效果分析［J］．江苏农业科学，2009（2）：286-288.
［72］辛欣．英国可再生能源政策导向及其启示［J］．国际技术经济研究，2005，8（3）：13-17.
［73］王卫平，朱凤香，陈晓旸，等．沼液农灌对土壤质量和青菜产量品质的影响［J］．浙江农业学报，2010，22（1）：73-76.
［74］王晓超，贺光祥，邱凌，等．太阳能热管加热系统在沼气工程中的应用［J］．农机化研究，2008（7）：204-207.
［75］徐庆贤，官雪芳，钱蕾，等．规模化养猪场粪污处理新工艺技术集成研究［J］．环境工程，2015，33（1）：72-76.
［76］叶夏．IATS 工艺在规模化养猪场粪污治理中的应用前景［J］．可再生能源，2005（4）：41-42.
［77］陈灵玉，陈勇，董丽华．IATS 工艺应用于养猪污水处理的案例研究［C］// 中国沼气学会，中国生态经济学会，中国农业生态环境保护协会．2003 年农村沼气发展与农村小康建设研讨会论文集，2003：187-189.
［78］何仁真，陈友清，蔡元呈．高效厌氧净化塔与纯沼气发电机的研究开发［J］．安徽农学通报，2011，17（15）：29-30.
［79］颜丽，邓良伟，任颜笑．聚焦中德沼气产业发展现状［J］．农业工程技

术（新能源产业），2007（4）：39-43.

［80］杨迪，邓良伟，郑丹，等. 猪场废水固液分离及其影响因素研究［J］. 中国沼气，2014，32（6）：21-25.

［81］曾宪芳. 浅谈沼气—柴油双燃料发动机与纯沼气发动机的配置与工艺［J］. 能源与环境，2008（4）：29-30.

［82］余光涛，陈文忠，张冲，等. 畜禽养殖污水前处理工艺的设计与应用［J］. 福建畜牧兽医，2006，28（5）：21-22.

［83］徐庆贤，官雪芳，林碧芬，等. 不同施肥种类对土壤及脐橙中的重金属含量的影响［J］. 浙江农业学报，2011，23（5）：977-982.

［84］林斌，罗桂华，徐庆贤，等. 茶园施用沼渣等有机肥对茶叶产量和品质的影响初报［J］. 福建农业学报，2010，25（1）：90-95.

［85］郑时选. 欧洲三国沼气技术发展及其质量控制体系见闻［J］. 可再生能源，2007，25（4）：107-109.

［86］周国安，严建刚. 规模养殖场污水的减量化与无害化处理探析［J］. 江苏农业科学，2011，39（2）：479-481.

［87］徐庆贤，林斌，郭祥冰，等. 福建省养殖场大中型沼气工程问题分析及建议［J］. 中国能源，2010，32（1）：40-43.

［88］徐旭晖. 江门市大中型沼气建设模式创新研究［J］. 广东农业科学，2008（9）：188-189.

［89］祝其丽，李清，胡启春，等. 猪场清粪方式调查与沼气工程适用性分析［J］. 中国沼气，2011，29（1）：26-28+47.

［90］张玲玲，李兆华，鲁敏，等. 沼液利用途径分析［J］. 资源开发与市场，2011，27（3）：260-262.

［91］张培栋，李新荣，杨艳丽，等. 中国大中型沼气工程温室气体减排效益分析［J］. 农业工程学报，2008，24（9）：239-243.

［92］魏敦满. 规模化养猪场粪污处理工艺优化及运行效果［J］. 中国沼气，2020，38（3）：65-71.